鉱物の人類史

Treasures of the Earth
Need, Greed, and a Sustainable Future

Saleem H. Ali
サリーム・H・アリ［著］
村尾智［訳］

青土社

鉱物の人類史

目次

第Ⅲ部　地球を守る手段　185

シャミールとシャローズへ
私の人生に欠かすことのできない宝物

鉱物の人類史

あなたがたが切り出した岩に
掘り出された石切場の穴に、目を留めよ。
『イザヤ書』五一章一節

まえがき

　何らかの方法で資源の利用を抑制できるとしたら世界は今よりましな場所になるだろうか？　この単純な疑問が本書執筆のきっかけになった。私は、科学が出す環境関連の指標と社会が持つ価値感の間にあるギャップを埋めようと、ずいぶんと長い間、研究を続けてきた。環境計画を検討する時は将来について考えをめぐらせた。一方、紛争事例を分析する際は、さまざまな因子が影響しあって緊張関係を生じさせるプロセスを理解するため、意識して、過去に目を向けた。そして、社会レベルにふくらんで顕在化した紛争は、往々にして、環境問題に直面した人間が、消費やむだの削減について、対立した結果だと気づいた。

　しかし、多くの研究は、人間の消費、社会の繁栄、環境の保全を単純にとらえ、一面的な説明しかしていない。このため、人々の関心を惹く事にも、政策を提言する事にも、行動を生み出すことにも失敗している。問題の核心は人間が「欲しがる量」と「必要な量」が一致せず緊張関係にある事だ。環境活動家にとっては欲を押さえ最低限の生活をする事が救済に至る美徳だ。しかし、ビジネスを進める人には、本当に必要な物が買われるかどうかは関係なく、支払いがきちんとなされさえすれば良い。

　資源利用の効率を上げる事は優先的な目標だが、この本では、必要なだけ採るという次元を超えた社会のあり方を問う。何はともあれ、我々は、非再生資源である鉱物に世界が依存する現実を、理解しなければならない。どこの社会も一次産品としての鉱物に頼ってきたのだ。本書でいう鉱物とは、原義に近い意味で、地球で採掘される物すべてを指す。社会の鉱物依存性は、消費量を用いて議論されがちだが、産出場所の特性も忘れてはならない。鉱産地の場所は、地理学的には偶然決まるが、社会に大きな影響を及ぼすからだ。

記述を進めるにあたっては、元素の挙動を決める物理学的、化学的法則を、理解する必要があった。また、物質と物質が環境に与える影響を考察するために、幅広い調査を行い、あちこちに分散している情報を集め統合する必要があった。私の研究はもともと学際的だが、今回は、経済史から心理学、はたまた化学まで、横断的な学習が必要だった。これからも、ソーシャルネットワークを使って、私は資源獲得に対する人間の意欲について、世界中の読者と対話を続け、新しいアイデアを出したいと願っている。

だいぶ前の話だが、エジンバラにあるスコットランド国立博物館を訪ねた時、鉱物に関する研究の統合について、なるほどと思った事がある。博物館の鉱物コーナーを出たところに面白い図がかかっていたのだ（図A）。（本書は似たような統合を試みたが）学生時代、私の専攻は化学だったので、地球に出る元素の知識を中核として構成した。しかし、環境論を大学で講義する事になった時、学部生の多くは化学の基礎を持っておらず、環境についての考えも浅く、消費やグローバル化についても、平凡なレベルにとどまっている事に危機感を持った。一般大衆も深刻な社会問題に対して消極的だ。そこで、本書は、政治的立場に関係なく、過去の取り組みを参考にしつつ、環境について、読者の思考を深めること

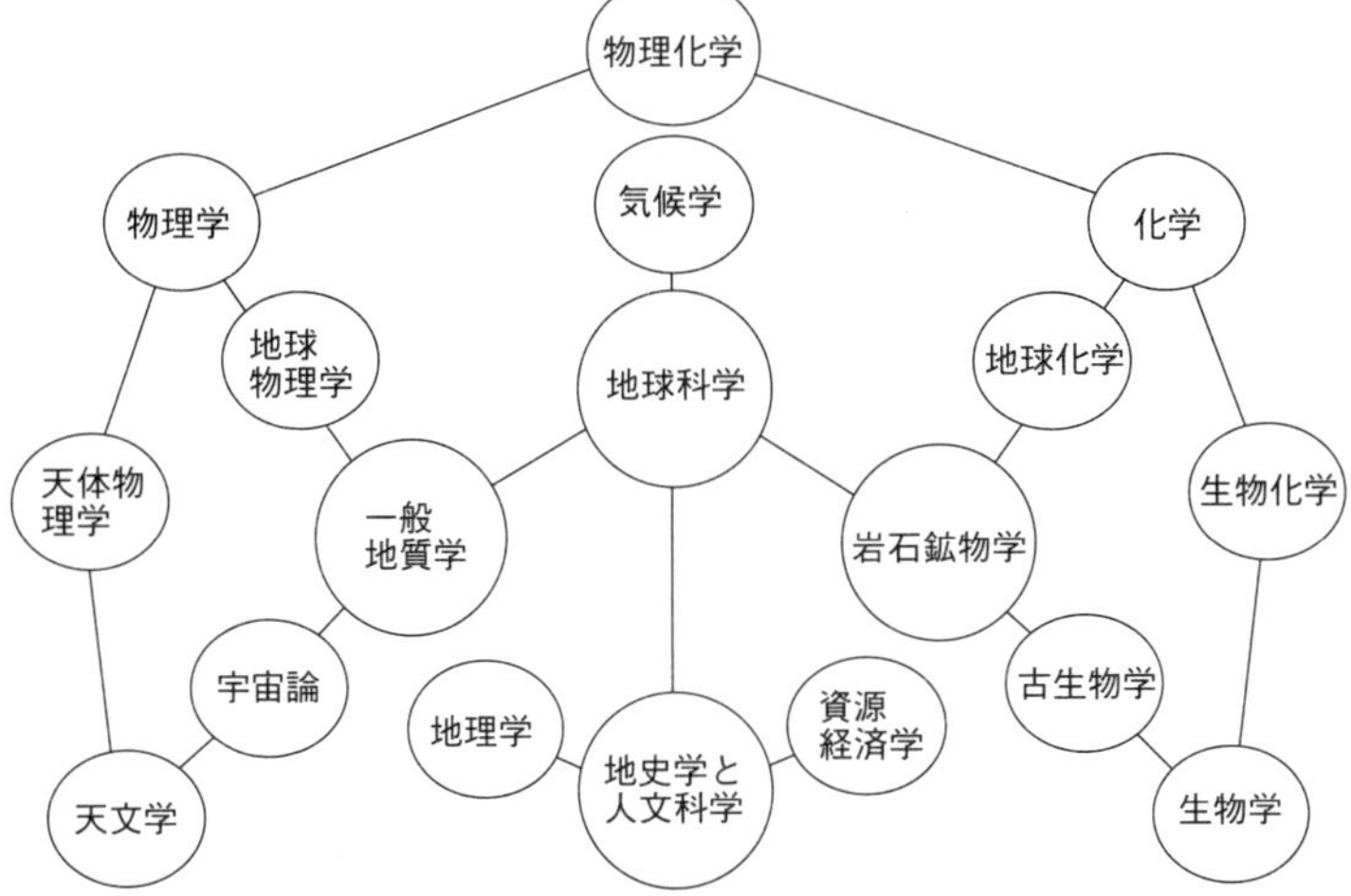

図A さまざまな学問分野を地球科学として統合した図
（エジンバラのスコットランド国立博物館より）

を目的とした。

二〇世紀の環境論は、はじめ、人口に注目するマルサス主義の強い影響下にあったが、一九九二年の環境サミットのあたりから消費を重視するようになった。そして、社会は、発展途上国の人口増大を非難するよりも、贅沢な消費スタイルを問題視するようになった。科学的に言うと、これは、よく環境論の教科書に出てくる「IPAT方程式」における項目の重みが変わったという事を意味する。

環境への影響（I）＝人口（P）×富（A）×技術（T）

右で述べたような世論の変化を受けて、最近の環境運動は富（A）に重きを置くようになっている。しかし、色々なレベルで重要な役割を演ずる人口（P）が資源利用に関する基本的課題である事に、変わりはない。世界のどこでも人間の寿命は伸びているし、老化の生化学的プロセスを逆行させて寿命を延ばそうという研究も続いている。産児制限を進めたとしても、高齢化や生命の操作で人口は増える事だろう。

さらに課題が横たわっている。通常の経済モデルでは、技術に関する変数が未知の残渣として扱われ、経済計画策定において参照されない。技術が意味ある変数として扱われても、先端科学のさまざまな応用による効果を測定することが難しいため、人間の発展を扱う議論は、楽観論と悲観論の両極端に分裂してしまう。本書は現代社会が受ける先端技術の恩恵に焦点を当てたが、創造性と革新性を必要としたこの作業は、まさに、資源探査のようなものだった。

本書執筆のもう一つの大きなきっかけは、地政に左右される資源への依存に関する議論が、あまり進んでいない事だ。九・一一以降、原油の輸入、石油への依存、あるいは「石油政治学」に関する書籍がぞくぞくと刊行されている。映画「ブラッド・ダイヤモンド」で有名になったダイヤをめぐる紛争にも注目が集まっている。しかしながら、これらの書籍や映画は、環境面と社会面を統合せず、特定の鉱種に焦点を合わせて、統治のまずさを描く単純なストーリーを展開している。また、資源採掘を型にはまった見方で扱っている。たとえば、これは資源の利用について考える時に大切な点なのだが、鉱産地には多様な生活の手段がない事を見落としている。また、選ばれた題材が歴史的に見て公平でなく、富める国と貧しい国の差、所得格差を生んだ原因が扱われていない。貧困削減に開発援助が大して役立たない事は明らかだ。豊かな国になるための手段として鉱物資源を選ばないなら他にどんな方法があるというのだろう？

本書では環境への取り組みについて新しい枠組みで議論しようとした。そのために、消費が「罪」である（多くの環境論者はそう主張する）という立場を捨て、同時に、「効果」である（ほとんどの経済モデルが前提とする）という立場も捨てた。そして、世界の消費を促す人間の欲求を目の敵にしない事が実効性ある環境計画には必要という趣旨で、論述を進めた。冒頭で示した疑問については、答えを明示するのではなく、暗示するに留めた。

上で述べた視点から本を出すには多くの協力が必要だった。調査と執筆の期間を通して、ヴァーモント大学、ブラウン大学、オーストラリアのグリフィス大学、さらには、コスタリカの平和大学の同僚や教え子たちから、知的なインプットをいただいた。特に、大学院生のメリー・アクレイ、サミール・ドーシ、サリー・ディクソン＝デロン、ガンリン・ファン、アントニー・マキニスの各氏から、折に触れて助力を得た。助手を務めてくれた学部生キャスリン・ロメルツィックは警句の掲載や他者による著述の引用許可について粘り強く交渉してくれた。

また、世界各地の研究者たちが、建設的な議論をし、情報を提供してくれた。トム・グラデル、シャーマン・ハレイ、アントニー・ホッジ、クンタラ・ラヒリ＝ドゥット、エステル・レヴィン、ジョナサン・アイシャム、フィリップ・レビロン、リード・リフセット、シアラン・オフェアケラー、ジョン・トッドおよびナタリア・ヤコフレヴァの各氏。出版に際しては、村尾智、仲介業者のジリアン・マッケンジー、エール大学出版の編集担当ジャン・トンプソン＝ブラック、編集助手のマシュー・ライドとヨゼフ・カラミアの各氏が、前向きで念入りな仕事をしてくれた。

わが妻マリア、わが子シャミールとシャローズ、母パーヴェン、姉イルファナとファルザナには、長時間の作業や長期にわたる不在で迷惑をかけた。義父サリーム・カシミリにも感謝したい。義父は、二〇年前、パキスタンで高校生だった私に英語を教えてくれた。また、読み書きの楽しさを、丁寧に、そして中断することなく、教えてくれた。この本を書いている間、亡父シャウカット・アリの事も、よく思い出した。何かに特化した「専門家」になるよう圧力がかかった学生時代に父は幅広く物事を見るよう勧めてくれた。

最後に最大の謝辞を読者諸氏に捧げたい。本書と同じように広い視野を持ち、消費、環境、そして発展について、議論を続け、深めてくださる事を期待しつつ。

序論　錬金術から化学合成、そしてその先へ

秩序よ、生まれ出でよ
必要性から！
模造品よ、汝ら結晶は
整形された構想の外見をして
造物主の望みから立ち現れる

——ジョン・アップダイク「結晶化へのオード」（一九八五）

アメリカ国内で最も標高が高い町はコロラド州のレッドビルだ。その標高は一〇一五〇フィート。この高さでは、酸素が十分でなく、鼻血に苦しむ人もいる。吹雪もひどい。なぜ、こんな所に人々住みついたのか？　その答は鉱物資源だ。町の名前は、昔取引された商品、鉛《レッド》に由来する。ここは、ロッキー山脈を歩き回っていた山師のグループが、一八七八年に、長大な鉱脈を発見した場所である。鉱脈には

きらきらした鉛の鉱物セルーサイトが含まれていた。この話を聞きつけて、金、銀、鉛を探す人々が集まり、町ができたのだった。セルーサイトは金鉱床を隠すように分布しており、厄介な代物だったが、タフな労働者たちは、たとえ最悪の作業環境であっても、採掘に手を抜いたりはしなかった。発見した鉱脈がどんな化学的メカニズムでできたかなど知る由もないが、彼らは経験に物を言わせて、地学のパズルを解いていった。この手の鉱脈では銀が鉛のそばに出ることを彼らは知っていたので、鉱脈を追いかけたすえ、ラテン語でアルジェンタムと呼ぶ銀鉱石にたどりついたのだった。[1] 何日もたたないうちに、発見場所には銀を求める人々が群がり始めた。当時、銀は通貨として使われたからだ（今の金のように。筆者は最近レッドビルを訪問したが、町を誇りとするある住民は次のように言った。「先生、フランス人は今でもお金のことをアルジェントーこれはまさに銀という意味であるーと呼んでます。銀は金と同じくらい価値があるんです」）

鉱業の恩恵に与ろうと色々な職種が集まるにつれて、レッドビルはにぎわいを増して行った、まず、山師や鉱夫の睡眠場所を確保するため、東部のセンテニアル展示場から巨大なテントが持ち込まれた。また、テントより頑丈な住宅も建ち始めたし、鉱物にとりつかれた連中を追うように、いろいろな商人が入ってきた。月刊誌「スクリブナー」は一八七九年一〇月号でマンモス寝所と呼ばれるようになったレッドビルの入植地をこう記している。「レッドビルには、二段ベッドがずらりと並び、五〇〇人を収容できる宿泊所がある。賃貸料はベッド一つあたり五〇セント、高歌放吟は禁止だ」。あまり楽しくないこの場所で住人を支えたものは希望だった。どの鉱夫も一山当ててやろうと頑張ったものだ。[2]

銀が硬貨として用いられるのは一八九〇年のシャーマン銀取引法以降である。しかし、歴史が示すように、必要な鉱物あるいは使いたい鉱物について、社会の嗜好は一定せず、貨幣についての方針は一定しなかった。ある年は銀が主流でも次の年はそうではなかったのだ。一八九三年に議会がこの取引法を廃止したため、レッドビルで鉱夫たちが利益を享受できたのは、ほんのわずかの期間だった。その後、人々は、ふたたび金を志向するようになった。

鉛や銀の需要が、金やプラチナなど、ほかの鉱種に取って代わられる事はあるだろうが、人類が資源を求める姿勢は変わらない。無秩序で混沌とした自然から秩序ある人間社会を作るためには、資源をさまざまに利用する事が必要だ。レッドビルの鉱夫がやったように、一見価値のない岩石から、価値ある原料を抽出しなければならない。強度や展性あるいは見栄えを改良するために、材料の混合も必要だろう。実は、装飾品コレクターが好むピューター（しろめ）を作るために、毒性があるとわかっていながら、鉛を錫とあわせて使う例すらある。

人類は自然に存在する元素を使う化学に太古の昔から魅了されている。しかし、一方で十分には理解していない。古代ギリシャ人は、この世に四種の主要元素が存在すると考えた（ストイキア）。それぞれの元素から生じた結果が結晶形―それは対象性によって秩序を強化している―である。プラトンは紀元前三六〇年の対話『ティマイオス』の中で元素と形を次のように対応させている。土（立方体）、水（正二十面体）、空気（正八面体）、火（正四面体）。もっと古い時代の哲学者デモクリトスは、紀元前四五〇年頃、すべての物は根源物質の集まりであると考え、これ以上小さくできないという意味を持つ古代ギリシャ語をあてて、その物質をアトムと呼んだ。しかし、次の二〇〇〇年の間、四元素を構成する因子はわからなかったし、原子が化合物を作ることもわからなかった。錬金術師たちは頭を悩ませ続けたのだ。たとえば、八世紀になっても、アラブ人錬金術師ジャービル・イブン＝ハイヤーンは不老不死の薬と魔法の薬を求めて探求を続けていた（彼の名前はgibberish（ちんぷんかんぷん）という言葉の語源である）。また、鉛は金に変えられるという話を信じたのか、アルベルトゥス・マグナスという聖職者は、土から価値あるものを取り出そうとした(3)。

錬金術師の究極の目標は「鉛を金に変える能力を持ち、万能薬にもなる完璧な石」を捜し当てることだった。古代、賢者の石と呼ばれたこの不思議な石は、現代に至るまでファンタジーの中に、生き残っている。ハリーポッターの成功はこの石の名前を冠した本から始まった。このような伝承が大衆文化に与える力を忘れてはならない。

神話に後押しされながら、石から石へ、実験室から実験室へと、探求の旅は続いた。しかし、膨大な数の考察と実験が行われたにもかかわらず、物質とは何かを科学者が理解するには、幾世紀もかかった。化学者であるロバート・ボイルが、「元素の種類はもっとある、たぶん一ダースかそれ以上になるのではないか」と考えたのは、ようやく一六六一年のことだった。一〇〇年後に、フランスのアントワーヌ・ラボアジエが、真摯な探求の成果として『化学原論』を刊行し、三三種類の元素をリストにあげた。しかし、そのリストは正確ではなく、物理現象である光や熱が、元素として掲載されている。

我々になじみある物質の分類方法がはじめて体系化され表になったのは一八六四年のことだが、驚くべきことに、離れたところで働いていた二人の天才が同じ結論にたどりついたのだった。一人はロシアのドミトリ・メンデレーエフ、もう一人はドイツのロータル・マイヤーである。化学の授業で重宝されている周期表の前身といえる物を二人は別々に作り上げたが、二つの表はよく似ている。表づくりの基本となったのは、似た構造を持つ原子からすべての物質が成り立つという考えである。時代が下り、二〇世紀初頭になると、ヘンリー・モーズリーの仕事により、原子には核と正の電荷が備わっており、この電荷が元素の特性を決めることがわかった。我々が陽子と呼ぶ粒子は電荷を帯び、元素間の差異を決定付ける本質的な役割を演じる。他の粒子は反応性や物理特性に影響するが、正に帯電した粒子の数が変わらない限り、元素の種類は変わらない[4]。

周期表は、我々になじみ深い科学の基本であり、物質を利用する際の礎となるものである。そこに示されている元素は九二種類、そのうち七〇種類が金属である。環境論にとっては、この表に出ている元素がお互いにどう反応して結合し、鉱物の成分となるかが鍵となる。鉱物があるから我々は将来の構想を語ることができるのだ。ダムにしろ、超高層ビルにしろ、ソーラーパネルにしろ、シリコンウェハーにしろ、何かを作るためには、地面から掘り出す鉱物とそれから抽出する元素が不可欠である。ちょっとした庭や睡蓮を育てる小さな池ですら、植物を生育させるためのミネラル分を必要としている。しかし、植物が取り込んだ元素を自然の状態に戻す方がインフラの建設や機械の製造に用いた元素を戻すより容易である。人類も、代謝機能を維持するため、カルシウム、マグネシウム、カリウム、ナトリウムなどのミネラルを毎日必要とする。ただし鉛や水銀は有害である。

生物としての小さなニーズはともかく、人類は、すべての鉱物がこれまでになく大量に消費される時代に生きている。「鉱物資源をどう使うべきか。使った元素はリサイクルして元の状態に戻せるか」という問題がますます重要性を帯びている。どんなに楽天的に考えても、リサイクルできない、あるいは、もとの状態に戻すための費用がかさむ資源は、消えてゆくであろう[5]。

一九世紀半ばにレッドビルで鉱山が開かれた時、すでに科学は進歩を遂げており、鉛は金に換えられるという錬金術は、根拠がないとして見捨てられていた。通常の化学反応では、ある元素を他の元素に換えられないこと、できるのは化学結合を作ったり断ち切ったりすることだけという点は、このころ、すでに理解されていた。たとえば、鉛は酸素と結合して、金属とは異なる物理性を持つ酸化鉛になるが、他の元素にはならない。しかし驚きの発見があったのだった。ポーランドに生まれ、のちにフランスに亡命した聡明で若い科学者マリー・キュリーとその夫ピエール、彼らとソルボンヌ大学で同僚だったアンリ・ベクレルは、「原子核内の反応を使えばある元素を別の元素に換えられる」ことを見つけたのだ。さらに、イギリスの化学者アーネスト・ラザフォードは、その現象を説明するのに多大な貢献をした。

これらは大発見だったが、偉大な科学者である当の本人たちが狂喜乱舞した形跡はない。キュリー夫妻、ベクレル、ラザフォードの動機は、錬金術師のような物欲ではなく、とても純粋な科学への情熱だったからである。キュリー夫人の娘で作家のイヴ・キュリーは次のように言っている。「発見の瞬間は必ずしもはっきりとはしないものです。科学者の仕事は地味で手間ひまのかかるものです。急に強い手ごたえを、雷が落ちたような衝撃を、感じるようなものではありません」(6)。

そうは言っても、キュリー夫人が放射能と呼んだものの作用が、元素の種類を変化させることは、重要な発見である。元素の種類を変えたいという錬金術師の夢は、科学的に可能なのだ。この意味では、実は、地球が錬金術師だ。太陽もそうだ。地球の生命を繁栄に導いたのは太陽の核反応。自然界のエネルギーはこれに頼っているといってもよい。しかしながら、物質は同じ状態を保たない、元素は壊変するという発見により、核の時代がやってきた事も確かだ。

筆者は、ここで、数十年前までは分化していた化学や物理学、社会科学と人文学が、知の統一へむけて融合を始めた事を指摘したい。革新的な生物学者E・O・ウィルソンは一九九九年にこれを「consilience」(知の統合)と呼んでいる。キュリー婦人は最初のノーベル物理学および化学賞の受賞者となった。その後、自然科学者たちは、徐々に政治的な事柄に関与してゆく。偉大な学者であったアルバート・アインシュタインやライナス・ポーリングは核戦争について発言している。ポーリングは核兵器廃絶の運動を理由に一九六二年にノーベル平和賞を与えられたが、これは、科学分野のノーベル賞受賞者としては初めてのことだった。

物質についての知識を増やしたことで我々は自分の首を絞める結果となった。二〇世紀は動乱の時代だ。あちこちで戦争が始まり、たくさんの物質が、武器製造など望ましくない用途に回された。地上、洋上、空中の戦闘に使う武器を製造するため、鉛や銅など金属を中心として、世界中で鉱業が盛んになった。一九四五年に第二次世界大戦が終わったと思ったら、今度は冷戦が勃発し、武器作りに必要な素材の需要が落ちることはなかった。クロムなどの金属類は特殊な武器に使われるため驚異的な高値をつけた[7]。

資源に対する需要の高まりは、産軍複合体のみではなく個人にも原因があった。戦後五〇年で世界の人口は三倍に膨れ上がり、個人消費が伸びたのだ。伸びはアメリカで著しく、それ以来、アメリカは第一の消費大国である(図1)。

戦後の繁栄によって一人当たりの消費量も増大したが節約しようという雰囲気はなかった。素材が発見され、新製品が開発されると、人間の欲求はさらに膨らみ、消費社会が誕生した。素材は地球のどこからか調達しなければならなかったから、資源獲得競争は個人レベルでも組織レベルでも、熱を帯びたものになった。しかし、かつてのゴールドラッシュとは違う点もある。我々は、複雑な供給ルートの中で付加される価値について、考えるようになっている。

さまざまに成型できるプラスチックが到来した二〇世紀になると、製造業はより長く重合した分子を作るようになった。なんらかの形で金属に依存する以前の素材とは違って、プラスチックは炭素を元にしている。炭素は宇宙を構成する化合物に最も多く含まれる元素だ。石炭、グラファイト、ダイアモンドとカメレオンのように変化するが、周期表上で特に人目を引くわけではない。しかしながら、炭素の原子同士で、あるいは他の元素とともに、複雑な結合や鎖を作る能力が、生命体内の分子にとって死活問題であることは、科学者なら誰でも知っている。炭素を使うと複雑な分子を作ることができるため、炭素化合物を専門に扱う有機化学も存在する。二〇世紀半ばにやってきた消費ブームは、炭素化合物を必要とし、科学者をその研究に駆り立てることになった。

ポリマーのおかげで石油化学工業は金属に頼らず安価で魅力的な製品を作ることができる。しかし、製造、運搬といったインフラの整備をするために、いまだに、金属は必要である。再利用可能な有機化合物を扱う能力があっても、どんなにプラスチック容器が天然資源に無関係にみえても、我々は天然資源に依存し続けている。

とはいうものの、我々は地下から取り出せる物質の利用には、限界があるとすでに気がついている。では、生物を、再生可能資源として使えるだろうか？　それにはエネルギーが必要だ。銀や銅の実をつける樹を育てることはできないが、金属と同じような性状を持つ植物性の素材を育てるとか、有機物と

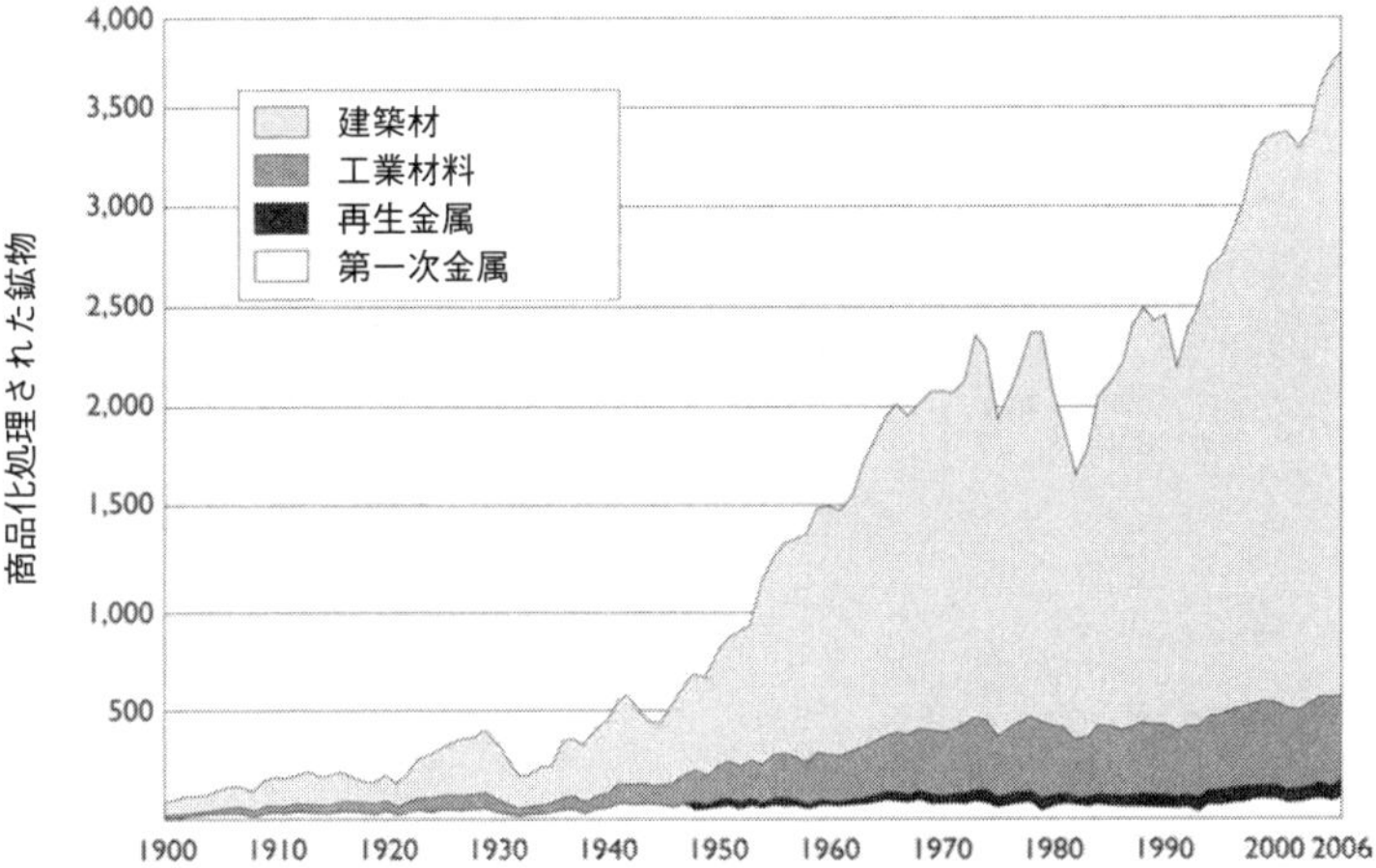

図１　米国における未加工の非燃料物質消費量の推移
（単位：100 万トン）（米国地質調査所）

無機物をうまく組み合わせることはできるかもしれない。シリアルの箱には、糖類や炭水化物が我々のエネルギー源として大切であると同時に、これらよりずっと微量ではあるが、亜鉛や鉄などの金属が一定量必要であると書かれている。個々人がさまざまな元素を摂取するように、社会もまた、進歩した消費時代をも支えるため、さまざまな元素を必要としている。

レッドビルには国立鉱業博物館がある。赤い岩石でできた瀟洒な建物が栄光ある一九世紀の香りを今に伝えている。入り口には次のように掲示されている。「第二次世界大戦勃発後、我々が使う鉱物資源の量は、それまでのどの時代よりも多くなっている」。二〇世紀初頭には、周期表に出ている元素の中で商業利用されたのは二〇種類くらいだった。今日では天然界に存在する九二元素全てが使われている。元素の使い方が非常に複雑になったといえよう[8]。

今や、ナイロンやテフロンなどのプラスチック類や、最新型の航空機で使われている炭素化合物なども製造されている。これらは、何百種類もの素材を投入するなど、込み入った工程を経て出来上がるものだ。しかし、こうした物質は環境中に残りやすく、元の元素にもどりやすい性質を持つ素材とは違って、なかなか分解しない。その結果、往々にして、海洋がプラスチックの溜まり場になってしまう。カリフォルニアとハワイの間、北太平洋の亜熱帯渦潮地帯は悪名高い例である。ある積算では、人工物の量は、海面付近を漂うプランクトンの六倍あるという[9]。

物質の利用方法が発達し、以前より少ない材料で良い性能を持たせることができるようになった事は確かだ。しかし消費はどんどん上昇している。米国地質調査所によると一九七五年から一九九五年の間に物質の消費量は六七%も増えている。しかも、一九〇〇年には再生可能物の割合（重量費）が五〇%だったものが、今は八%に落ちている[10]。この数字は深刻である。

私は数年前、オーストラリアの露天掘り鉱山を訪問したことがある。そこで、ある従業員の子供が、大きく切り開かれた光景に目を見張り、こうつぶやいたことを覚えている。「ここで何があったの？」。クレーターのような穴が開いた現場と行ったり来たりする巨大な鉱石運搬車は、父親からすれば、現代社会を鉱工業が支えている証であり、誇るべきものであったろう。物質の利用方法が進歩し、さまざまな物質が生活に貢献してきたことは、認めざるを得ない。たとえば、石油工業の基礎的研究が人工心臓の弁に使うプラスチックを生み出し、携帯電話に欠かせないキャパシターにはニオブが使われている。しかし、何か有用な製品が生まれるという事は、それより劣る製品が出る事を意味する。何かの点で劣る物は、必需品としてではなく、嗜好品として消費されるだろうが、需要がある以上は、その製造方法をもっと環境にやさしい形に変える必要があるだろう。

需要に応ずる形の消費パターンがいいのか、それとも製造工程が環境に及ぼす影響を考慮する消費パターンに切り替えるべきなのか？　いずれにせよ、消費の拡大は未来の環境を左右する最も重い課題である。そうは言っても、資源の枯渇に関する議論は、対立をあおるのではなく、問題の解決へむけた効果的な計画策定を目指して進めるべきだ。持続可能性を実現するためには二つの選択肢がある。その第一は、全ての天然資源を無限に供給できるよう、使用量を抑える事である（強気の持続可能論）。この考えを支持する人たちは、基本的に必要な分だけ資源を、利用する事になる。それも必要な期間内に再生する資源（動植物性）に限って。彼らにとっては、木製品や植物性プラスチックが、金属や石油起源プラスチックより望ましい。じゃが芋からできるポリ乳酸はこのアイデアにあう素材だ。すでに、プラスチック製のカップ、スープ容器、食品容器にかわる植物性の材料になっており、これに魅力を感じた小売業の雄ウォールマートは、膨大な量の注文をかけている。

このように成功例はあるけれども、再生不可能な資源についてみると、多くの場合、まだ代替物がみつかっていない。天然複合材料についての研究はさまざまなレベルでなされているが、たとえば現時点では、材木と植物性材料だけでダムを作ることはできない。一〇年以上前の話だが、私は、次世代型ヘリコプターに複合型材料がどう使われているかを知りたくて、コネチカット州にあるシコルスキー・エアクラフト社を訪ねたことがある。同社の技術陣は新素材が持つ性能について自信満々だったが、当時、産業エコロジー専攻の学生だった私は、環境に与える負荷が従来の素材と新素材でどれほど違うのか、イメージが持てなかった。今では、新素材が金属を含む旧素材よりも強く環境にやさしいと、データが立証している。こうしたトレンドは歓迎できるが、芋やとうもろこし、その他の農産物から、役に立つ分子を最後の一個まで取り出したとしても、再生不可能な資源を使わざるを得ない場面が残るように思える。そこで、別の戦略が必要となる。

別の戦略、つまり第二の選択肢として、資源の量に主眼を置かない考え方がある。製品中に少量入っている分を含めて、素材をうまく利用するために、自然資本と人的資本の総量に着目しようという主張だ（ゆるやかな持続可能論）。こうした構想を持つ人の多くが、自然界の資本を市場に出る商品という目で眺め、収入によって不公平が解消できるという誤った考えに走っているとしても、この選択肢を簡単に捨てるべきではない。ただし、ゆるやかな持続性という考えにはいくつかの前提がある。たとえば、効率を上げること、新しい技術を開発すること、そして、これが最も重要だが、マテリアルフローを変えるという点である。

レッドビルで一〇〇年以上前に採掘された銀について考えてみよう。比較的錆びにくく再利用しやすい銀を、このような話で持ち出すのは適当ではないかもしれないが、レッドビルで取れた銀はどこへ行ったのだろう？　市場に出た銀は、商人から職人に渡り、硬貨や薬缶となり、場合によっては写真の現像液になった。しかし、その後、散逸せず回収されたかどうかがわからない。銀に限らず、金、アルミ、その他の金属を無駄にせず、廃物から取り出して再利用するためには、大きなエネルギーと人的資本が必要となる。後者はさいわい質量ともに毎日増大している。さらに関係者には先を見通す力が求められる。設計に工夫が足りないと貴金属の回収は大変むずかしい作業となる。もし、写真用品の製造元など、銀を使うユーザーが使用後の回収を意識したなら、製品のデザインはかなり違った物になるだろう。たぶん、化学処理しても取り出しにくい素材は使われず、回収が非常に簡単な部品が発明される事だろう。

ゆるやかな持続性を実現するには、経済の果たすべき機能について、発想を大きく変えなければならない。エコロジーの専門家だと、水系との類推から、考察を進める。通常は、一方向に流れる河川と物流を比べるのだが、ここで必要なのは、河川ではなく「湖のような」モデルだ。湖では、入ってくるものと出て行くもののバランスが取れれば、物質が循環し続ける。後で紹介する事になるが、このようなパラダイムの転換は、消費主義を否定せずとも可能である。一つだけ例を挙げておこう。ユーザーが性能を変更する際にうまく対応できるコンピュータのモジュール設計がそれだ。この設計では、ユーザーがアップグレードする時、外付チップ、スクリーン、ハードドライブなどを再利用する一方、不要部品は製造元が回収するしくみになっている。これにより新旧のコンピュータをまるまる交換しなくてすむのだ。

このような改革を実現するには巧みなガバナンスが求められるが、現実には、問題をこじらせる悪しきガバナンスが横行している。たとえばコンピュータの場合、製造元は、利用できる部品を回収するとか製品をモジュール化するなどの方向には動いていない。それどころか、コンピュータの部品を廃棄するのに、規制が緩いアジア地域を利用している。一方で、よきガバナンスの予兆もある。一九九〇年代後半に埋め立て税を引き上げたデンマークでは数年のうちに建設廃材の回収率が一二%から八二%に上昇している。[11] これは成功すべくして成功した事例かもしれないが、他にも試す価値のある選択肢はあるはずだ。枝になっていた果物を取り尽くしたとしても、種を保存し、どう植えればいいかを知っていれば、次に打つべき手はさまざまにある。

レッドビルの住民は苛酷な環境の中で実りをもたらす種をまく術を知っているようだ。約一〇〇年前、銀の価格が急落したとき、鉱夫たちは財産の目減りに悩まされたが、ついには全くもって新しい挑戦に立ち上がった。コロラド州は山岳地帯のため、利用できる資源が少ないが、住民たちは厳冬期にふんだんにあるものに目をつけた。そう、氷だ！　一八九六年の冬、僻地に来るお客の数を増やそうと、男性二五〇人が力を合わせて、氷と材木で巨大な建造物を作り上げた。三五日で完成したこの建物はクリスタルパラスと命名されたが氷でできた物としては史上最大級だ。中の広さは五万八千平方フィート、使われた材木は一八万ボードフィート、氷は五〇〇〇トンにも及ぶ。尖塔部分は高さ九〇フィート、幅が四〇フィートあり、建物全体は五エーカーの土地にそびえている。単純な素材を利用したこの建物を見たいと、この小さな鉱山町には、これまでに二五万人が訪れている。冬季限定で、もたらす利益は多くなかったが、この建物は、不屈の精神を示す記念碑となったばかりでなく、この町の未来を切り開いたのである。

クリスタルパラスは今でも地域の目玉だ。人々はこれに観光資源と地域拠点の役割両方を担わせようとしている。二〇〇六年、黄金色の落葉が舞うころ、私は地元主催の会議に出席するため、レッドビルの中心地に残るオペラハウスを訪れた。古びた壁に、人目を引く会議のテーマを記した垂れ幕がかけてあった。「死んでたまるか」。あちこちの小さな町が力を失い物質文明に流される中、レッドビルは生き抜く決意を持っているようにみえる。最盛期に四万人以上だった人口は今や三千以下だが、私が会議で会ったレッドビルの人々は再生にむけた強い意思を持っていた。確定ではないが、技術の進歩と金属類の価格上昇が引き金となって、古いモリブデンの鉱山が再開される話も出ている。多くの鉱産地帯ではこのような選択肢はないのが現実だ。

レッドビルには「未来は明るい」という確信がある。右で述べた会議では将来を見据えた宣言が採択された。このため会議は他の町の行事よりも重みを持つものとなった。資源に頼るコミュニティから参加した代表者たちは宣言の趣旨に沿って動くであろう。宣言自体は理想主義的色彩が濃いものだが、レッドビルの人たちは、鉱物資源をむさぼる欲や資源の消費がもたらすプラス面とマイナス面を、経験と直感で理解しているようにみえる。彼らの住む町は全世界を映す小宇宙だ。幸運と危険が隣り合わせな場所だ。進歩を求めるだけでなく、人類の所有欲が留まる所を知らない場所だ。環境を保全しつつ消費を続けるために将来の見通しが必要な場所だ。地球と人類が存続するためには生活と物質が不可分であることを理解しなければならない。この本ではこの問いかけに取り組んで行こう。

第Ⅰ部　宝探しという快楽

ダイヤモンドが伝説で、
王冠であり、おとぎ話であるとき
私は自分のためにブローチとイヤリングを、
種まきし、売るために育てた

私はほとんど勘定されなかったが、
私の芸術は、ある夏の日の芸術は、
パトロンを持っていたのだ
一度はそれは女王であり、
もう一度めは蝶々である

――エミリー・ディキンソン

第一章　人間は資源を利用してきた

地下に埋まっている宝のあり場所のうち自分自身の宝のあり場所は発掘されることがもっともおそい。それは重さの霊がそうさせるのである。

――フリードリヒ・ニーチェ「重さの霊について」『ツァラトゥストラはかく語りき』

サウジアラビアにあるメディナという町を訪ねてみるといい。土ぼこりが舞う広大な土地に、名も知れぬ人々の墓が建っていて、その光景は実に壮観だ。ここには、歴代の王族に加えて、貧民も埋葬されているが、どの墓も素朴な作りになっている。この町の住民は、尊いお方であろうと庶民だろうと、同じ大地から生まれた人間として、等しく尊厳を認めていたのだろう。原理主義を厳しく守ってきたイスラム教ワハビ派は、人が亡くなると、質素に、ひっそりと、誰にも迷惑をかけぬよう葬る。私は、観光客でごったがえすメディナを初めて訪れた時、人の葬り方が実にさまざまである事を思い出した。エジプトなどでは丁重な葬儀が営まれ死後の世界に備えて副葬品すら準備される。別の社会では火葬によって永遠の消滅を図る。ニヒリズムで知られるドイツ人哲学者ニーチェが讃えたゾロアスター教では「沈黙の塔」という建造物に遺体を置く。遺体はハゲワシなど肉食鳥類の餌となり、骨だけになり、回収され、埋葬される。ゾロアスター教では、肉が残っている遺体の焼却や埋葬は自然の摂理に反するが、腐らない骨は土に戻してよい。彼らは、このやり方で、自然界における生と死のサイクルに敬意を示している。

遺体処理の方法はどうあれ考え方に根本的な違いはない。人間は、生まれた場所や身のほどに応じて、エネルギーを放出し、ごみを出す。そして、最後に、物質を生む場所である大地に戻る。人類は生まれてこのかた死という現実から逃れる術はないと悟っていたようだ。(1)

鉱物は美しいだけでなく、地球の生物が進化する上で欠かせない物だ。単細胞生物が生まれるはるか前、ガスあるいはどろどろの状態だった地球が冷却されるにつれ、さまざまな鉱物が晶出した。鉱物に含まれる元素の組み合わせが最適だったのだろう。次に生命が誕生した。自然科学の専門家は、混沌とした状態から秩序が生まれた理由を、「創発の法則」で説明する。(2) 自然界には不可分なヒエラルキーを持つシステムがあり、これによって、無秩序な生成物は、時間がたつに連れ、足並みをそろえ、秩序だって行くという。たとえば、波は、砂の運搬と侵食をくりかえし、何年もかけて漣痕を形成する。天候に敏感な鳥たちは自ら群れを作る。化学物質から細胞を作るためには基質が必要だ。生化学者ジェームス・フェリスによると、粘土の中には、生命の誕生に関係する分子の形成を助ける基質を持つものがあるそうだ。つまり、生物学的創発のために、鉱物が触媒の役割を果たしているのだ。フィルターに良く使われるモンモリロナイトという火山性の鉱物があるが、フェリスはこれを用いた実験で、リボ核酸

（RNA）など生命に重要な意味を持つ分子を、単純な化合物から合成して見せた。[3] 驚くべき効果を見せたこの鉱物は単細胞生物が誕生したころ、つまり四〇億年前の地球に、すでに存在し、生命が育つ揺りかごの役割を果たしたと思われる。

生命の進化が始まるとミネラルが栄養分となった。初期の生命体は光ではなくミネラル分（特に鉄）をエネルギー源として利用し進化した。熱を好み光を嫌う特殊なバクテリアは酸素がない原始の地球にうまく適応したのだった。この「超好熱」バクテリアは鉄によって繁栄したが、それゆえ、鉄を含む赤い血の進化を理解するヒントを与えてくれる。[4] ミネラルは、古細菌にとっても、我々のように進化を遂げた生命体にとっても、代謝に不可欠である。

我々の歴史は土の中に埋もれてゆく。土埃が文明を覆う。場所がどこだろうと、墓場がどんな様式だろうと、歴史を知るためには発掘しなければならない。足元に眠る遺物は、過ぎ去った時代の事、我々の先祖の事、そして先祖が直面した生存競争について教えてくれる。発掘によって人類の居住跡から価値ある遺物が出てくる。フリントで作った槍や石の棍棒をはじめ、たいがい、何か道具が見つかるものだ。こうして人類は発掘に魅せられてきた。

先祖から伝わる品を散逸させず、生活の中で大切にし、次の世代に引き継ごうとする姿勢は、人類を支えてきた。ヒト以外の生物もさまざまな目的で物を集めはする。鳥の巣作り、ビーバーのダム作り、哺乳類の食物貯蔵などが、例として挙げられる。また、チンパンジーのように高度な生き物は、材料が近くにある時に限り、道具を作る事ができる。たとえば石で木の実を割ることができる。ある研究によると、チンパンジーが木の実を割る道具の九割は、実をつけた木から二〇〇ヤード以内にある場所から運んだものである。けれども、人間のように、娯楽やサービスのために高度に物を使いこなす種は他にいない。さらに言えば、ある目的を持って道具を探索し、計画を立て、長い道のりをかけて運ぶ能力を持つのは人類だけらしい[5]。集めた物を一貫した方法で使えるから人類は飛躍的進化を遂げたのではないか。最近の進化論によると、新物質、特に地下資源への欲求と、消費への衝動によって、人類は他の生物より有利な地位を獲得したという[6]。

しかしながら行過ぎた消費と資源の枯渇が文明の存続を脅かす可能性はぬぐいきれない。イースター島やマヤ、あるいはアステカの社会は、地下の鉱物か何かを目当てにして、限度を超えた森林伐採をしたがために滅びた可能性があるのだ[7]。この仮説は人並みはずれたマルチな科学者ジャレド・ダイアモンドが書いたベストセラー『文明崩壊』を読むと出てくる。ただし、考古学者や人類学者は、この本が「社会の崩壊について単純化しすぎている」と批判している。二〇〇七年の秋にはアリゾナ州トスカンにあるアメリンド財団に科学者が集まり、社会の崩壊を生態学で説明するダイアモンドの強引さに反対の声を上げている。「人間の社会には環境決定論以外で説明できるものが沢山ある」、「社会と環境の間には弁証法的相互作用があり一つの説明に帰する事は無理だ」と彼らは主張している。また、認めない人もいるだろうが、人類は失敗に学び自己満足に陥らぬ力を持っている[8]。

文明崩壊の話は置いておくにせよ、地下資源が無限ではないことを理解して採掘を適度な範囲におさめる事は、人類の将来にとって大切な課題だ。我々は、必要以上を取ろうとしたり、本質より見栄えのよさに惹かれる自分を責める事がある。一見つまらない芸術作品を、文化遺産として保存しようとすることもある。いずれにせよ、良く考えず、目先にとらわれて行動するのだ。その結果、消費のパターンは、大きく揺れ動いてきた。一般的に、人類は必要をまかなうだけの生活から欲望に根ざす消費主義へ移ったと言われているが、ぎりぎりの生活をしていた社会でも、必要以上を求め、無駄を限りなく愛する気持ちはあったようだ。次に初期の文明ですら物欲を満たすために鉱山を必要としたという例を示そう。

現時点で知られている最古の鉱山跡はアフリカの小国スワジランドにある。ボンブ（ズールー語で赤を意味する）と呼ばれる尾根に一見自然の洞窟と見まごう穴があいている。よく見ると、この圧倒されるような大穴には、古代人が働いた痕跡が残っている。今ではライオン窟と呼ばれているが、この穴の内壁は、鉄の鉱物である鏡鉄鉱《きょうてっこう》で覆われている。内部に進むと巨礫がころがっており、その奥に坑道がある。放射年代測定によると四万三千年前に掘られた物だ。石器しかなかった時代である。ここでの暮らしは粗末で厳しかった事だろう。それでもこの文化の担い手たちは、生存に必要な物質だけでなく、儀式になくてはならない黄土という顔料を採掘している。ライオン窟の鉱夫たちは、鉄分に富み、光沢があって、美しい黄色を出すこの顔料を、顔や道具類に塗るため採っていた(9)。

上で述べたような黄土の使い方は、もっと古い時代の洞窟（鉱山跡ではない）内部で、偶然見つかった壁画でも確認できる。たとえばフランス領リヴィエラにある重要な遺跡テラ・アマタには三〇万年以上前に黄土が使われた証拠が残っている。チェコのベチョフ地区（二〇万年前）やオーストラリアの先住民絵画（七万五千年前）にも黄土を使った証拠がはっきり残っている。つまり、わかっている限りでは、最初の鉱山は、物資調達というより、宗教儀式や芸術表現など文化面で必要とされていた。人類学者シリル・スタンリー・スミスは、金属や鉱物の使い道が多様化した理由を、その有用性ではなく装飾性に求め、「必要性ではなく美を追い求める心が創造の母である」と述べている。[10] 人間の創造力は必要性と探求心の両方から生まれたのだ。

ここで一つエピソードを紹介しよう。古代社会では鉱物資源の恩恵にあずかる階級が決まっていた。二〇〇八年三月に科学アカデミーの紀要で掲載された論文によると、ペルーのチチカカ湖畔で発見された四千年前のネックレスは、南北アメリカで知られる金細工としては最古のものだ。狩猟社会で使われた物のようだが著者は次のように述べている「食糧生産のための高度な技術を持たず、社会や経済の変化に晒される人がいる一方で、無為徒食し、金を使うことのできる人がいた事実は、不公平な大量消費社会が早くから存在した事を暗示する。また、エリートの世襲制度や農産物の余剰生産によって金属利用が始まったのではないと思われる」。[11] 良い悪いはさておいて、このネックレスは、財宝への欲求が、最古の社会においてすら、普通にあったことを示している。

火打石から金属へ

最古の人類が必要とした無機物は地球内部から火山へと運ばれてきた黒曜石だ。切れ味のいい石器になるガラス質な溶岩塊は、おそらく、我々の祖先が道具にするため最初に採掘した物であろう。現在トルコ領内にある名峰アララト山はノアの箱舟が流れ着いたとされる場所だが、その斜面には黒曜石採掘の痕跡が残っている。ここでは溶岩の急速な冷却によって石器づくりに最適な黒曜石が生成したのだ。

黒曜石は、火山地帯にのみ産するため、限られた場所で採掘された。その断面の鋭さは現代の道具、たとえば心臓手術の道具として、使用に耐えるほどだ。黒曜石に似た素材としては火打石がある。火打石も考古学者が生活の痕跡を探すヒントになる石で、その利用は人類が誕生した二〇〇万年前まで遡ることができる。しかし、火打石から作った道具は、遠方に運ばれたため、散逸し、残っていない。

アララト地方からアナトリア半島中心部へ向けて、まず西へ、それから南へと移動すると、トルコ語でチャタル・ヒュユクと呼ばれる遺跡にたどり着く。ここは新石器時代の遺跡の中で最もおもしろいと言われている。なぜ新石器時代の人類がこんな辺鄙なところに定住したのか？ 肥沃な平原と接するこの地は食料生産に適していたらしいが、もっとそれらしい理由がある。この地は通商ルートの要衝である上、レイクヴァン、アクサライ、ビンギョルなどの黒曜石産地に近い。住民は採石で稼いでいた可能性があるのだ。ここには六千人以上が住み、焼き物の古代窯があった。布地に顔料で模様を描いた美術品も作られたが、黒曜石をもたらす火山が噴火する様子も描かれている。黒曜石は海辺の住人が持ち込む貝殻と交換された。貝殻も我々の先祖が魅力を感じかなり初期から使われている素材だ。貝殻、火山ガラス、石材は、人類はじまって以来、地球から与えられた神秘的なギフトである。(12)

ところで、人類の歴史を語るとき、我々は「石器時代」とか「新石器時代」という言葉を使う。これで判るように石材は文明の存続に重要な役割を果たしてきた。また、特殊な石（鉱石）から元素、特に金属を取り出して利用する技術が紀元前二五〇〇年頃に始まったが、これは人類がさらなる飛躍をするきっかけとなった。「原始家族フリントストーン」を観た読者は、石材や木材から金属に移行したことで人間社会が向上した事をご存知のはずだ。しかし石材のタフさを軽視してはならない。石材や骨材は高度な建設作業には不可欠だ。アラン・ワイズマンは「人間のいない世界」という作品で現代文明の崩壊を描いたが、彼はその中で、「石材を用いた建造物は新しいコンクリートや鉄鋼を凌ぐ性能を持つ」

と指摘している。石材と難分解プラスチックを併用した構造物はこれから最も普及が進むであろう。また長く使われることだろう。

文明を支えるインフラは石材を必要としたが、金属は補完的な役割を担うようになった。新石器文明から金属を利用する文明への移行は人類にとって跳躍だった。歴史時代に重要な金属の名前が冠されているのは言葉の偶然ではない。「鉄器時代」、「青銅器時代」、そしてよく使われる「黄金時代」[13]。ただしこれらの金属が文明に及ぼした影響についての研究は始まったばかりだ。金属は種類によって強度、耐久度、存在度など、その特性が大きく異なる。アルミニウムなどは地殻にふんだんに存在するが、岩石中で他の元素と固く結びついているため、古代人は抽出できなかった。一方、銅のような元素は、大きくてすぐ使える金属塊の状態で産する。

ほとんどの金属類は元素なので基本的な化学の法則に従う。おそらく我々の祖先は金属の特性を無意識に理解して利用したのだろう。数千年前、両刃の刃である火の性質に気づいた事は歴史上の重要な出来事である。料理中に石を熱してみたのが製錬の始まりではないだろうか。製錬は鉱石を熱して金属元素を抽出する作業である。あまり高い温度に加熱しなくても抽出でき、しかもかつては地表に豊富にあった銅は、最も古くから利用された。技術が進むと、鉱石の割合を工夫することで、職人たちは望みの割合で金属を抽出するようになった。たとえば、銅と錫と砒素をまぜて、青銅器時代の名の由来である合金「青銅」を作り出した。このような技術は、後に、冶金学として結実する。

青銅を作る技術は東アジアとアフリカで別々に発達したようだ。最古の遺物は今のイラクとイランのあたりで出土しているが、その年代は、紀元前四〇〇〇年前まで遡る。南北アメリカでは、銅鉱山がアクセスの悪い高地にあるため、歴史はもっと新しい。地中海地方では高度に組織化された銅の製錬所がキプロスに多数出現した事がわかっている。キプロス産の銅を取引する都市は交易でにぎわった。銅はエジプト、サルディニア、アナトリアに運ばれ、神像や道具類に使われた。後期青銅器時代にこの小さな島の銅が及ぼした影響は大きい。たとえば、フォラデスという町にある採掘跡では職人が工房の周りに人工的な堤をめぐらしている。その中からは円筒状にそびえていた炉の破片が六千以上見つかっている。また、シアヴァレーでは製錬した後に残る灰色の鉱滓が山積みになっているさまを今でも見ることができる。F・L・コーツキという考古学者はこう記している。「キプロスに残る鉱滓の山が持つ価値が認められないのは残念だ。ピラミッドや大都市建設に負けない労力を留めているというのに[14]」

鉄やアルミニウムは銅や錫よりもはるかに多く地殻に含まれるが、鉄の製錬には火力が必要となる。鉱石から鉄を分離するために必要な火力を得るには良質な燃料と炉に適切に空気を吹き込む技術が必要となる。その上、溶けると簡単に流れる銅と違って、鉄は溶けてもスポンジ状の塊になるか、球状の泡になって鉱滓と呼ばれる残りかすとからみあう。

製錬技術が見つかる以前は自然界に存在する純粋な鉄といえば隕石だった。隕石の旅は困難に満ちているため、地球に到着した時には、不純物はすっかり失われている。しかも大気中の加熱がいわば製錬と同じように作用する。そのお蔭で、古代の鉱夫たちは、科学の知識がなくても、隕石を利用できたのだった。しかし、時間と経験を重ねるうちに、職人たちは鉄を使えるようになっていく。たとえば、鉄の製錬をうまくやるには銅の融点より低い温度を長く保たなければならないのだが、この技術はアナトリアのカリベスとヒッタイトで紀元前一五〇〇年頃には確立されており、何世紀にもわたって秘密とされていた。こうして中東は鉱業が栄え古代の通商を担う中心的存在となった（図2）。

かつて、金属を製錬する専門家は、魔力を持つ特別な階級として扱われた。彼ら自身も独特の集団としてふるまった。たとえば、同族結婚の習慣を持ち、技能集団の内輪で結婚の話を進める事があった。アフリカでも金属の取り扱いには神秘的側面がある。ンディンガ・ボという作家は次のように書いている。「地下にもぐり鍛冶職人たちは自然の力と向き合う。冶金の仕事は神々との競争である」。しかし製錬業は必ずしも好意的に見られるとは限らない。アフリカでは鉱業冶金を否定的にとらえる伝統もあり、採鉱と製錬をする時、ハイエナなど大地に暮らす動物の守護者に捧げ物をする儀式がアフリカのあちこちで見られる。また、ユシュフ・シセが記録しているのだが、アフリカ西部に暮らすマンデ族は「坑口をあけ、鉱物を採掘する行為は、母の母である大地を殺すに等しい」と信じている。[15]

ナイジェリアやアフリカ西部のヨルバ文化では、オグンという神が鍛冶屋、王、農夫、割礼の施術者、戦士、文明人あるいは猟師の姿で描かれる。面白いことにオグンの多面性を都市と地方の対立や狩猟本能から説明する口伝がある。ヨルバ文化の人々は、近場（今のナイジェリア）で石油などの資源が見つかるずっと前から、何かを採取する際の――食べ物だろうと素材だろうと――バランスをとる難しさに気づいている。この神の生活についてバーデ・アジュオンは次のように書いている。「オグンは人生の半分を荒野と混沌とした自然の中で過ごした。…そして残りの半分は秩序ある人間の世界で過ごした。しかし、彼が最も好んだのは森の中での孤独である」[16]。

アフリカの鉱業史は四千年以上も遡る。ビルマで造られた炉一基を除くとアフリカは世界で唯一のドラフト炉が記録に残る場所である。現在のニジェールにあるアガデスでは古代から銅の利用技術が発達していた。金属利用と産業の発達を結びつける仮説がよくあるが、事実はそれに反する。ここでは、他の産業がないにもかかわらず、製錬が驚くべき進歩を遂げ、完成の域に達している。

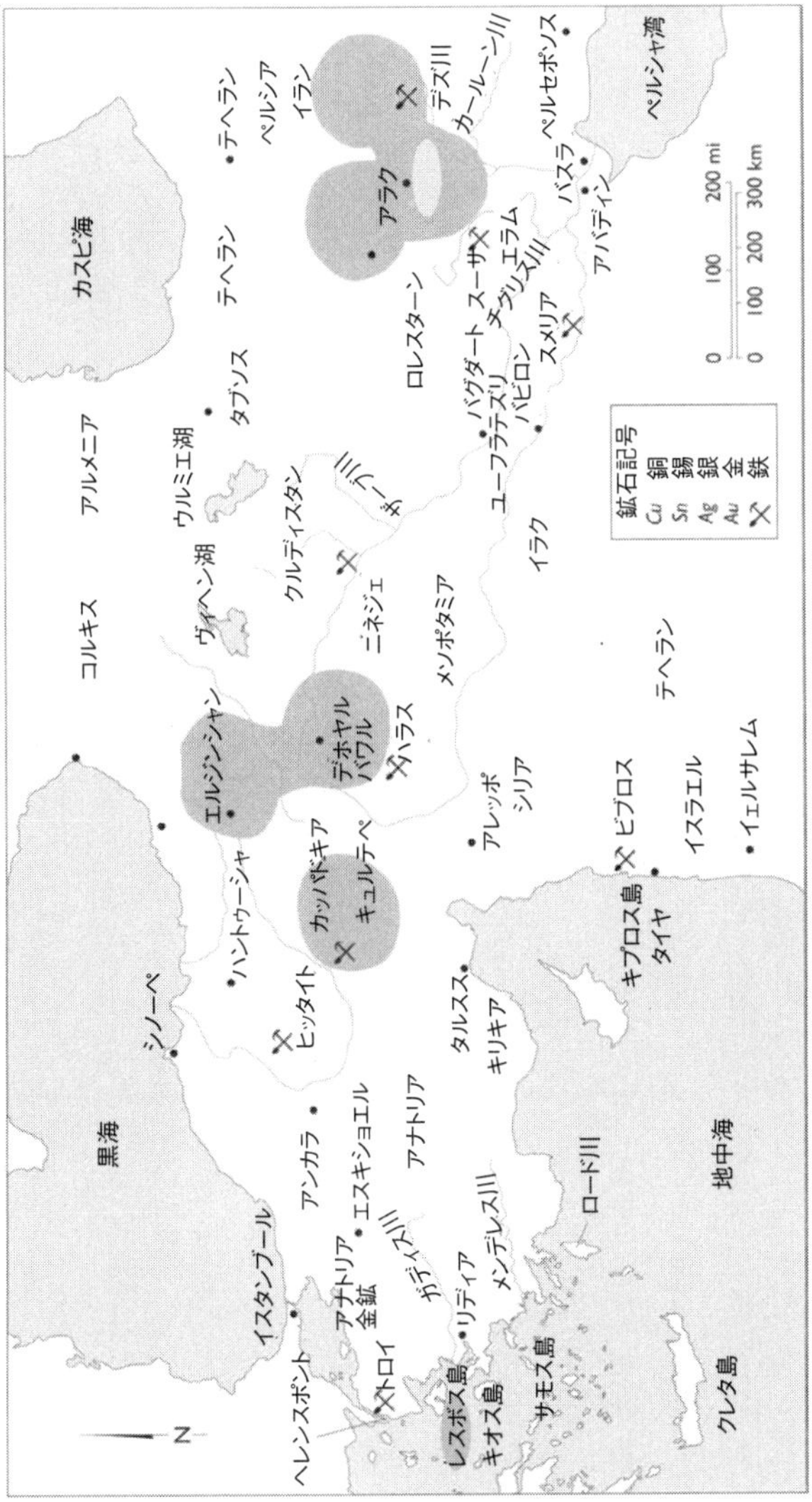

図2　古代中東における金属の採掘地域

金属が持つ潜在力に対する信仰は、いつの時代もあり、地理的にも広範囲にわたって見られる。たとえば、銅のブレスレットは、癒し効果があるとしてアリゾナに来る若い観光客に人気があるが、コンゴのレンバ族もパワーがあると信じている。レンバ族の伝統では、聖職者とその家族しか身につけることができないが、銅の力ゆえに、人々は聖職者を畏れるのだ。アフリカでは、人の誕生から老齢期まで、銅が節目節目の象徴として使われ、通過儀礼や豊穣の印ともなっている。鉄の場合は性的儀式と強い関係があり製錬用具に性的な場面が大胆に描かれている。製鉄は出産とも結びついている。ケニヤのトゥシボコ製鉄炉では、女体を思わせる炉にリズミカルに風を吹き込み、鉄を生ましめる機能ゆえ、ふいごは男性とみなされている。

しかしながら、金属に関する儀式を詳しく調べたユージーニア・ハーバートは、ふいごが必ずしも男性扱いではないことに気づいている。ふいごは男と女の補完関係を反映しており、〝対〟で使われるときには、夫婦扱いである。ケニヤのムベレ族は〝対〟のふいごの威力を増すために、雌ヤギ、雄ヤギ両方の皮を使っていた。この場合、必ず右側のふいごが若い雄、左が雌である。自然の風を利用するためふいごがないブルンジの炉では空気口の栓に男根が描かれている。[17]

上で述べたように、アフリカ諸国では、炉が生殖器に、鉄や銅の製錬は性行為になぞえられた。しかし、時代を超えて人類を魅了してきた〝あの金属〟だけは加熱なしで入手できた。その輝きで多くの文明を魅了し財宝のシンボルとなった。安定した化学構造のおかげで、この金属は固体の中では最も変質しにくく、他の金属のように酸素と結合して腐食を早める塩類を作らない。加工のしやすさもこの金属の利点だ。次のパラグラフではこの金属、金について、話を進めよう。

金の持つ力

私はオーストラリアの荒野で歯がぬけ落ちた老鉱夫に会ったことがある。彼はにやにやしながらこう言った。「ゴッド（God）とゴールド（gold）の違いはたった一文字だよ」。金は神に近い存在だと教えたかったのだろうか。たしかに、金は人間を魅了し、あがめる貴金属の象徴となってきた。多くの宗教は金を商品として扱う事に反対するが礼拝のために使う事は認めている。聖書の中ですらそのような記述がある。たとえば、モーゼは、シナイ山に戻る途中で、金の子牛を作った職人に出くわし、その行為を非難したが、同時に、神が次のように命じた華美な殿堂を作ろうと、設計図を持ち帰っている。「純金で内側も外側も覆い、周囲に金の飾り縁を作る（新共同訳聖書）」。出エジプト記（二五―二八章）は八〇節以上をこの退廃的な神殿建設に割いている。古代エジプト人やペルシア人は宝石も好んだ。特にトルコ石を使ったようだ。シナイのトルコ石採掘場にはファラオの一人であるトトメス四世が女神ハトホルに乳とはすの花を捧げる様子が刻まれている。

「最も良いものを神へ」という考えは物質的な豊かさを重視する価値観につながる。教会も財宝を所有するようになった。一三〇五年に、聖座がローマからフランスのアヴィニョンに移り、信者を驚愕させた事があるのだが、歴史家ローランド・ベイントンによると、教皇クレメンテ五世は、フランスのフィリップ四世が金輸出を全面的に禁止した時に、アヴィニョンに移ったようだ。国王は金を投資や福利厚生に振り向けたかったのだが、教会も金を必要としたのだろう(18)［一二九六年八月一八日フランスのフィリップ四世はフランスから教皇庁へ金銀を輸出する事を禁止した］。

一四世紀後半、黒死病によってヨーロッパは人口の三分の一を失ったが、この時期には、まだ、有り余る富があった。それゆえ、病に斃れた裕福な商人や貴族は、死後に膨大な量の金を残したが、その金は、さまざまな組織に流れた。教会も受け皿となり、金で装飾された荘厳な聖堂を建設していった。

アブラハムに始まる信仰の中で最も若いイスラム教は、上と同じ時期に、南部ヨーロッパのあちこちで花開いたが、その建築や芸術にも宝石類が使われた。金が使われた器物は多神教のみならず、その敵である一神教によっても重宝がられた。正統なイスラムでは、男性は金の装飾品を禁じられているが、女性は禁じられていない。それどころか女性は配偶者のために宝石類を身につけるよう勧められていさえする。メッカにあるカーバ神殿には立派な金のドアと金のふちどり模様で飾り立てられている。これはイスラムが信ずる神の住まいを最も純粋に表現したコーランの記述を具体化したのである。

このような堕落はイスラム教やキリスト教に限らない。どのような文化でも信仰が理由になると物の所有は正当化される。質素を宗とする仏教の僧侶ですら黄金と宝石で作られたシッダルータ王子の像を拝んでいる。黄金で作られた世界最大の作品はバンコクのトライミット寺にある釈迦像である。人々を救済する神々は永遠に存在する必要がある。したがって化学的に安定して永遠の象徴となりうる金は信仰を支える大切な素材なのだ。フィクションのヒーローであるインディ・ジョーンズもそうだが、こうした理由で、考古学の話に金の遺物はつきものなのだ[19]。

人々が金に魅せられるのは生物が進化するのと同じくらい自然なことだ。ゴールドラッシュが起きた一九世紀、金が経済の基準になった事は、自然淘汰の結果として説明された。トーマス・ナストが描いた有名な漫画がある。そこでは、万人が認める地位を金が獲得したさまが、闇夜が終わり「真実の夜明」がやってくる絵として、描かれている（図3）。紙幣についての論争が勃発したとき、金をシンボルとする考えは、新世界にやってきた神学者たちの共感を得た。クロンダイク地方のゴールドラッシュを研究したキャサリン・モースが述べたように「通貨にしても道徳にしても、なんらかの価値について、人が語る時、その考えは、神が目的を持って作った自然と金が持つ象徴としての力に根ざしている」のだった。これに対して、金を基準とする経済に反対する人々は、「金を重視するのは一つの考えに過ぎない。金は決して必要なものではない」と言って、神の目的ある産物から金を除外しようと試みた。金を基準にしたくない人たちは、育てる事で付加価値をもたらす種子と金を比べ、種子は労働と施肥で繁殖力を蓄えるのに、金は増殖しないと論じた。しかし、金は社会にとって不可欠なものになりつつあったし、金鉱ブームが起きたこともあって、彼らは相手にされなくなっていった。二〇世紀初頭、クロンダイクのゴールドラッシュを詳細に記録したジャック・ロンドンが封筒の裏に残した計算では、金開発のインフラ整備と生活に二億二千万ドル以上かかったのに対し、利益は二千二百万ドルくら

図3　トーマス・ネースト「適者生存」
（デヴィッド・A・ウェルズ『ロビンソン・クルーソーの金』ペーパー・アンド・ブラザーズ社　1876年）

いである。しかし、この計算をした後も、彼は金の価値を信じ、この途方もない労力は「ユーコン郡にとって計り知れない利益」をもたらしたと書いた。また、そう考えた理由として「自然を相手にする労力は軽減され、稚拙な技術は廃棄され、工事や旅行につきまとう困難が最小化されたからだ」と記している。[20]

ただし、金の価値を認めない例もあるので、ここに書いておこう。資源が極端に乏しい場所、たとえばサハラ砂漠で好まれるのは、反応性に乏しい金ではなく、周期表の中でも最も反応性が高い元素、ナトリウムである。ナトリウムは反応性が非常に高いので、自然界に単独では存在せず、他の元素と結びついた形で見つかる。一番よくあるのは塩素と結びついた形、人間の食事に欠かせない塩だ。アメリカ先住民であるナヴァホ、ズニ、ホピ族や、その他の部族にとって、塩は神のような存在である。彼らの文化は異なるが、塩をあがめる点では共通している。ピーター・バーンスタインは、サハラに住む部族からみた金と塩の違いを次のように記録している。「キラキラして虚栄心を満足させるだけの金を貴重な塩と交換しようとする北方人を彼らは理解できなかった[21]」。

食べられる石

塩は味付けに必要なだけでなく、人間が生きる力を維持する上で欠かせない電解質であり、さらに「憂鬱な気分」を軽くする効果を持っている。[22] しかし、その最大の価値は、大切なものを保存してくれる作用にある。ある意味で金に似ているといえよう。つまり、金メッキが酸素の侵入を妨げて錆を防ぐように、塩は細菌から食物を守ってくれるのだ。食物を保つ機能は冷蔵庫がない社会では貴重である。

肉や野菜が保存できれば飢饉に備えることができ、気候変動の影響を弱め、軍隊に高蛋白食を供給できる。

塩はなんとも皮肉な素材だ。海水から取れる割合は小さく、しかも、採掘が簡単な岩塩は量が多くない。また、塩が混じった海水は、真水を必要とする人類にはあまり役に立たない。海岸で塩を回収する技術が確立された時代になっても、水分は蒸発してしまうので、海水から十分な真水を回収する事はできなかった。航海に出た水夫たちは渇きに悩まされたものだ。大規模に海水を淡水化する技術の出現は日本人の水夫が陶器製蒸留器を使う一七世紀まで待たなければならない。[23] 一方で、太陽エネルギーを利用する海岸の製塩業は、水の回収技術が進む前から、何世紀にもわたって繁栄した。水の都ベネチアでは簡単な操作で塩を回収する技術が生み出された。海水をためる池をいくつも作って並べ、樋でつなぎ、塩水が次々に流れるようにして、最も濃い塩水がたまった池で塩を析出させるのだ。塩分二六％という過飽和状態になった時（通常の海水は三％）塩は析出を始める。この技術を持つベニスの製塩業者は、大儲けをして、探検家マルコ・ポーロを始め知識階層や商人を潤すことになる。

マルコ・ポーロが訪れた神秘の東洋とヨーロッパをつないだものは塩だった。中国人は地中から湧き出る塩水からとった塩を愛好した。四川省の自貢市郊外では、すでに一一世紀頃、巧みな竹の配管が存在した。この町は今でも塩業博物館によって知られている。[24]（チベットの）建昌路を旅したマルコ・ポーロは、中国の技術が生んだ例として知られる紙ではなく、汗《カン》の像を刻印した塩塊が貨幣の代わりに流通していることを、記録している。

塩水の湧き出る泉があると現代人は塩分を嫌がって別の井戸を掘ったりする。しかし、かつては、見つかると喜ばれたものだ。人々は、石油ではなく、塩を求めて、宝探しのように地面を掘った。採掘の途中で副次的に石油が出ることもあったが、皮肉にも、あまり使い道がなかった。例外なのは、石油に精神的価値を見出した中世のペルシャとアゼルバイジャンくらいだろう。そこでは、何世紀にも渡って、塩を採る住民たちが、石油を池にため、泥がぶくぶくしているところに火をつけて礼拝していた。北アメリカでも、石油が見つかる前の井戸の用途は、何世紀にも渡って、塩水をくみ上げる事だった。一八一五年に、ペンシルバニア州のある場所では、「石油は塩水を汲み上げるとついてくる厄介物だ」と記録されている。これは、一八五九年にエドウィン・ドレイク大佐が商売になる量の石油発見を祝った場所のすぐ近くの話である。

塩を商う場所は、世界中どこでも、たとえ辺鄙なところでも、物資の集積地となった。今のマリ国内、サハラ砂漠の真ん中にあるティンブクトゥの町は、五〇〇マイル離れたタガザ塩坑から得られる塩の交易によって発達した。塩が豊富なこの町の建物には塩で作られたものすらある。[25] この塩坑から出た塩はたびたび金と交換され、得られた富は、学校や大学の建設など、町のために使われた。また、ヨーロッパ東部、中部で塩の大規模な採掘が始まるまでの間、何世紀にもわたって北へ運ばれた。

ヨーロッパで最大の岩塩鉱床は、現ポーランド領内で一三世紀に見つかったが、その産出量は今でも世界最大である。ポーランド南部、クラ港の近くにあるこの鉱山はヴィエリチカというが、ここを訪れる人は、岩塩をくりぬいて作られ教会の聖堂に匹敵する規模を持つ部屋に案内され、シャンデリア、教皇ヨハネ・パウロ二世像、レオナルド・ダ・ヴィンチの「最後の晩餐」のレプリカなどを目にする。この鉱床は南に延びてドイツやオーストリアにまで達している。

モーツァルトが生まれる前、ザルツブルクは音楽ではなく塩で有名な町だった。塩がもたらした富ゆえに、ウィーンから離れたこのアルプス山中に、モーツァルトをはじめとする才能がやってきたといえるだろう。一七世紀になると、司教ヴォルフ・ディートリッヒが塩を重視したため、製塩業は町の経済の中心となった。やがて、ザルツブルクは塩の利権をめぐってバイエルンと対立、バイエルンに占領された。その後一八二九年になって町はオーストリアと協定を結び、（一）オーストリア側は境界線から一キロのところまで採掘できる。（二）労働者の四割はバイエルン側から雇用する。（三）バイエルン側は豊かなオーストリアの森で採れる材木を採掘場で使える事などを取り決めた。[26]

紛争がある一方、色々な人が、塩についての考えを巡らしていた。化学者は酸とアルカリを合成して中性の塩を作ることに成功した。酸味と苦味を合わせる形で旨味を作る塩には特別なバランスがある。中国人は塩の持つこのような完全性を陰と陽の神秘的な調和からくると説明している。

マハトマ・ガンジーは、イギリスへの抵抗運動を展開する中で必要最小限の生活をしたが、塩の必要性は理解していた。イギリスが塩に対する課税をちらつかせた時、彼は塩の入手が人間の権利だとして、支持者とともに海まで行進している。「塩の行進」と呼ばれるこの行動は、イギリスによるインド大陸支配に市民が一矢報いた抵抗のしるしとして、歴史に残るべきものである。不服従をうたう宣言でガンジーとその同志はこう述べている。「労働の対価を受け取り、日常物資を入手し、それによって成長の機会を得ることは、他の民族と同様、インドの人民にとって、なくてはならない権利である[27]」。

塩をはじめとする鉱物の必要性については再検討されるべきであろう。しかし、その採掘権と利用権を主張する声が、謙譲を美徳とする共同体も含めて、さまざまな社会にある事も考慮しなければならない。ガンジーは注意深く言葉を選んでこう言っている。「地球は我々に必要なものを十分に与えてくれるが我々の物欲までは満たしてくれない」。物欲と必要性の関係はこれから考えるべき課題だ。すでに我々は気づいているが、物欲をうまくコントロールして、必要な物質のみを使う事は、どこの社会でも難しくなっている。

素材についての想像力

火打石、黒曜石、銅、鉄、金、塩…これらは、古代社会が、さまざまな目的のために必要とし、重視した素材の一部だ。方位を教えてくれる磁鉄鉱は探検家が目的地にたどり着く助けとなった。しかし、各地に文明開化を促した原因は、物質そのものに加えて、その抽出や加工方法にもある。そのやり方は、さまざまな社会で、文学作品の中に記録されている。はるか昔から、地下に何があるかという謎は深く大きく、それゆえ文学のテーマとなりえたが、特に、ここ二〇〇年間に現れた作家たちは、鉱物の果たす役割についての理解が深いようだ。

ソロモン王の鉱山は聖書にも記されているが、臨場感ある描写で幅広い年齢層の支持を得たのは一八八五年にH・R・ハガードが書いたフィクションだった。『ソロモン王の洞窟［市場に出回っている創元推理文庫の訳。原題はKing Solomon, s Mines］』の表題でロンドンから発行された本は熱狂的な歓迎を受け、書評でも「これまでに書かれた書物の中で一番面白い」と強調された。(28) この本には、植民地時代のアフリカを背景に、資源探査と発見の要点が書かれている。資源問題が支配層にどう影響を与えたかを扱ったこの本は、ヴィクトリア朝に生きる庶民の間で、そして現代の読者にも、支持されている。

この時代には、児童書も、資源開発の魅力を描いている。『ソロモン王の洞窟』とほぼ同じ頃、ジョージ・マクドナルドは、彼の最高傑作である童話『お姫様とゴブリンの物語』を出しているが、これも評判は上々だった。この本では、有名なギリシャ神話を髣髴とさせる夢のような世界に、子供の鉱夫が遭遇する話が描かれている。鉱山の土臭さを感じさせるファンタジーの古典『指輪物語』の作者J・R・R・トールキンは、マクドナルドの作品からインスピレーションを得たと言っている。この話では、指輪は加工していない素材でできており、モリアの鉱山が重要な役割を果たす。

人間が財宝に対して持つ欲望を文学作品が描くようになるのはもっと後の時代だ。不滅の児童文学と言われるフランク・ボームの『オズの魔法使い』を考えてみよう。ワシントンを象徴するまぼろしのエメラルド市へ通じる黄色いレンガの道が印象的な作品だ。(29)

出版されたのは一九〇〇年、硬貨の基準として、銀の利点が検討された時期だが、彼はその頃の経済危機に着想を得たと考える研究者が多い。ボームの父親は石油ビジネスを手がけていた。このため、彼の考えと作品には、鉱物で生計を立てた経験が反映されている。たとえば、ブリキのきこりが機械油で動くさまはロックフェラーの力がスタンダード・オイル社によって支えられている事を思い出させる。

フィクションの世界ではひんぱんに宝石や結晶の持つ魔力や威力が登場するが、これは現実の世界でも通じるものがある。宝石の人気は、見た目の美しさだけでなく、神秘的な癒しの力のゆえである。新陳代謝にはたすミネラルの（亜鉛からマンガン、鉄に至るまで）役割の大きさは、科学的に説明でき社会的にも受け入れられているが、神秘の力の方は、古代から信じられてきたものだ。(30) 宝石が持つ癒しの力に対する信仰はあちこちの文明で観察できる。たとえば、四〇〇〇年以上前、古代イラクのスメリア人が残した記録は、癒しの力について触れている。また、インダス川をこえたあたりに残るヴェーダの宗教書では、砕いた宝石の分量に関する記述があるが、これは今でもアーユルヴェーダの治療に使われている。ヒンズー教によると、人間の体には七箇所、霊的エネルギーの中枢（チャクラ）があり、ミネラルやその原子の振動と不可分に結びついているという。インドから北上し、中国に入ると、神農（炎帝）が書いたとされる最古の医療書が残っている。この本は、宝石の記載とともに、宝石が人体に示す効果について記述している。医療面で宝石が効力を持つかどうかは科学的に解明されていないが、その効能は、鍼やリフレクソロジーに似ているかもしれない[31]。

ギリシャ、ローマ、ヒンズーを含む古代の哲学は、自然界を五つの要素に分けて考察していた。土、空、火、水、そしてイデアだ。イデアは眼に見えないエネルギーの事である。中国では少し異なり、空の代わりに木と金が入っている。古代中国は風水という土占いを編み出したが、その基本はそれら五要素の相互作用である（図4）。ここで、中国人がヒスイ――詳しく言う

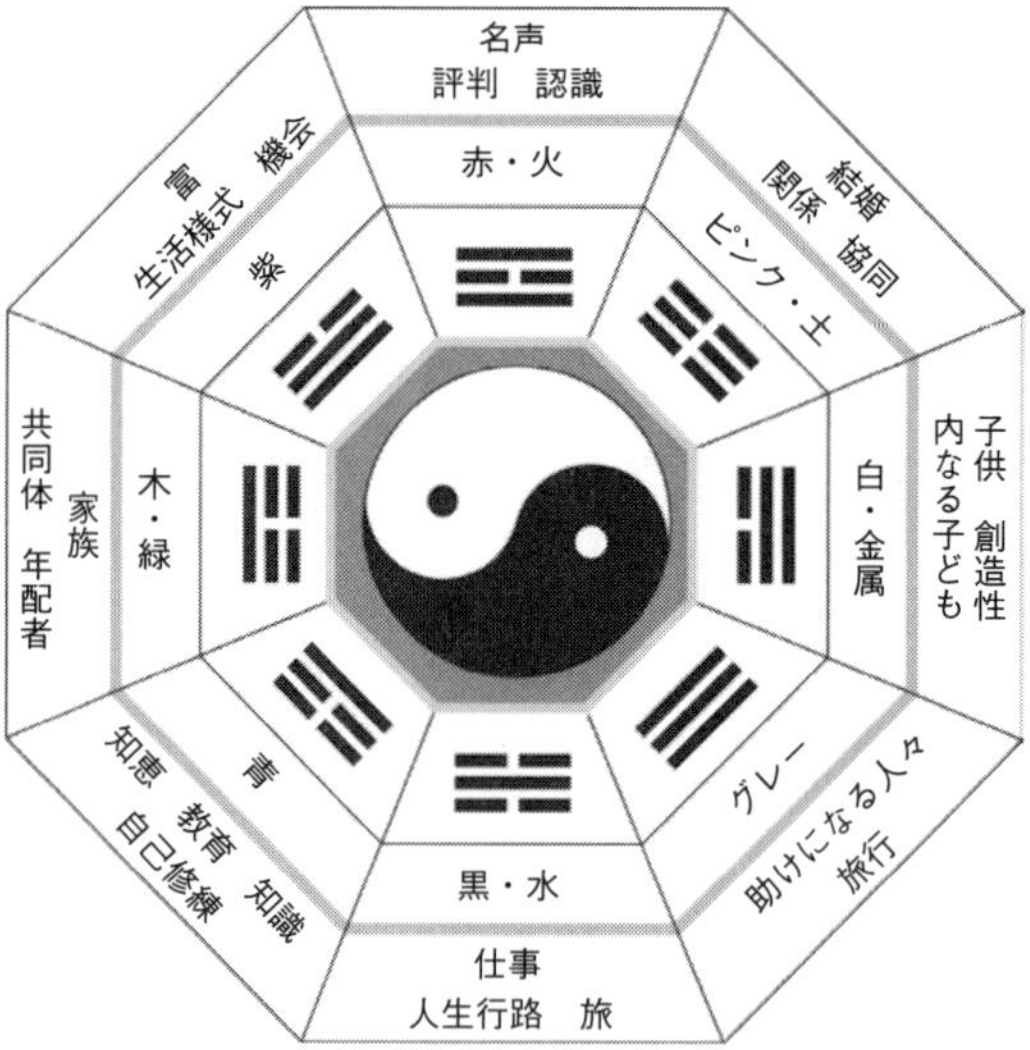

図4　中国の風水が示す要素

とナトリウムとアルミを多く含む緑がかった輝石—を珍重した事を指摘しておきたい。中国ではヒスイは皇帝に献納された。また、その粉末は不老長寿の妙薬として用いられた。この「天上の石」をめぐって展開する神話も多い[32]。ヒンズー教の神話では金属類が重視される。ディワーリー祭では、儀式で必要となる金属を祭礼の初日に購入する伝統が受け継がれている。初日はダンテラス（名誉ある富）と呼ばれるが、信者は基本財である金属製品を買い、財産を司る女神ラクシュミを讃えるよう奨められる。

シンガポール国立博物館をゆっくり散策すると料理を表現した石細工が目に入る。台湾の芸術家徐俊義が大地と料理をつなごうとした力作「奇石宴」である。これを観察すると、作品だけでなく、使われた石そのものに価値が認められている事がわかる。鑑賞していると、最後には、雲南省産の茶色い素材（金郷石）を食べたくなる。微生物との反応および変質によって石からチョコレートのような香りが出ているからだ。有名な「石のスープ」[33]もそうだが、シナ民族は、このように、石と料理をつなぐ伝統を培って来た。東洋を旅すると、レストランの前に精巧な料理見本が置いてある。このような見本製作と展示には、メニューを宣伝し紹介する以上の意味がある事を、知っておこう。

この章では、葬祭から食卓まで、色々な例を挙げて、鉱物が生活と切り離せない事を示した。個人レベルでも社会レベルでも鉱物が必要であることを、見た事例は良く教えてくれる。どんなにあがいても、未来永劫、鉱物を排除することはできないのだ。人間は、鉱物を、インフラ整備のためだけでなく、文化交流の道具としても利用してきた。鉱物は社会の必需品だが使い方では贅沢品にもなる。古代社会では貿易と物々交換の中心的地位を占めたが、同時に、欲望と不満が渦巻く原因ともなった。資源の発見に沸くグループがある一方で、採掘を嫌うグループもあった[34]。

現代社会は地球が生み出す元素にあれこれ頼っている。困ったことだ。鉱物は、有用性と心に響く美しさの両方から、時代を超えて、愛されていたが、その使い方を再考する時期にさしかかっているのではないだろうか。採掘の現場から市場に至るプロセスで、無機物である石には、消費者によって、次々と価値が付加されてゆく。連綿と続く宝石の歴史を通じて、これほどの消費社会は、どこにも例がなかった。我々は、環境保護と経済振興の両面から、鉱物資源の利用方法について、検討を進めなければならない。

第二章　宝石の価値は失われない

歴史が記録されてきたかぎりにおいて、貴重な宝石は探索され、それをめぐって争いが起き、愛情を示したり、ある政府と他の政府との同盟を創造するために使われてきたのである。

――マデレーヌ・アルブライト　アメリカ宝石学学会でのスピーチ（二〇〇六）

石には冷たいイメージが付きまとう。不妊のたとえに使われたり、石のような心という表現があったり、さらには、石のような表情という言葉もある。たしかに、石は無機質だが、人の心を喜びで満たす美しさを備えている事も確かだ。我々の祖先は、地中に秘められた宝石を見つけ出しそれに価値をつける術を学んできた。発見は今も続いている。運の良し悪しはさておき、地質学者に限らず、考古学者、建設労働者、浜辺を散策する人、庭師など、誰にでも宝石を見つけるチャンスはある。宝石は、科学のためであれ商売目的であれ、我々の心を掻き立て、さらなる探索にむかわせる。最初は偶然に見つかったとしても、その後は、入念に探査が行われる事が普通だ。

二〇〇〇年の五月下旬、スペインのアルメリア地方にあるプルピ海岸を、ジャビエ・ガルシア－ギニアという地質学者が、掘削していた。そこは資源があまり取れたことがない場所で、彼の目前にある露頭も、灰色で粒子が粗く地味で、これという兆候を示していなかった。しかし、それまでの研究と地元のトレジャーハンターがくれた連絡によって、彼は何かサプライズがあると確信していた。ローマ時代、この地方には銀と鉛の鉱山があったのだ。また、第二次世界大戦の直後、この地域の鉱物資源は、経済的な必要性から再開発されている。一九四七年、フランコ将軍の率いる政府に対して国際社会が禁輸措置をとったため、スペインは国内の消費をまかなう目的で旧坑を再開発した。過疎化に悩む小さな鉱山町だったピラール・デ・ハラビアなどは、その政策のお蔭で、数十年の間繁栄したのだった。しかしながら、すでに鉱量は枯渇しており、ガルシア＝ギニアも銀を探しに来たのではなかった。彼は、他の鉱物が含まれる部分がどこかにないかと、探し回っていたのだ。

マドリッド鉱物協会に属するアンヘル・ロメロやマヌエル・グエレーロら、ベテランを含む面々が支援したおかげで、ガルシア－ギニアは地元のトレジャーハンターたちが調べた場所に、有望な空洞を発見した。しかし、アンヘル・ロメロの同僚の中には、科学者と情報を共有することに賛成しない者もいた。お宝を独占したかったのだ。最初に調査した一人であるエフレン・ケスタにいたっては空洞で見つけた宝石をネットで売ろうと考えていた。しかし、最終的には、保全すべしという意見が大勢を占め、科学者の協力を仰ぐことになったという(1)。

地質学の目で言うと、暗い空洞がみつかるのは、逆説的ながら良き前兆である。開口部が小さいほど何か特別なものが隠されている。調査隊は洞穴そのものではなく、博物館ショップで売られているような地質学的に特徴あるもの、つまり「がま（geode）」を探した。Geodeは土を表すギリシャ語に由来するが、これは球形をした石の空洞で中に結晶が詰まっている。普通、外見は地味で、手のひらに収まるくらいの大きさだ。これを割ると、中から輝く結晶が出てくるのだ。(2)

スペインのチームはセレナイトという鉱物の巨晶を含む世界最大級の〝がま〟を探していた。セレナイトは化学的に言うとカルシウムの硫酸塩である。珍しい物ではない。セメントに用いる石膏といっしょによく見つかり、ふつうは宝石にならないが、時に、非常に美しいことがある。適切な環境で育つと、分子配列の変化により、同じ化合物が素材としては無用だが、人目を引く宝石として変容するのだ。鉛筆に使われた石墨と恋人の指に飾られたダイヤモンドもしかり。ともに同じ炭素からなるが、自然のいたずらで、一方は日用品、他方は装飾品となる。

スペインの〝がま〟でのこの変化には地中海が重要な役割を果たしたらしい。この場所から海まではわずか二マイルだ。数百万年前、海水に溶け込んだカルシウムの硫酸塩が、この地に運ばれた。まず、母岩が溶けて問題の空洞ができ、そこに海水が浸入、ゆっくりと蒸発して、結晶を析出させたのである。

スペイン人たちが割ってみると、〝がま〟は二五フィートの長さがあり、開口部から人が入れるほどだった。彼らは映画スターのような気分を味わった事だろう。発見直後、ガルシア‐ギニアは著者に、まるで「スーパーマンの秘密の洞窟」にいるみたいだと書いてよこした。実は、スーパーマンの話を作ったジェリー・シーゲルとジョー・シャスター は、早くも一九三二年に、結晶が持つ劇場効果に気づいていた。(3) 彼らの設定では、世界中で愛されるこの鉄人もその魅力には勝てず北極にある自分の住処を宝石や結晶で飾る事になっている。

アルメリアの〝がま〟に人が入った写真は、発見直後に公表され、そこはフィクションに登場するクリプトン星のように素晴らしいという話が広がった。ガルシア－ギニアは、自然が作ったこの御殿に高ぶる気持ちを押さえて、〝がま〟の形態や成因に関する科学的調査を始めた。そして、スペインの環境警備隊、アンダルシアの環境関係部署、科学者上級協議会の協力を得て、〝がま〟を封鎖した。次のステップは、〝がま〟の成因と結晶の年齢を知るために、化学上のヒントを探すことだ。自然の神秘についての情報を一般公開するために彼は今も研究を続けている。(4)

宝石にはストーリーがある。

鉱物や宝石の中にはその生成史に関する科学的情報が保存されている。たとえば、地質学者は、さまざまな塩類が、火山の熱で凝集、大地の力で運搬され、深部間隙から入ってきた水の圧力によって沈殿し、結晶になるさまをモデルにする事ができる。スペインの〝がま〟にも成因をめぐる議論が展開されている。しかし、自然に対する人間の働きかけ、あるいは、採掘後の宝石がたどる運命という観点からも物事を考える事が必要ではないだろうか。さまざまな文化や個人を見守ってきた宝石にはストーリーがある。地質学者のポケットに納まろうと、トレジャーハンターのかばんに納まろうと、採掘された宝石の行く末は人間の欲望に左右される。鉱山がある小さな集落で話題となり、商売人の手から手へと渡って、物資の交換に役立っているかもしれない。争いの種になるかもしれないし、愛を確かめたい恋人たちの気持ちを代弁するかもしれない。途中でなくしたり盗難にあった持ち主が悲嘆にくれているかもしれない。偶然拾った人が「運がいい」とか「祈りが通じた」と喜んでいるかもしれない。宝石は地質学が説明する以上のストーリーを携えているのだ。

インドのスーラトという町にはこうした宝石のストーリーが交錯していることだろう。ヒンズー教によるナショナリズムが支配的で、人口四百万以上を抱えるこの大都市の富を示す表象は、軍神インドラの「因陀羅網」だ。因陀羅網には完璧に磨かれた宝石が反射しあうように縫いこまれており神秘の世界が表現されている。(5) スーラトの発展を見るとこの表象がそのまま通じると実感できる。ここには南アフリカやシベリアからはるばる宝飾用ダイヤモンドが運ばれてくるが、その割合は世界の八五%、価格で計算すると六〇%に相当するのだ。(6) どこで採掘され、装飾品となった後はどこへ行くのか、宝石が語る話に耳を傾けてみよう。

スーラトは、ムンバイから北へ二〇〇マイル、グジャラート州のタピ川河口にある。一九九四年に肺炎が流行したように、劣悪な環境で知られるが、都市圏から離れており、住民感情を刺激しないですむため、一六世紀に列強が侵入し、定住地とした。以来、この町の歴史は穏やかではなかった。たとえば、ムガル帝国のジャハーンギール帝から得た権利を守るため、イギリス東インド会社の艦隊がポルトガルの艦隊を撃退したのはスーラトの近くである。(7) この後、ポルトガルはその欲望を西に向け、数百年後、ブラジルに巨大なダイヤモンド鉱床を発見することになる。(8)

一七世紀にダイヤモンドが取れたのは、世界でも、スーラットから数百マイル離れたクリシュナ川ぞいのゴルコンダ鉱山帯だけだった。このため、ダイヤモンドは、東インド会社の主力商品だった。ゴルコンダからは、コ・イ・ヌール（光の山）、ダルヤー・イェ・ヌール（光り輝く川）（図5）、そして神秘的な青色に輝くホープダイヤモンドが見つかった。残念ながら、それらが発見された経緯はヒンズーの昔話や宮廷伝説を紐解いてもよくわからない。

ヨーロッパ人の手になる記録はルイ一四世から最高級の宝石を探すよう命を受けたパリ生まれの宝石商ジャン＝バティスト・タヴェルニエに遡る。彼は一六三一年から一六六九年まで六回にわたってインドを訪れ、氾濫原にダイヤモンドが堆積する雨期明けには、六万もの鉱夫がゴルコンダにいると記録している。ヒンズー教の古文書がダイヤモンド鉱床に言及しているので、採掘の伝統は数千年に及ぶとわかる。ダイヤモンドは大地がもたらす究極の恵みだったが、その起源に関する当時の知識は正確ではなく、採掘人たちは、未熟な石英が熟成するとダイヤモンドになると信じていた(9)。

ダイヤモンドの成因については、地質学者や化学者も頭を悩ませ、中にはゴルコンダの採掘人と同じような結論に至る者もいた。一九世紀になっても、マクス・バウアーをはじめ、著名な地質学者や宝石学者でさえ、ダイヤモンドは石英やこんにゃく石の中で成長すると考えていた。石英もこんにゃく石も珍しいものではなく、ダイヤモンド鉱床の周囲でもよく見つかる。このため学者たちはこれらの間に関係があると考えたのだ。しかし共存する鉱物に因果関係があると単純に考えるのは誤りである。

一七世紀の中葉、アイザック・ニュートン卿は、実験によって、ダイヤモンドは木材と同類の炭素化合物である事を発見した。その後、イギリスの化学者であるスミソン・テナントがダイヤモンドと炭を加熱する事で発生した二酸化炭素の量を測定し、ダイヤモンドは混じりけのない炭素からできているというニュートンの予測を裏付けたので、この考えは受け入れられるところとなった。しかしながらこの発見は科学界に新たな混乱を巻き起こした。科学者達は、ダイヤモンドが炭素からできているならば、生物起源ではないかと仮定したのだ。このため、植物が時間をかけてダイヤモンドを作る、したがってダイヤモンドは再生可能であるという珍説まで現われた。仰々しく発表されたこの学説では、樹木が時間の経過とともに変質し、ピート、石炭、そして最後にダイヤモンドになるという。一九世紀には、ダイヤモンドが水滴のような形をしているため、樹液の化石である琥珀と結びつけ、これを高純度の琥珀ではないかと考えるグループもあった。古生物学者のハインリヒ・ゲッパートは、顕微鏡でダイヤモンドを調べるうち、緑色で針のような形をした包有物に気づいた。そこで、彼は、ダイヤモンドの起源を海草と考えた。また、二種の藻類の学名に、Protococcus adamantinus および Palmogloeites adamantinus と、ダイヤモンドを意味するラテン語を冠している。[10] こうして高貴なダイヤモンドの謎に植物譚が加わったのだった。

図5　ダルヤーイェ・ヌール

ゴルコンダで産した宝石の話は有名だが、インドでは、いまや、流通プロセスに乗り利益をもたらす宝石は、極小サイズである。せまいスーラトの街路では、たいていはダイヤモンドの原石だが、褐色がかった小さな石を、若い衆が、封筒から出す場面に行き当たる。中には何千マイルも旅したものがあるかもしれないが、スーラトに来て封筒から出された石がたどる運命は、切断工と研磨工の腕にかかっている。インドではもう宝石が取れないのでこうした取引をする商売人は海外にコネを持っているはずだ。世界のダイヤモンドの六五％はアフリカから出る。従ってかなりの商売人がアフリカから仕入れていると思われる。[11] 最大のダイヤモンド産出国はボツワナだが、その採掘は大規模なので、封筒に入れられてスーラトに出回るような事はない。たぶん、封筒の中身は、政府の管理が及ばないアンゴラかコンゴの採掘現場から来ている。こうした現場では、掘り返した土砂を篩いに入れて洗うことで泥を除き、篩いに残るダイヤモンドを探している（そのため、取れた結晶は漂砂ダイヤモンドと呼ばれる）。取れたものは近くの街で商人（レバノン人の末裔であろう）の手に渡るはずだ。交渉の末、鉱夫に手渡された代金は、一週間、いや、もしかすると一ヶ月、家族を養うことになる。商人はアフリカの都会から来た別の商人にダイヤモンドを売るが、その中にはスーラトに親戚がいる人も混じっていることだろう。いったん都会に運ばれると、ダイヤモンドはドバイなど金融の中心地を経て散逸する。飛行機や船でアラビア海をこえ、インドへ運ばれるものもある。

二〇〇四年にキンシャサからパリへ飛んだ時、私はあるディーラーと話して、右で書いた話はよくあることだと知った。この人物が言うには、スーラトに供給されるダイヤモンドについて調べたジャーナリストを沢山知っているが、彼らも同じような物流を想定するだろうとの事だ。[12]

大きな鉱山で採掘された宝石はどんな運命をたどるのだろうか。原産地で加工される事もあるが、たいていは、アントワープ、アムステルダム、テルアビブなど大きな市場にアクセスできる大手企業のネットワークや、デビアス、リオティントなど大手鉱山会社との契約を通して、流通過程に乗って行く。漂砂鉱床とは違って、大手鉱山から出たダイヤモンドには「キンバリー・プロセス」認証制度による保証書がつく。これは当該ダイヤから得られる収益が反政府集団の活動や人権侵害に利用される惧れがない事を証明するものだ（ただし、制度に従わない国から制度を遵守する国に原石が密輸された場合、その石は制度を遵守する国の産品として保証書がつくという欠陥がある）。この証書の背景には、紛争がおきかねない例や紛争が起きてしまった例も含めて、さまざまな社会問題がある。

実は、キンバリー・プロセスの証明をもらえないダイヤモンドの出所と供給ルートは、現代社会の重要なテーマとなっている。アンゴラ、コンゴ、リベリア、シエラレオネなどで漂砂ダイヤモンドが内戦の資金源となっているからだ。[13] この問題について紹介した記事には次のような扇動的な題名がついている。「輝きと欲望」、「無情の貴石」、「愛情のない宝石と冷血な情事の歴史」。[14] 二〇世紀後半のアフリカにおける紛争の原因はダイヤモンドであると国連安全保障理事会の各種パネルが指摘した事を契機として、紛争の連関を断ち切ろうとする動きが始まっている。[15] 何百年も前、ゴルコンダのダイヤモンドをめぐって、ヴィジャヤナガルとバフマニーという帝国が争ったが、今でも似たような資源争奪戦があると事情通は言う。栄誉ある地位から転落したダイヤモンドはジャーナリズムにとって絶好のネタになったしハリウッドがレオナルド・ディカプリオを起用して映画「ブラッド・ダイヤモンド」を製作するきっかけともなった。

ワシントンポストのダグラス・ファラ記者は、レバノンの貿易商とアフリカの宝石市場の関係に注目し、アフリカ産ダイヤモンドがイスラムのテロの資金源である可能性を指摘している。この推論は、彼が西アフリカ特派員だった時に、ケニヤのアメリカ大使館爆破に関わったアフリカの貿易商と面会を重ねて得た情報から導かれた。彼が明らかにしたのは、たとえば、貿易商たちがタリバンの拠点からドバイまで金や宝石を運び、換金しているという事である。この情報は注目に値するが、テロに使われる裏金があるという仮説には検討の余地がある。[16] イブラヒム・ワルデなど、イスラム系の学者からは「そのような方法でテロへの資金供給ができるのか？」と、疑問の声が上がっている。彼らによると、テロに必要な資金が小さい事やダイヤモンドを密輸するリスクを考えると、（そのような目的で）宝石が売買される可能性は小さい。組織的な戦闘には大きな資金が必要だが、アルカイーダのやるような規模では必要ないので、資金源はそんなに重要ではないという点を関係者が見落としている、とワルデは主張する。たとえば二〇〇五年に五二人が犠牲となったロンドンの爆破事件で犯人たちが使った金は一〇〇〇ドルにも満たない。二〇〇四年に二〇〇人以上が亡くなったマドリードの列車爆破事件でも一万ドルもかかっていない。二〇〇一年九月一一日に起きたあのテロでも、計画段階から実行まで含めて、かかったのは五〇万ドル以下だ。[17] ワルデに代表される批判は九・一一委員会の出した結論によっても裏付けられる。委員会は次のように発表している。「アフリカの紛争ダイヤモンドがアルカイーダの資金源という話を支える確たる証拠は見出せなかった[18]」。

テロに関係ないとしても、ダイヤモンドは複雑なしがらみを持っている。世の中の進歩にどう貢献できるかについては、まだまだ検討の余地があろう。さして必要なものがない富裕層の手に納めるのではなく、貧困削減の役に立たせるために、我々はダイヤモンドをどう扱えばいいのだろう。ダイヤモンドに反感を持つグループとダイヤモンドを利用するグループの反目を押さえる方法はあるだろうか？

ダイヤモンドで社会は進歩するか？

コンゴやアンゴラなど資源紛争で疲弊した国とは異なる例がある。ボツワナだ。この国は一九六六年にイギリスから独立したが、その一年後にダイヤモンドの鉱床が見つかり、国庫に入る金額は一〇倍になっている。工業用に使うダイヤモンドが採れるおかげでボツワナはアフリカ大陸の最貧国から最富裕国へと変貌した。一人当たりの収入が一四〇〇〇ドル以上というのはアフリカで最高の数字だ。[19]ダイヤモンドのロイヤルティのおかげで、小学校から博士課程まで公教育はタダだし、識字率は八割を超える。幅広い視点から生活レベルを測るため国連が提唱した「人間の開発指標」で順位付けしても、ボツワナは、他のアフリカ諸国を抜いている。ボツワナに限らず、一般的に、公的に承認された大きな鉱山会社を持つ国は、そうでない国に比べて、この指標で高い数字を示している（図6）。

ボツワナは生物多様性に関するリーダー的存在でもあり、たとえば、オカバンゴデルタの保全に取り組んでいる。しかし課題もある。たとえば、ＡＩＤＳだ。大人の二二％くらいはＨＩＶに感染している。高収入、高学歴のおかげで、国を挙げ、世界に先駆けて、患者に総合的な抗レトルウィルス療法を施すことはできたのだが。

一方で、豊富にあるダイヤモンドは、ボツワナの発展に歪をもたらしているとの懸念もある。国の経済がまだ多角化しておらず雇用を生み出す力に乏しいため、せっかく無料で教育を受けても、ボツワナで職を得るのは難しく、失業率は二五パーセントに達する。[20]この国の最大の雇用主は政府で求職案件の四五パーセントが政府系機関である。また、貿易による利潤の七〇パーセントは鉱業に頼っている。鉱山系労働組合はこれをテコにして、国が重要課題を決定する際、影響力を行使している。ボツワナ大学のジョン・ホルムによると、この国の特徴は「過度に発達した官界、未熟な民間、職を外国でしか得られない高等教育層、受身の市民社会、社会を牛耳る熟練ダイヤモンド職人[21]」である。ダイヤモンドが見つからなかったら今よりましだったろうか？

ダイヤモンドが社会問題を引き起こした別の例を見よう。カラハリ砂漠で放牧を生業とする先住民サン族の移住問題だ。数々のドキュメンタリーや南アのジャミー・ユイス監督が作った「The Gods Must Be Crazy［邦題「ブッシュマン」一九八二年公開］」でサン族はよく知られているため、西欧の人たちは彼らに特別な感情を持っている。欧米の環境活動家や社会活動家はダイヤモンド採掘のためにサン族は移住を強制されたと主張した。一方、政府側は「サン族に教育とヘルスケアを施すために移住が必要と考えた。ダイヤは無関係だ」と説明した。

サン問題は民事事件として市民団体が提訴したが、高等裁判所は三名の判事による合議の末、二〇〇六年一二月一三日、ダイヤモンドに富む禁猟区から彼らを強制的に移動させるのは違法と結論付け「この件は法律で決定済みだ」とする被告側の言い分を認めなかった。裁判官たちは、アフリカの法制度に対する西側先進国の冷たい眼差しを跳ね返すと同時に、公務員がダイヤモンドで腐敗した者ばかりではない事を証明したのである。司法が支配層に影響されるのではないかという懸念も一掃した。サン族は、アメリカ先住民にあてがわれた施設に似た近代的キャンプにいるが、この判決のお蔭で、先祖伝来の土地へ帰ることが可能になった。「移住は、教育、厚生、文化変容のため」という政府の方針は一九世紀のアメリカとカナダのやり方にそっくりだ。アメリカ先住民は今でも強制的な文化変容に苦しんでいるが、ボツワナの裁判所は、サン族がその二の舞になるのを防いだといえよう。

茫漠としたカラハリ砂漠は、環境活動家、鉱山労働者、先住権運動家が闘争を繰り広げる場になっている。サン族の判決のように賞賛される例がある一方で、さまざまな紛争があるため、アフリカは資源

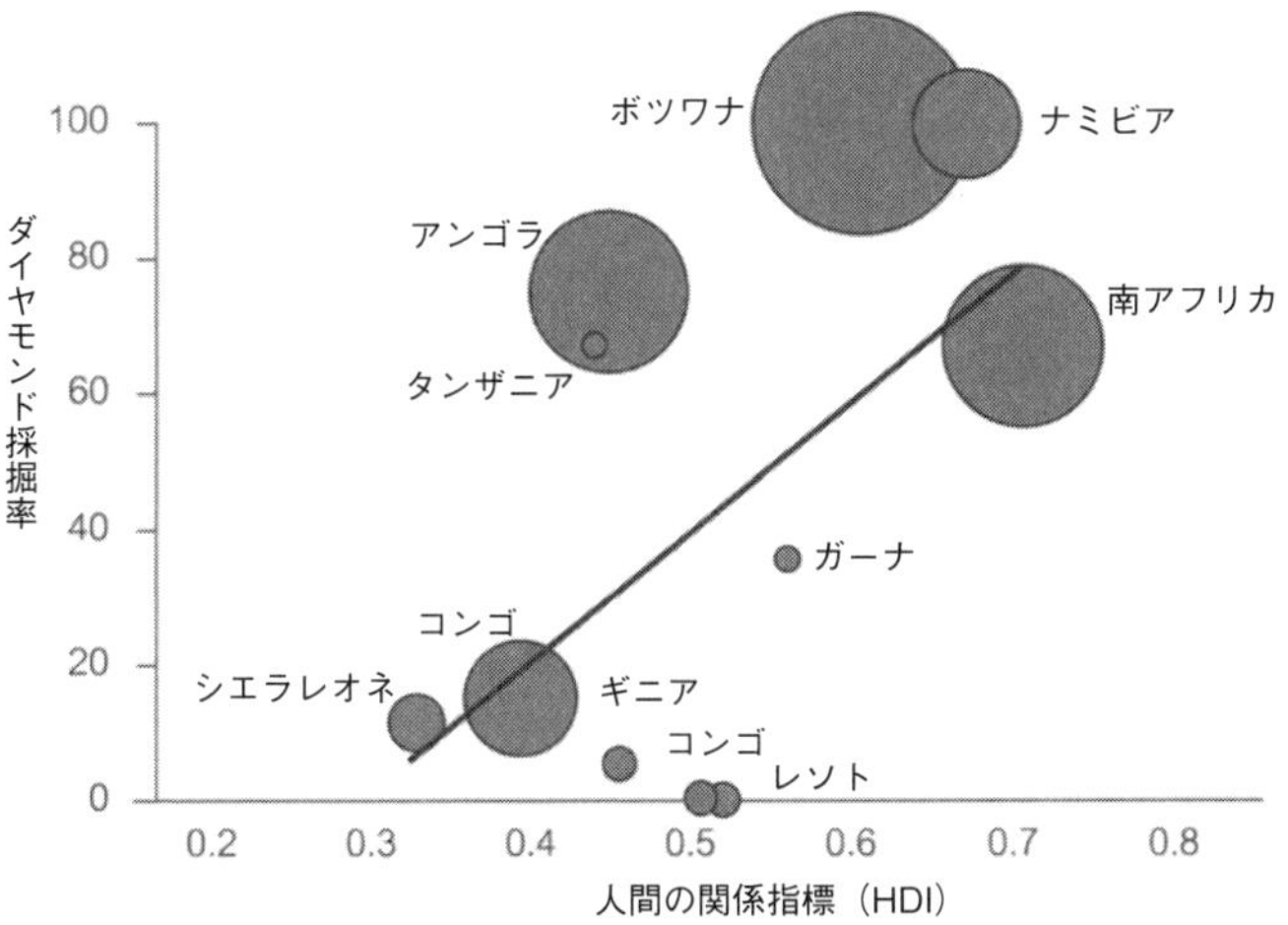

図６　選択したアフリカ諸国における合法的なダイヤモンド鉱山（全採掘場に対する割合）と国連が出す人間開発指数の関係。円のサイズはダイヤモンド生産量に比例。（デビアスの2007年報告書および米国地質調査所、国連開発計画、アフリカパートナーシップ・カナダのデータより）

について、激しい議論がぶつかりあう場となった。環境活動家にとっては、カラハリのサン族は近代化と消費主義に追いやられた「高貴な蛮人」である。活動家の餌食となったのは、ボツワナ政府と優良鉱山を共有する大手、デビアス社だった。南アにおけるデビアスの複雑な歴史とアメリカでの独占禁止法騒動（二〇〇五年にやっと解決した）が批判を先鋭にした。しかし、実は、サン族の移住とダイヤの鉱区に強い関係はなかったのだ。デビアスの会長ニコラス・オッペンハイマーは、「エコロジスト」誌で「あの禁猟区でダイヤを採掘するならサン族の労働力が必要だった」と述べている。[22] サン族をダイヤモンドに結びつけた事は、世論を味方につける上では有効だったが、長い目で見ると、鉱物資源の役割についての議論を混乱させた事になるかもしれない。

ダイヤモンドは、西側諸国では金持ち向けの商品だが、ボッワナでは暮しを支える収入源だ。ボッワナのような資源国にとって、経済面の課題は、投資を如何に堅実に行うかということだ。ダイヤモンドの収入を利用して、強く、持続的かつ多角的な経済を実現できるか否かはリーダーたちにかかっている。カラハリのサン族について言えば、彼らが近代的様式になびかない事実を、リーダーたちは尊重しなければならない。アメリカがアーミッシュやメノナイトに選択の自由を認めているように。繁栄だけでなく多様なグループの共存が社会に実現した時、ダイヤモンドは紛争源と言われる不名誉から開放されるだろう。前頁で紹介した判例はそれが可能である事を示している。

ボッワナのダイヤモンド産業がある程度成功を収めた事は、政治学者の興味を引き、研究の対象となってきた[23]。独立後この国を繁栄に導いた主役が優れたリーダーたちであることは疑いない。最初の大統領は「素材をつなぎとめる粘土」という意味の名前を持つセレッェ・カーマ卿だった。卿は身をもって法の支配を示しつつ、老練な政治を行った。フランスくらいの面積に二〇〇万人が暮すこの国では資源がうまく分配されているし、紛争が起きた場合は、サン族の例で見るように、法制度が機能する。また、多数派であるッワナ族（八〇%）は、何かが起きない限り、少数派に対して好意的だ。

ボッワナでは、ダイヤモンドが生んだ利潤が成熟した社会に行き渡るので、発展の度合いを示す各種指標は高い数値を示す。また、余力を脆弱な環境の保護にむける事ができる。たとえば、世界最大の内陸デルタであるオカバンゴ地域が、保護の対象となっている。長期的視野に立つと、エコッーリズムやサービス産業によって、この国の経済は多角化してゆくだろう。ダイヤモンドを買いたい人は、少なくともアフリカのこの国には、自分の所有欲が良い影響をもたらすと思って、少しは安心する事だろう。

では、グジャラートのスラムで、同じように、富の公平な分配ができるだろうか。スーラトの職人たちはボツワナ産ダイヤモンドを磨いているかもしれない。スーラトのダイヤディーラーは特殊な家系に属する。半数以上は篤い宗教心を持つジャイナ教徒だ。このコミュニティは発展の程度を示す指標も高い数値を示す。識字率は九四％（国の平均は六五％）、女性の識字率も高く九〇％だ（国の平均は五四％）[24]。彼らは、平和主義、徹底した菜食、生命の尊重で知られ、アリを踏みつける事さえ罪とみなす。ダイヤモンド商人としてのノウハウは、彼らがパランプール公国に仕えたことで蓄積された。ジャイナ教徒の持つ倫理と宗教心を見込んで、領主が宝石加工を任せたのだった。技術が確立された後の課題は国際的にどう売り込むかであった。ユダヤ教の流れを汲む東欧のダイヤモンド商人が、宗教的には少数派であるジャイナ教徒に通じるものを感じたため、インドが投資を促進する中でジャイナ教徒の加工業は花開いたのだった。

　モラルは高いがともに少数派である彼らの結びつきを示す逸話が残されている。スーラトには「ロージィブルー」という大手の会社がある[25]。この社名はインドで人気の高い青色の宝石にちなむが、創業者ディリプ・メタによると、彼が一九七三年にアントワープで会社を登記した際「ローゼンブルム」と勘違いされたという「ローゼンブルムはユダヤ系の名前[26]」。

　ジャイナ教徒がダイヤモンドの加工技術をマスターできたもう一つの理由は、彼らの厳格な生活様式と、こまごました事に気づくセンスにあると思われる。ジャイナ教徒は古代仏教から「金剛般若経《ダイヤモンド・スートラ》」を受け入れ伝えている。硬いダイヤモンドに職人たちの忍耐強さや真面目さを投影したのであろう。その文章は短く四〇分以内で読めてしまうが、大乗仏教が栄えた唐では印刷物として出されたほど、人気だった。印刷された最古の版は大英博物館にあるが紀元八六八年の日付入りだ（グーテンベルクの聖書より古い）。ベストセラーとなった『ダイヤモンドの知恵　古代チベットの教えに学ぶ富を得る秘法』の著者で、チベット仏教の実践家そして宝石商としてジャイナ教徒のビジネスに関わっているマイケル・ローチは、その金剛般若経から大きなインスピレーションを得たと言っている。彼によると、ダイヤモンドの比喩は二通りに使われている。第一に、ダイヤモンドの曇りのなさは美徳で満たされるべき透明な器の象徴である。そして第二に、その硬さは、すべてを耐え忍ぶ倫理的な象徴である。この本は冒頭グジャラットを代表するダイヤ加工業者でディーラーでもあるディル・シングに触れている。ニューヨークで開かれた指導者会議に参加したこの人物は、信仰を第一とし、タイムズスクエアを臨むホテルの小さな部屋で深夜まで祈りを捧げていたそうだ[27]。

成功の要因は色々あろうが、世界中のジャイナ教徒と加工業者は、ハイレベルな仕事に必要な粘り強さを持っている。彼らは、厳しい訓練に耐え、原石の質を見ぬき、ダイヤの取引で使われる四つのCという厳しい基準カット、クラリティ、カラー、カラット（cut, clarity, color, carat）[28]に適合するよう加工するスキルを身につけるのだ。

宝石を鑑定するのに最も重要なのはもちろん人間の目だ。宝石職人たちは若い。視力が衰える四〇までに引退する事が多いからだ。この点はテニスの選手と似ている。二〇〇一年に実施された調査では、この地域で働く約二〇〇万人のうち、五％が国際労働機関のいう児童に相当し、そのうち九六％が一二歳から一四歳だった。また、九八％がスーラトで家族と暮している事がわかった[29]。目が良く見える若手を求めるあまり子供を使ってしまうのだ。しかし、ある意味、生活に余裕がないため、子供が家計を助け支えているのではないかとニコラス・クリストフほか複数の識者が述べている。[30] スーラトの富裕層に集まった利益が年少の加工職人や家族に行き渡っているかどうかは調査すべきだ。インドの加工業には一〇〇万人がかかわっている。しかし、公平な分配を国民に与えたボツワナのダイヤモンド産業と同レベルにインドの業界が到達するかどうかは、もう少し時間が経たないとわからないだろう。

宝石はゆっくりと育つ

二〇〇八年二月二〇日、チェコとの国境に近いドイツ領ドイチュノイドルフ村で二人のマニアが地質調査の道具を使って大発見をした。それはドイツがロシアのペテルスブルクにあるエカテリーナ宮殿で第二次大戦中に略奪、ナチス政権末期にこの地に隠したものだった。財宝が盗み出された部屋は琥珀で装飾されており「琥珀の間」という名前がついていた。[31] バルチック産の琥珀を壁に使ったこの部屋は、もともとベルリンにあるシャルロッテンブルク宮殿のために作られたが、一七一六年、プロシアのフリードリヒ・ウィルヘルム皇帝がロシアのピョートル大帝にそっくり譲り、ナチスが略奪するまではロシアで管理されていた。

琥珀は微生物が長い時間をかけて作り上げる宝石で金やダイヤモンドと同じくらい貴重なものだ。虫に食われた、あるいは傷ついた樹木が、虫や病原菌からわが身を守ろうとして出す樹液が、そのもとだ。樹液はゆっくりと固まってコパルという物質になる。これが数千年かかって石化し、コパルより長持ちする重合体になったのが琥珀だ。樹液には粘りがあるので小虫がとじこめられ保存される。琥珀を光にかざすと何百万年も前にとじこめられた虫や小さな生き物が見つかる事がある。

琥珀の美しさは古代ギリシャから讃えられてきたが、紀元前六〇〇年に、哲学者のタレスがおもしろい性質を発見した。闇の中、琥珀を布で磨くと、静電気による火花が飛ぶのだ。稲妻以外で人類が観察した電気学的現象である。余談になるが、電気を意味する「electricity」は、琥珀を意味するギリシア語「elekton」に起源がある。何世紀も後の話だが、エリザベス一世の侍医であり科学者でもあったイギリスのウィリアム・ギルバートが、この言葉を作ったのだ。それはともかくとして、古代人が静電気を起こす琥珀を見て感じたのは、癒しの力だった。装飾品としてだけでなく癒してくれる物としての需要が出たため、琥珀は、何世紀にもわたって大規模に採掘された。有名なのはバルト海に面したロシアの飛び地カリニングラードにあるヤンタルヌイ（パルムニッケンとも称する）鉱山である。琥珀は海岸近くでよく見つかる。水面に漂う樹脂が川沿いあるいはデルタで沈積するためだ。ソ連時代この鉱山は年産六五〇トン前後を誇ったという。ただし、このうち宝石に出来たのは一割に過ぎない。残りの九割は鉄製蒸留装置にかけられ有機合成の材料に使われた。有機材料向け琥珀は、六割以上が琥珀やにという高品質なワニス、一五～二〇％が製薬や鋳造で使う琥珀油になったという。また、残りの二％くらいは染料製造に使う酸となった。この多様性ゆえに鉱山はきわめて重要な財源であり第二次世界大戦中は強制収用所が置かれる事となった[32]。戦争末期、ナチスが敗走するに及んで、シュトゥッホフ強制収用所の囚人がここまで歩かされ、数千人がその途上で死んだ。生き残った者は坑道で生き埋めにする予定だったが、鉱山長がこれを拒否した。そこで、ナチスの治安部隊は、彼らを夜間にパルムニッケンの浜辺へ連行し、銃器で脅して、バルト海に投身自殺するよう強制した。助かったのは一三名だけだった[33]。

過去の生命を閉じ込めた琥珀は他の宝石にはない形で文学の材料となった。小さなシダであろうと獰猛なアカヒアリであろうと、生物を封じ込めた琥珀は、持ち主に生命のあり方や輪廻に思いをはせるきっかけを与える。一八世紀の偉大な著述家アレクサンダー・ポープはその著書『アーバスノット博士への手紙』の中で次のように書いている。

つまらぬことは知らずして、琥珀の中に髪の毛や、
藁すべ、ごみや、さらに地虫、ぜん虫見つけだす、
こんな物は貴重でも、稀なる物でもないけれど、
さてもどうしてそいつらが、そんな所にいるのだろう。

もっと古い著作では、一世紀に、古代ローマの詩人マルティアリスが琥珀の魅力について次のように書いている。

ポプラの下に蟻がいた。
涙のかたちの琥珀につつまれて。
生きている時は軽蔑されていたけど、
死んだあとは大事にされ、褒め讃えられている！

一方、現代文学は、琥珀の価値を昔とは異なる視点で描き出している。一九九〇年に出たマイケル・

クライトンの小説と、それを映画化した「ジュラシックパーク」では、琥珀に閉じ込められた蚊に残る血をDNA分析した結果に基づいて恐竜を復活させている。これにヒントを得て科学者も琥珀を探すようになった。琥珀に封入された昆虫のDNAを取り出して調べる可能性を遺伝学者は検討し始めたのである。ニューヨークにあるアメリカ自然史博物館の研究チームが、琥珀の中で見つけた少なくとも二千万年前と思われるシロアリのDNA抽出に成功したのは一九九二年の事だ。[34] アイダホ州のクローキアなど各地の粘土質中でみつかる植物化石からもDNAは抽出されるが、その保存の程度は、乾燥や酸化による有機物の被覆など、さまざまな化学的変化に影響される。琥珀中の虫から抽出される微量のDNAを利用して生物機能を復元する事もありえるが、最も重要なのは昔の生物に関する分子遺伝学的情報だ。抽出に当たってはクリーンな環境で作業し、生きている現代のバクテリアが混入せぬよう細心の注意を払わなければならない。一九九五年に、ある研究チームが、ドミニカでみつかった蜂を利用して、古代バクテリアの復元に成功したが、これはそうした入念な作業のおかげである。[35] 混入を疑う研究者がまだいるが、この仕事は、過去の生命を復元する事が論理的に可能な事を世界に示したのである。わずかとはいえ、琥珀を手にした人には、絶滅種を復活させるチャンスがあるのだ。

生物が基になる宝石の中で最も珍重されるのは真珠だ。アコヤ貝の体内に砂粒や寄生虫などの異物が入ると、貝はそれを真珠層で何重にもくるむので、長い年月をかけて、ゆっくりと生成した真珠は、中身が層状になっている。そこに射し込む光は、表面の層だけでなく内側の層でも屈折し、あの輝きを生む。

真珠は非常に古い時代から珍重されており、漢（紀元前二〇六年—紀元後二二〇年）やローマ時代の記述が残っている。コロンブスはアメリカへの航海から帰る際に持ち帰るべき品物のリストをスペイン王室から渡されていたが、その筆頭は真珠だった。[36] イスラム教やモルモン教では真珠を儀式で使う。コーランでは天上の存在が真珠のような美しさを持つと比喩的に語っている。モルモン教の重要な経典は「高価な真珠」[37]と題されている。宗教を嫌う中国共産党ですら真珠には魅せられた。彼らは、金属で作った毛沢東の型を貝に挿入し、「毛首席の真珠」を作っている。[38] 真珠を王族専用とする法律が制定された事もある。一六一二年にサクソン公が作った法律は、経済力があっても、貴族、教員、医師、その配偶者が真珠を身につける事を禁じた。また、ジョン・スタインベックという小説家は、一九四七年に出した「真珠」という小説で、真珠に対する欲望を表現している。この話は、真珠を見つけた若いメキシコ人と親しい人々の関係が物質主義によって汚れ、人生が変わってゆく様を描いている。

どんな宝石でもその価値は採れる量の少なさと入手の難しさによって決まる。しかし、真珠の場合はそれだけではない。真珠は生命を犠牲にせずとも手に入れることが出きるし、持続的に利用できる点で、象牙や珊瑚に勝るのだ。いずれにせよ、陸上にはなく潜水しないと入手できない真珠に、昔の人々は目の色を変えたものだ。淡水真珠の場合はそうでもないが、海で母貝をさがすとなると、ある程度の深さに潜らなければならない。潜水具が発明されるまで、海の真珠採りは素もぐりが主流で、熟練を要するその技は、世代を超えて受け継がれていた。特に、インド洋とペルシャ湾は、真珠採りの舞台として有名だった。現在のバーレーンやカタールでは、石油が見つかるはるか前に、住民が真珠で生計を立てていたのだ。

インド洋の反対側では、マレー人やオーストラリアのアボジリニが、真珠採りで有名だった。ただしアボリジニは潜水を強要されていた。白人の入植後、オーストラリア北西部の海岸は世界的な真珠産地となったが、アボジリニの潜水夫と白人の間でもめごとが絶えなかった。カトリック教会の指導者たちはスワンリバー入植地で労働条件改善を訴えている。のちにパースの教区で司教に叙階された聖職者マシュー・ギブニーは、一八七八年前後にアボジリニが受けた被害をこう記録している。

「夜になって集まった先住民の口から出る話は実に悲惨だった。あれこれ尋ねた末に判ったのだが、真珠船に監禁された若者が逃げようとして何人か溺死している。彼らは、海岸までの六マイルを泳ぎ切れると考えたのだが、成功したのは一人だけだった」[39]。当事の典型的な真珠船は、一五から一八トンのスクーナーで、漁は母船備え付けの小船で行った。船には四〇から五〇人の潜水夫が乗っていたため、使えるスペースはひどく狭いものだった。アボリジニたちは煙草、毛布、小麦粉を約束されて乗船したが、一一月から四月までの契約で縛られ、自由を奪われた。

一九世紀になって潜水服が発明されるとアボリジニの苛酷な労働は転機を迎えた。偏見に凝り固まるイギリス人やオーストラリア人は、銅でできた潜水服をアボリジニは使いこなせないと考え、東南アジアの労働力に目を向けた。その結果、腕を買われた日本人潜水夫が、西オーストラリアのブルームに集められた。今でもブルームの街には墓石や顕彰碑など日本の残り香が漂っている。

浅い海での真珠養殖を可能にしたのは日本人だ。一九世紀末に日本人研究者が母貝に種を入れて真珠養殖の試験を始めたのだ。志摩地方の鳥羽で八百屋を営んでいた御木本幸吉と農商務省技官だった西川藤吉が大規模養殖の先駆けである。彼らの技術によって真円真珠の養殖が可能となり、業界の様相は大きく変わった。巧みなブランド化が功を奏し、また、東洋の神秘がよいアピールになって、西洋社会の消費者は養殖真珠を歓迎した。日米は第二次世界大戦で戦った仲だが、ミキモトの真珠養殖場がある沖縄では真珠が両者の友好を取り戻す役割を果たした。戦後のアメリカ市場にいち早く浸透したのはミキモトの真珠なのだ。

真珠養殖が認められたため、人間の手が加えられた宝石も受け入れられるようになり、宝飾業界は変わっていった。消費者は人工的に手が加わったものでも楽しむようになった。

宝石の持つ味わいと価値

どんな宝石が消費者に好まれるかは難しい質問だ。豊富な経験を持つ商店であっても簡単には答えられないだろう。イミテーションでも、天然石と同じ結晶構造を持つ合成品なら、おしゃれなものとして養殖真珠と同じくらい流行るかもしれない。もっとも、天然石の原産地情報はこれからも厳しく要求されるだろうし、どこの試験機関も原産地同定の作業に追われているのが実情だ。彼らは、ICPなどの高精度な装置を用いて地層の成分や鉱床の不純物を調べている。こうした分析作業には熟練した技師が必要だし、多額のお金がかかるが、ビルマのルビーやスリランカのサファイアなど、本物に惹かれるコレクターたちは経費の支払いを厭わない。

こうした分析に携わる人の仕事は、宝石を壊すことなく原産地を推定する事だ。これは、「鉱物の価値を知るには、ひっかいたり磨り潰したり、つまり、粒子を破壊するやり方がベストだ[40]」と考える鉱物学者の方法とは対照的だ。ただし、手間をかけて分析したからといって、はっきり結論が出るわけではない。宝石の美しさとは自然界や実験室における創造の美であるという突き詰めた見かたもあり、この立場をとる人は、原産地よりも宝石の産状を気にする。たとえば、ダイヤモンドの鑑定方法を確立したアメリカ宝石協会は、宝石の原産地情報を出さない。前会長であったリチャード・リディコートが「高品質ならば産地は問題ではない」と心底思っていたからだ。[41] また、漂砂鉱床から取れる宝石の場合、国境を越えて長距離を流れるなどして、原産地の地質学的特徴を失っている事が多いのも、理由の一つだろう。

原産地がわからない場合でもトレジャーハンターは宝石が天然ものである事にこだわる（この意味では、かごに閉じ込められているにせよ、母貝という自然の一員によってはぐくまれる養殖真珠と、合成したルビーとを、同じように扱う事はできない）。イミテーションの市場が期待されたほど伸びない原因はここにあろう。

ここで宝石の合成に話を移そう。ルビーは合成が可能だ。一〇〇年以上前、フランスの化学者オーギュスト・ベルヌーイがフレームフュージョン法を発明して以来、ルビーは合成されている。ダイヤモンド（工業用）も半世紀以上たくさん合成されている。[42] 宝石として扱えるダイヤモンドの合成も始まっており、二〇〇三年に出た「ワイアード」誌などは「数年後には一カラットあたり五ドルになる」と予想したものだ。[43] 合成にまつわる事件も起きている。高圧でダイヤモンド合成する特許を持つゼネラル・エレクトリック社とデビアスが工業用ダイヤモンドについて価格協定を結んだのだが、デビアスはアメリカで独禁法違反に問われた。

結局、「ワイアード」誌の予想は当たらなかったが、イミテーション市場自体は、限られた範囲とはいえ、成長した。天然石の位置は不動だが、合成ルビー、エメラルド、サファイアも勢いに乗りつつある。ダブレットまたはトリプレットオパールのように見栄えを良くした張合せ宝石にも、天然オパールの市場を脅かすほどのものではないが、一定の需要がある。将来、合成品で人気が出てくるのは、色つきダイヤモンドであろう。天然の色つきダイヤモンドは一万個に一個しかみつからないが、一カラットが二〇万ドルになる事もあり、無色よりはるかに高価だ。したがって、新ビジネスのチャンスがころがっているかもしれず、マーケティングが重要となる。はじめのころ、ピンクや淡い褐色のダイヤモンドは、さほど人気がなかったが、オーストラリアのアーガイル鉱山で採掘が始まると、一九九〇年半ばから流れが変わった。営業チームが採掘される褐色ダイヤモンドをシャンパーニュカラーと名づけて売り込み、ブランド化に成功したのだ。

生態系を気にする消費者は、鉱山で採れるダイヤモンドと合成品では、影響がどの程度違うかを知りたがるかもしれない。それには合成と天然のダイヤモンドそれぞれを得るために必要なエネルギーを試算した例が参考になる。ただし、鉱山ごとにエネルギーの使用状況がひどく異なるという問題は残る。西オーストラリアのアーガイル鉱山の場合、一カラットあたり四・二ポンドの燃料を消費しているが、気候条件、地質条件ともに厳しいカナダのダイアヴィク鉱山では一一・五ポンドである。さらに、ダイアヴィク鉱山は、発電所から遠いため、ディーゼル油を使って発電まで行なっている。[44]

ダイヤモンドは、一カラットあたりで比べると、合成の方が天然物の採掘よりはるかにエネルギーを消費する。事業規模が違うからだ。しかし、上で述べたように、必要なエネルギーは会社ごとに異なる。アポロダイヤモンド社の場合、七から一〇カラットの合成をするのに必要なエネルギーは一カラットあたり二八キロワットだが、アーガイルの平均値は一カラットあたり七・五キロワット、ディアヴィクでは六六・三キロワットとなる。採鉱方法を多様化し、ナミビアの骸骨海岸で海底のダイヤモンドを採っているデビアスの場合は平均八〇・三キロワットである。(45)

最後に、宝石に対する人間の気持ちを表している話を紹介しよう。宝石合成に有機物を使う特許を持つライフジェムという会社がシカゴ郊外にあるのだが、なんと、ここは、遺体の灰を使ってダイヤモンドを合成している。「親しい方の人生を記念したい、あるいは大切な人間関係を記念したいという意向の為に、遺体から高品質なダイヤモンドを作ります」というのが宣伝文句だ。そのビジネスは「ダイヤモンドは永遠に」という標語に新たな意味を付け加えたといえよう。

宝石に惹きつけられた人間は、地の果てまで旅をし、実用面ではなく心理面を満足させる市場を作り出した。この世界では、営業、芸術、文化交流が混然一体となっている。宝石を採掘すると地球に傷跡が残るが、市場ができ、雇用も生まれる。宝石産地へ人々が群がると、経済が発展し、定住を促進する。人間は飽くなき欲望のかたまりだが、このようにして、少しずつ落ち着いていくのかもしれない。

第三章　金、石炭、石油がもたらした繁栄

経済史を、スメリアとエジプトの文明が、通貨になる金属で、彼らの利益の痕跡を残したアラブの金とアフリカの銅から彼らの刺激を引き出したかどうかの推測へと書き換えることは魅力的な仕事である。どの程度アテネの偉大さはラブリオの銀鉱に依存していたのだろう。通貨になる金属は他のものよりも真に豊かであるからではなく、それらの値段への影響によって利益に拍車がかかることを供給したのだ。

――ジョン・メイナード・ケインズ『貨幣の理論』（一九三〇）

ラッシュアワーにひっかかった時、「なんで人は同じ場所に集まるのか？　なんで大都市なんか作るのか？」と、イライラした経験はないだろうか。なぜ、特定の場所だけが活動拠点や交流場所になるのだろう。ラッシュだけではない。都市は二酸化炭素を出したり水不足を引き起こしたりと、環境面にも

社会面にもいろいろな影響を与える。したがって、環境管理をする場合、都市がどこにあるかは重要な問題になる。都市が形成される原因は何だろうか。気候か？　水資源か？　景観か？　少なくとも都市の立地には何らかの理由がある。鉱山が鉱床の上にあるように。また、どの都市にも、近隣の産物を入手、売買して、経済的に栄えた歴史がある。「では、農地が近くにある都市の場合、野菜が取れたから都市が繁栄したのか、それとも、都市があったから農業が進歩したのか？」という質問が出そうだが、その答えは、歴史や都市計画の専門家に任せるとしよう。

ヨーロッパの歴史家ポール・バイロウは「農業が先」という立場だ。彼は、農業で成功したコミュニティが、効率の良さを求めて移動し、都市を作ったのではないかと考えている[1]。人間社会は都市の発達と相携えて進歩してきた。人間は都市建設に強い意欲を持つ生き物なのだ。「都市の形成が文明を発展させたのか、それとも文明は都市形成の結果にすぎないのか？」ははっきりしない。しかし都市の発達と社会の発展の間に関係があることは否定できない。都市は社会的サービスが提供され、異文化交流で新しいアイデアが生まれる居住空間だ。人口密度の高さゆえ、病気が流行するとか、管理が難しくなるという問題はあるにせよ、都市は技術を発達させ、高等教育を施す場となってゆく。

我々の祖先は狩猟採集民だったが、ある時点から、蓄えをより有効に使うべく、工夫を始めた。オーストラリアの砂漠のように、死亡率が高い場合や資源に乏しい場合は、都市建設はメジャーな選択肢にはならない。しかし、蓄えがある場合は、商業が発達し、都市がそれを後押しする場になる。そして、価値の高い鉱物資源がみつかると、蓄えを増やす心理に拍車がかかる。

ジェーン・ジェイコブスは『都市の原理』という著作の中で、鉱物資源が、都市形成、ひいては農業の発達をも促したのではないかという仮説を披露している。[2] 彼女は、ニューオブシディアンという仮想の町を舞台にして、町が火山ガラス（オブシディアン）の在庫を管理し、取り引きするさまを描いている。この町には猟師たちがオブシディアンを求めて遠くからやって来る。彼らは、生きた獲物や山で採れる物を持って来るが、町はオブシディアンをお金として使い、これらを入手する。このような初歩的な経済活動でも町は商業の中心になり人や物を吸い寄せる。また、こうした交易をする中で、新しい試みが出てくる。たとえば農作物の種子が取引される。「今や選択は慎重かつ意識的に行われる。その目的は明瞭である。それまでの交配で得られた交配種、変種、雑種の系統から選ぶのだ」[3]。こうして農業が開花する。収穫が十分なので食料に余裕が出る。その一部が流入してきた労働者のものになる。農業が進歩したニューオブシディアンは食料以外を買えばよい。商業都市として成長すると職人をはじめさまざまな人々が流入する。隣町もでき始める。新石器時代の都市形成はこのようなものではないかとジェイコブスは言う。

そう言えば、アメリカのいくつかの都市は、かつて動物が塩をなめた場所にあり、その名前は、塩のありかを教えてくれた獣たちにちなんでいる。エリー湖に向かう途上にあるバッファローは動物の名前を冠した町の第一号である。

資源に余裕があるところ都市が形成されるという考えを広めたのはオーストラリアの歴史考古学者ゴードン・チャイルドである。彼は、「新石器革命」「都市革命」という言葉を使って、都市の形成と繁栄には商業が必要であると主張した。[4]「都市を建設する社会は、文明の程度が高い」とする彼の見方はやや人種差別的かもしれないが、考古学界が人類の定住について考察を始めるきっかけになった。その後、他国の事例により、都市はヨーロッパとアジアのみにみられる現象ではない事と資源のない場所に都市は育たない事がわかっている。

歴史家や考古学者が先入観を捨てた結果、かつて考えられたほど都市は珍しくない事、ある程度のレベルに達した社会には定住の痕跡がある事がわかってきた。たとえば、アフリカの場合、メロエなど西スーダン帝国の古代都市、西部にあったアシャンティ王国の都市、東部にあったスワヒリの都市国家、南部の大ジンバブエ、いずれにおいても、人々が定住し、さまざまな資源を利用していたそうだ。(5) また、こうした都市は、経済的にも軍事的にも、周辺地域に支えられていた。もちろん郊外の農業も都市の維持に不可欠だった。

鉱物で栄える町

シリコンバレーのサンホゼでラッシュアワーに引っかかると、丘と農地の跡が目に入る。サンホゼは一七七七年にスペインが獲得した植民地ヌエバカリフォルニアにできた最初の町だ。その頃は農業が行われていた。農作物から情報機器用のチップに切り替えた事で、サンホゼが必要とする素材は変化している。数百年後に、農村地帯が、世界を牽引する技術の中心地になると誰が予想した事だろう。サンホゼの南一七五マイルにコロマという小さな町があるがここは七一年後に産業構造が変化した。(次に紹介する)ある出来事により、海岸地帯の定住地が材木を必要としたので、コロマでは、丘陵部の流水を利用して電力を起こし、製材所に供給することになった。

一八四八年一月二九日、コロマの製材所で働くジェームス・マーシャルという人が、谷が合流する場所にある製材所に向かう途中で、麦粒ほどの金塊を見つけた。製材所の主人は、スイス移民のジェイムズ・サッターという人だったが、これで彼の運命は一転する。金発見のニュースは瞬く間に広まりサッターの土地には人々が押し寄せた。これがカリフォルニアにおけるゴールドラッシュの始まりである。サンホゼは、スペイン（そしてメキシコ）時代の首都でモントレーにあるアルタ・カリフォルニアよりも、金がある場所に近かった。このため、閑静だったサンホゼは、新たな中心地として騒がしくなる。北へ、南へと、動き回る山師連中がサンホゼで休養するようになったのだ。こうして谷あいの地価は急騰した。二一世紀に同じようなケースが起きた場合この経験が教訓になるだろう。カリフォルニアに駐在したフランスの領事は、金が見つかって数ヵ月後（一八四八年の後半）に、プエブロデサンホセについて「相当な面積の土地が売却され、物価が百倍、千倍と高騰しつつある」と報告している。[6]

それから二年以内にサンホゼの人口は一五万人に膨れ上がった。この数字は一九世紀中ごろに住んでいたアメリカ先住民の数とほぼ同じである（その一世紀前までは、アメリカ先住民の数はこの二倍だったが、病気や入植者による圧迫のため、減少している）。一五万という数字は衝撃的だ。一八四五年にカリフォルニアの入植者数は七千だったのだから。[7] ゴールドラッシュは、アメリカ政府をして、カリフォルニアを領土に組み込む決心をさせた。金が見つかる前の数年間、ジェームズ・ポーク大統領は、スペインから一八二九年に独立し、西海岸の支配を強化したメキシコから、カリフォルニアとテキサスを買おうとした。しかし、交渉は失敗し、米墨戦争が勃発した。停戦後、グアダルーペ・イダルゴ条約が結ばれ、メキシコはカリフォルニアを含むリオグランデ北方を割譲した。この条約はサッターの製材所で金が見つかったわずか一ヵ月後に締結されたのだった。勝者が得をしたわけだが、実は、金の発見と開戦・終戦には何の関係もない。ニューイングランドのある牧師はこう書いている。「主は清教徒に海岸地方を賜った。他の何人もここで生計を立てることは許されない。我々の祖先がプリモスに降り立った一〇〇年前すでにスペイン人は住んでいた。しかし、主は、彼らに宝物をお見せにならなかった」[8]。

条約署名のわずか一年前までは、メキシコに入ったアメリカ人は、自分自身をよそ者と感じていたのに、それ以後は、金を追っかけてきた移民をよそ者とみなすようになった。アメリカ西部の歴史を書いたロバート・ハインとジョン・ファラガーは次のように説明している。「ゴールドラッシュ地帯にはバベル以来の雑多な人々がみられる」[9]。カリフォルニアを真の国際都市にしたのはこの多様性かもしれない。ゴールドラッシュの初期には偏見や外人に対する恐怖感があったが、金は人を呼び続け、そうした意識はいつの間にかなくなって行った。カリフォルニアの人口は膨れ上がり、人々は政府への申請を争うようになった。その頃、アメリカは、奴隷制を支持する一五州と支持しない一五州に割れており、人種差別が大きな社会問題だった。カリフォルニアにはこの問題を解決する役割が期待されていた。しかし、南部では農業で奴隷を使う事に反対の声があったものの、北部の鉱業関係者は大して興味を示さなかった。北部では、個人による探査と小規模な採掘が主流で、後の時代の大規模な鉱山のように労働力を必要としなかったためだ。しかし、歴史家のレオナルド・リチャーズによると、カリフォルニアの金に魅せられて移動してきた人々の多くは奴隷制を好まず、数年後の南北戦争期には、奴隷解放の考えに傾いたようである[10]。

カリフォルニアは一八五〇年に自由州としてアメリカ連合国の一員となったが、これに反応して、フィリバスターというグループが台頭したと思われる。スペイン語で海賊を意味する filibustero という言葉に由来するこのグループは、奴隷制を支持し、連合国内の正規手続きを迂回する策として中央アメリカの政府転覆を企てた政治家たち（南部出身者が多かった）が、自警を呼びかけた事に端を発する。後に、この言葉は、アメリカ上院規則二二条にあるように、会議で長々と話す戦術をさすようになった。因みに上院では五分の三の支持がないとこれを阻止できない。

カリフォルニアはワシントンから遠いため、サッターの水車小屋での発見以降も、人々の関心はもっぱら金のみに向けられていた。そうした中でサッター家は町づくりを主導した。町には、最初に金がみつかったサクラメント川の名前をつけ、一八五五年には州都とした。その結果、サンホゼの町は静かになり、シリコンバレーができるまで、農村としてのたたずまいを取り戻した。

サッターは運の悪い人だった。サクラメントの町を作り、鉱区も確保したのに、たいして利益は得られなかった。金を探す人々が鉱区に入り込んだので、補償を求めて裁判に訴えたが退けられ、大した財産も残さずに死亡した。金の山師であると同時に歴史家でもあったヒューバート・ハウ・バンクロフトの言葉が、金を追い求めた時代と彼の運命を、うまく表現している。

人知れず横たわる屍に、ハゲワシが群がるように、貪欲な人間どもが、砂金に吸い寄せられた。これ以上ないほど人間の欲がむき出しになる。この小さな粒は、愛情、憎しみ、愛欲、征服など、さまざまな欲望を満たす手段だ。その採掘は、ほんのわずかであっても、人々を刺激し、競争心をかきたて、現場からは人間性が失われていった。[11]

貴金属の抽出がきっかけで定住地ができるかもしれない。しかし、それだけでは、集落を維持できないはずだ。アメリカの南西部に散在するゴーストタウンは、適切な計画なしに人が集まった場合、どうなるかを教えてくれる好例だ（図7）。ヨハネスブルクやメルボルンのような都市は、鉱産資源によって栄えたが、人々が長期にわたって定住できたからには、鉱物の他にも秘訣があるはずだ。それは、穏やかな気候かもしれないし、鉱業のブームが去った後も他のビジネスを提供して人々を支えた港かもしれない。

鉱業ブームは終わってしまうと後に多くを残さない。ゴールドラッシュが過ぎ去ったアラスカのクロンダイクの場合、伝承と歴史オタク、宝探しの観光客で、何とか生き残っている。ここには碗がけのできる施設があり、運だめしをしようというツーリストがやって来る。たいていの子供にとって宝探しのおもしろさを初めて味わう場所だ。子供たちは夢中になって砂をかき回し、取れた金色の塊を大人に見せるのだが、じきに、それがありふれた黄鉄鉱という鉄の硫化物で、別名、「愚か者の金」と呼ばれていることを知って、がっかりするのだ。

金探しの夢の跡は一九世紀の記録に残されている。たとえば、チャールズ・ノードホフは一八七三年にカリフォルニアのガイドブックで、ユバ川の近くに二五万ドルかけて掘削され、金が出るまでに三〇〇〇フィートの長さになったトンネルについて記述している。採掘を容易にするため、ダムを建設し、川の流路を変えた事例もある。[12] 鉱業はブームになると、共通財であるべき資源を急速に食いつぶす事が多いので、一般に良いイメージがない。しかしプラスの面もあるようだ。経済歴史学者であるポール・ディヴィッドとギャビン・ライトは「アメリカで資源ブームが起きた時、研究、投資、技術革新、

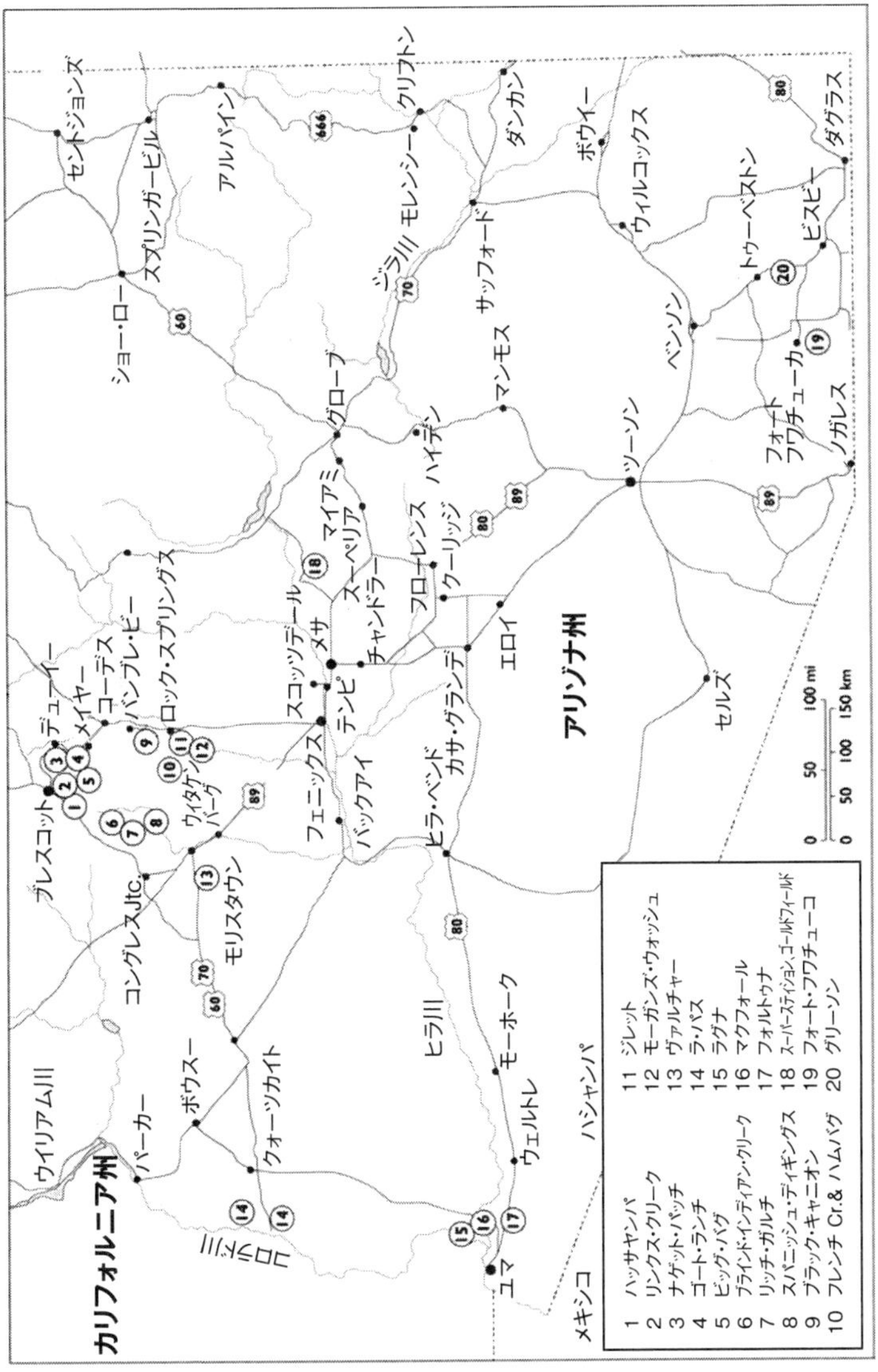

図6　アリゾナ州に残る金鉱採掘拠点の跡。Eugene L. Conrotto, Lost Gold and Silver Mines of the Southwest（Mineola、N.Y. : Dover、1991）より引用

コスト削減が進んだ。その結果、国の基盤は失われるどころか、何重にも強化されている」と書いている[13]。鉱業ブームには持続的発展と多様化の礎を築く役割もあるが現代の研究では無視されているようだ。

では、一次産業発展の恩恵を受けてイノベーションと多様化が進み、開発関係の研究者たちの注目を集めた例を紹介しよう。一九世紀中ごろまでスウェーデンの主要な輸出品は鉄鋼だった（このために、一八五四年までに、輸出された量の四～五倍の薪が使われたと推定される）。しかし、石炭とコークスを使うベッセマー法とマルタン法が発明され、製鉄業はヨーロッパの他所へ移ってしまった。しかし、王立工科大学やチャルマース工科大学など、研究機関の多くが、一九世紀後半に設立され、産業の多様化に一役買っていたため、スウェーデンは没落しないで済んだ。産業の多様性が国を助けたのだ。技術革新は止まるところを知らず、新しく編み出されたトーマス法によって、一八八〇年頃には、燐を多く含むラップランドの鉱石から鋼を生産できるようになった[14]。技術サービスの企業集団として世界最大級で、のちにアセア・ブラウン・ボベリとして再編されたアセアは、この頃創設されている。さまざまな素材を研究して、三五五もの特許を得たアルフレッド・ノーベルも、一八〇〇年代後半に会社を立ち上げている。彼の最も有名な発明はダイナマイトだが、爆破を目的としたこの商品は、建設や資源探査の現場では、無くてはならぬ道具でもある。

イノベーションは、往々にして、資源が乏しい状況で生まれてくる。オーストラリアでは、碗がけに必要な水がひどく不足し、労働者が困っていた。このため、人工的に起こした風の中に乾いた土を投げ入れて土埃を飛ばし、重い金粒子のみを落下させて回収する、乾式選鉱法が発明された[15]。

何か問題が生じても、鉱夫たちは、新しい手法で乗り切るものだ。今でも、アフリカや南米にある零

図８　ニンジャと呼ばれるモンゴルの鉱夫たち

細及び小規模採掘の現場では、蚊が飛び回る山中で、腐りかけた木を立坑に用いたり、金属のスクラップを利用して樋を作ったりしている。アジアに目を転ずると、ニンジャと呼ばれるモンゴルの鉱夫たち（図８）が、鉱山会社のズリから金を見つけようと、極寒のステップで働いている。どこを見ても、信じられないような状態で、宝探しは、休みなく続いている。鉱山会社も、場所に関係なく情報交換網を作り、世界的な生産ネットワークを構築、さまざまなレベルで技術の習得が出来る体制を整えている。[16]

通貨になる鉱物

ミクロネシアのヤップ島（地元ではワブと呼ぶ）で、最も価値あるシンボルは、丸く加工された石灰岩だ。ライというこの石細工は巨大なドーナツ型で、運ぶ時に竹を通す穴が開いている。その価値は、何世紀もの間、所有歴と石切り場から運ばれた距離によって決められてきた。二五〇マイル離れたパラオから運ばれたライもある。役割は儀礼的だが、地域住民は今でも法定貨幣、場合によっては交易の際の必携品、と考えている。[17] ライは巨大な上、含まれる石英の特徴をまねるのが困難で、偽造できないため、通貨としてふさわしいと思われている。

交易を媒介する素材が持つべきは希少性と独自性である。ヤップの巨石も金の延べ棒も偽造しにくく、延べ棒はその組成で経済価値が決まる。金は最も安定な金属の一種で、なかなか酸化しない。このため他の金属に比べて数倍長持ちする。かけらであっても何千年も価値を失わず、裕福さをつなぎとめるこの物質を求めて、人々は海底に沈む船までも捜索した。その安定性、加工のしやすさ、多様な文化の伝統から、金は、重要な交易の媒体であり続けた。

当初、欲しい品物と交換する物がお金の機能を果たした。その後、品物と交換できる私的な通貨が発行されるようになった。二〇世紀以前は、鉱物の中でも特に金と銀が、価値を保障する上で重要であった。金は世界中で受け入れられるので、国際的な基準ができあがった一九世紀には、通貨制度を支える信用の証として使われた。しかし、国家間で信頼関係が構築され、金融機関が政府の信用を得ると、不換紙幣が一般的になった。そこで、貿易推進と経済安定のために、金や鉱物が、信頼関係を築く媒体として使われた。

一九七一年以降、アメリカ政府は、ドルと金の交換を停止している。その結果、フォート・ノックスなど政府機関や、国際機関の金庫に、膨大な量の金が残されている。この金は意味ある機能を持たず、国際市場が金を必要とする時に、制限つきで放出されるのみである。ワールド・ゴールド・カウンシル

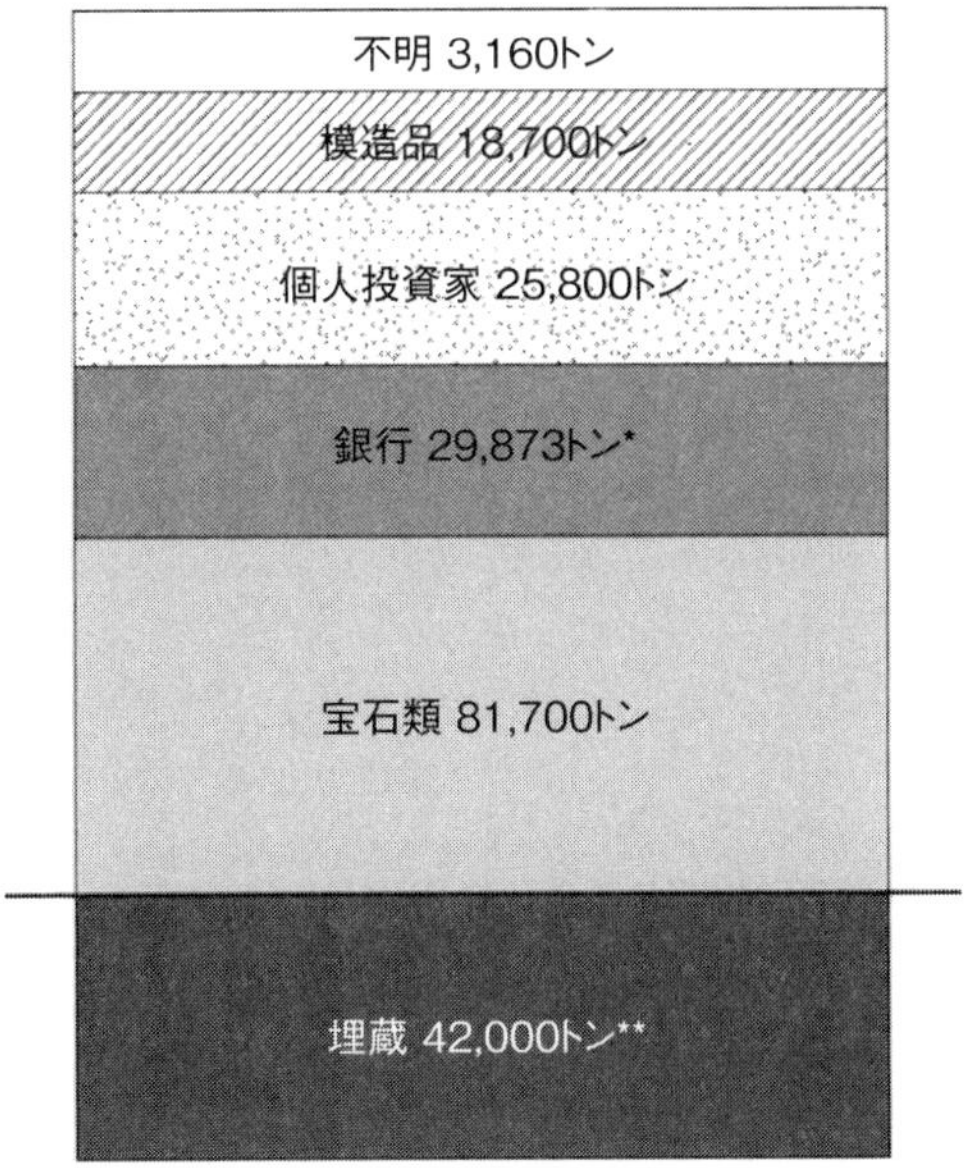

図9　すでに採掘された金と地下に眠る金の量。（米国地質調査所およびワールド・ゴールド・カウンシルのデータ〔* 2008年3月データ、** 2007年データ〕）

と米国地質調査所による二〇〇七年の推計によると、金の埋蔵量は四二〇〇〇トンだが、その三倍以上が地上に存在する（図9）。

金庫に眠る金は、たいていの場合純度が高いので、簡単に売れる。金が最初の基準として選ばれた理由である。しかし、グローバル化が進み、相互依存が強まり、経済面での信頼関係が出来てくると、通貨の互換性が避けられない課題となった。ユーロの運用開始はその象徴的な出来事であり、世界共通の通貨創設へ向けた第一歩ともいえる[18]。

金本位制であった頃、マルクス主義者は、資本家が金の消費と囲い込みをしていると非難できた。しかし、今や、生産も消費も発展途上国の方が多い。

ワールド・ゴールド・カウンシルなどの産業界は、金本位制が廃止されても金の価値と経済の低迷は連動しないと見ており、金への投資を続けている。同カウンシルの委託調査によると、投資対象である金は三つの際立った特徴を持っている。「他の物と自由に交換できる。破壊できない。供給量に比べて在庫が非常に大きい」。また、急に需要が増えても、スクラップから回収できるし、価格への影響も押さえる事ができる。このため、危機にあっては、金の流動性は大きくなる。金の価格は上下する。一トロイオンスあたり六〇〇ドルをつけた時に比べれば下げ気味だが、ヨーロッパで組織的に金が売られたにもかかわらず、近年、価格は安定しており、一九八〇年以来、一オンスあたり三〇〇から四〇〇ドルで推移している［現在は一オンス一、二〇〇ドル前後］。

金は長持ちし、リサイクルが容易なので、社会と環境に負荷をかけて採掘する必要があるのかという、倫理的な疑問がわいてくる。採掘品、リサイクル品を問わず、金を素材とするサービス産業として、鉱業界は体質を変えるべきだろうか。すでに、石油業界は、エネルギーサービスを提供する産業として、方向転換を始めている。言葉の遊びという批判はあるだろうが、あえて言うならば、希少物質のリサイクルは社会的な義務であり、供給チェーンにとっても消費者層にとっても、無視できない課題だ。[19] 金を所有するには、環境に深刻な負荷を与える採掘を必要とする。したがって、現金の貯蓄とは違って、社会に対する責任を問われるのだ。

一方で、国の発展を助ける産業に恵まれない途上国にとって、鉱業の振興はプラスに働くという見方もある。その上、途上国では、金を掘って収入を得ている零細な採掘業者たち（スモールスケールマイナー）の生活も考えなければならない。彼らは世界中に数百万もいると言われているのだ。[20] 彼らの乏しい収入と供給チェーン全体が稼ぐ金額には大きなギャップがある。リサイクルに集中し、付加価値の出る部門を強化するだけで、国の発展に資するのだろうか？　スモールスケールマイナーの多くは鉱山会社の鉱区に、非合法に入り込んでいるため、双方の関係は良くない。また、税金が取れないため、これを承認しない国も多い。隠れて採掘している現場には環境や安全面のルールがない。[21]零細及び小規模採掘を主流化しようとする動きもあるが、地元にとって持続的な発展の道具となりうるのか、疑問が残るところだ。さらなる研究が必要だが、今までに出された批判からすると、対処療法ではなく、経済面と技術面を統合したアプローチが必要なように思える。

ここで金製錬に目を移そう。技術の進歩で金の生産量は増加してきた。この話は南アフリカの鉱山に端を発する。金は極端に少ないため鉱石の品位は〇・〇〇〇三三パーセントである。銅は〇・九一パーセント、鉛は二・五パーセント、アルミは一九パーセント、鉄は四〇パーセントだ。[22]したがって、抽出で利益を得る為には、鉱石から微量の金を分離できる方法が必要となる。この要求に応えたのは一九世紀に発明された青化法で、南アフリカの金山で実際に使用され、金の市場を拡大させた。南アフリカで言うと、金が発見された一八八六年の生産量は一トン未満だが、一八八九年には一四トン、一八九八年には約一二〇トンになっている。[23]南アフリカ鉱業冶金協会の元会長によると「青化法が登場しなければ、南アフリカの経済は、発展するどころか壊滅していただろう[24]」。この方法によって金の製錬はぐっと効率化されたが、環境には、以前より大きな負荷がかかる事になった。経済的にも化学的にも十分な効率があり、青化法に替わる技術が完成間近と言われているが、業界の主流はまだ青化法だ。もちろん、昔に比べると、青化法は洗練されており、業界も安全に使用するための指針を持っている。一方、スモールスケールマイナーはアマルガム法で金を取り出す。このため現場では水銀が使われている。水銀を使わない金の回収方法は提案されている。たとえば国連工業開発機関（UNIDO）は、製錬中に水銀蒸気を回収する蒸留器具を配布し、労働者が水銀に曝露する割合を抑えようとしている。[25] しかし、水銀の使用は、しばらくの間は、止まらないと言われている。

大規模な金山では多くのコストがかかる。数千フィートの立坑を掘ったところもあるし、坑内温度が五〇℃近い環境で労働者が働くところもある。昔は植民地からいくらでも供給できたため、労働力は安かった。しかし、それでも、一オンスの金を会社が回収するには「三八人時、一四〇〇ガロンの水、一〇日間設備を動かすだけの電力、二八二から五六五立方フィートの圧搾空気」を要したという推計が出ている。[26] これは、ヨーロッパから来て鉱業を牛耳った支配層（ランドロードと呼ばれる）が経営した南アの会社の例である。[27]

南アでの金生産量とヨーロッパ、特にイギリスにおける消費量の間には、明瞭な関係がある。金の採掘が社会と環境に及ぼす影響についてみよう。南アの金山と英国銀行の関係を調べたラッセル・アリーは、二〇世紀初頭の金融界における金の輝かしい地位は、両者が作ったと主張している。[28] アフリカ経済に貢献したであろう金貨や延べ棒は、ロンドンで鋳造され、管理されていたそうだ。つまり金の需要は大英帝国が操作したのだ。イギリス政府にはそのような政策を進めた責任があるといえよう。責任の所在は一か所ではないが、我々は需給関係を決める中心人物は誰か、見ぬく目を持たなければならない。

ファーストフード、有名デザイナーによる衣服、ブランドのプロモーションは、「帝国主義的な文化侵略だ」と非難されるが、金については、状況が異なる。かつては、植民地の金を先進国が牛耳ったが、

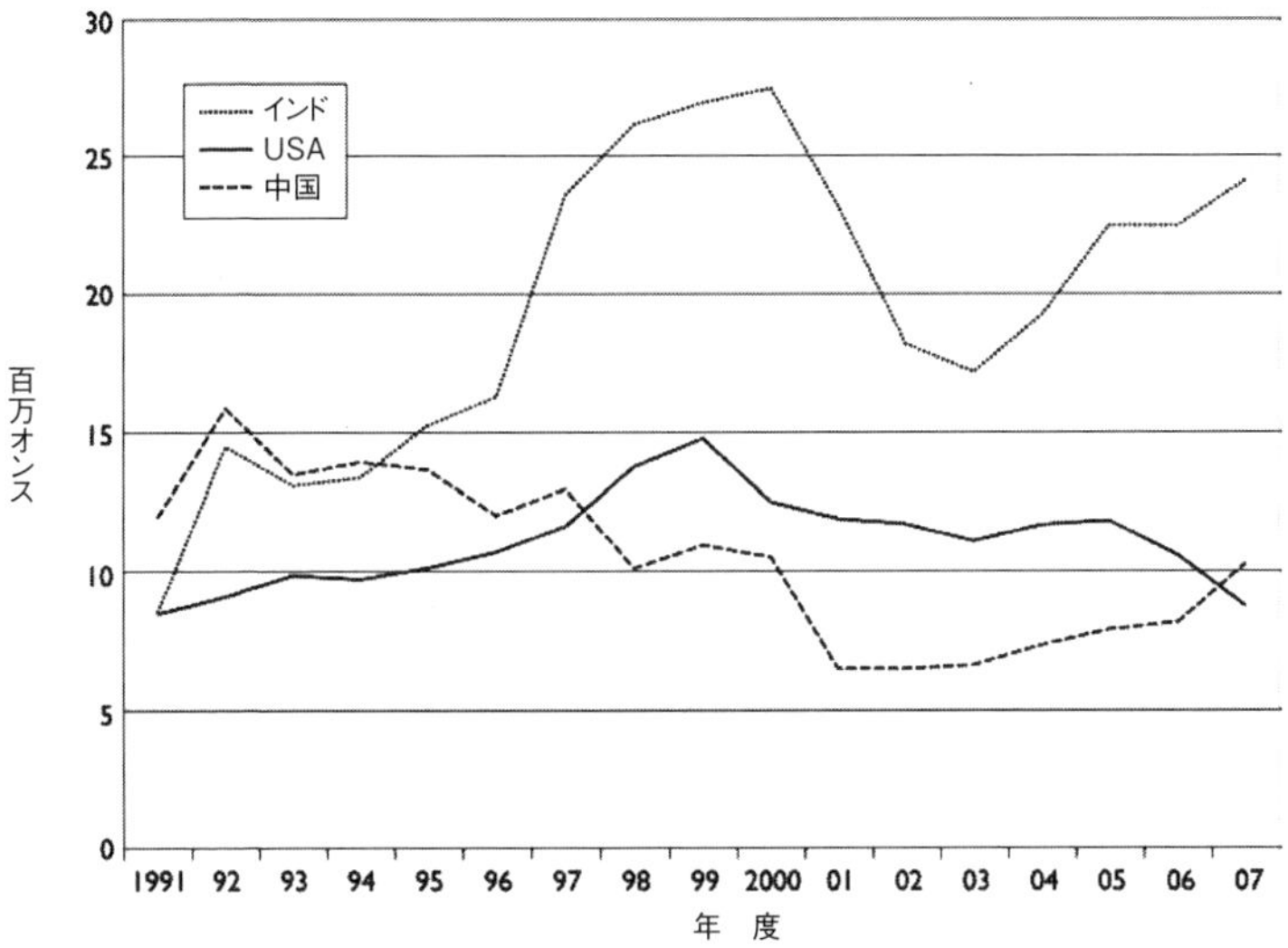

図10　消費上位三国における金消費動向（ワールド・ゴールド・カウンシルのデータ）

現在は、植民地であった国々が、自分自身の意向で、金の売り買いを行っている。もともと発展途上国には金を財産として買う伝統があるところが多い。国民に購入意欲があるのだ。金細工に長い伝統がある国では特に消費量が増えている。今日、金の三大消費国と言えば、アメリカ、中国、インドである。そして、後二者は世界最大の発展途上国である（図10）。九〇年代のインドにおける金消費量の急激な伸びは特に目立つが、おそらく、金価格の自由化に起因するものだろう[29]。

インドの事例をもう少し検討したい。この国では、金は結婚に際して不可欠、特に新婦の持参品として重要である。金細工は家宝とされ、代々、受け継がれる。女性にとって、金は受け継ぐと同時に、新たに買い足して行く大切な財産だ。金は伝統的な結婚持参品だが、場所によっては、予備資産の意味で女性に贈られる事もある。ただし、資産は男性が管理する事が多いので、この目的は達せられないかもしれない。持参品のはずが結婚に際しての手数料扱いになる事も多い。このため、伝統的な結婚制度に反対する活動家のグループには、鉱業に反対するグループと連帯するところがある。

歴史地理学的な研究では持参品制度と植民地制度に関係があるという結果が出ている。ビーナ・オールデンバーグの著した『ダウリー殺人　文化犯罪の帝国起源』という本によると、持参品、特に金の商品化は、イギリス領インド帝国の時代に始まったという。この時期、インドでは、伝統的な土地利用制度と土地にアクセスする権利が廃され、土地所有が基本になったのだった[30]。土地は世帯主の男性に割り当てられ、その利用権は所有権より下に位置付けられた。それまで、女性には、結婚後であっても、いつでも、土地を利用する権利があった。しかし、新しい制度が出来た事によって、男性の許に嫁いだ女性は権利を失なった。このため、女性が持てる財産は持参品、特に金に、限定されてしまった。ただし、代々受け継がれることから判るように、金が取引される機会はまれである。このような金は、信用を得る裏打ちであり、人間社会の発展に及ぼした影響は極めて小さい。

かつて、ブレトンウッズ体制の下で、金は備蓄され、米ドルを支えた。ベルギーの経済学者ロバート・トリフォンはそれを次のように厳しく批判した。「僻地で金を掘り、運び、貯蔵するためだけに穴を掘り、しまい込んで、厳重に警備する。これほど理不尽で無駄なものが、他にあるだろうか[31]」

国際間に緊張が走った時代、金本位制には、果たす役割があったであろう。しかし、グローバル化が進行する現在、個人が資産として金を所有する道はあるものの、金を基準とする意味は薄れている。金の消費は付随効果をあまり生まない。人間の活動を支え、社会の活力源になっている別の地下資源に目を移そう。

化石燃料が持つ可能性

炭素は生命のもとをなす元素だ。化合物の中で最も複雑なものは炭素から出来ており、有機質と呼ばれる（そういえば有機××という名を冠した化学系の団体名はよく目にする）。複雑な構造を持つ有機化合物は生命を作る。生物は、太陽から、深海では他の源からもたらされるエネルギーを代謝し、死ぬと、今度はエネルギーをひっそりと地球に戻す。こうしてひそやかに蓄積されたエネルギー源を、人類は、ずっと追いかけてきた。

古代社会で最も貴重なエネルギーは火だった。これを起こすためには薪と火打石が必要だったのだので[32]人類の燃料探しは森から始まった。

次は石炭だが、実は、人類は長い間、これを燃料として見ていなかった。一万年前の中国では装飾品を作るために今の上海のあたりで石炭を採掘していた[33]。彼らが工芸に用いた黒光りする塊は、木炭と近縁の化学成分を持ち、木炭ができるプロセスとそんなに変わらない植物の分解によって、数百万年かかってできたものだ。化石になる過程で、付着物は消えてなくなり、エネルギーに富む物質が高濃度で残留、まずピートができる。圧力がかかり、水分が抜けると、石炭ができる。けれども、燃料として利用されるまでには、数千年の熟成期間が必要だ。

ローマ人はブリテン諸島に侵入したとき（青銅時代前期）石炭を知った。最初は宝飾品として使い

gagate（jet black（真っ黒）という使い方をする時のjetの起源）と呼んでいた。彼らは暖房や鍛冶、火葬にも石炭を使ったが、イギリスで燃料としての価値が認められるのは、産業革命の時だ。イギリス人は、蒸気機関のために大量に持ち運べる燃料を必要とし、石炭の有用性に気づいたのだ。こうして産業革命が起き、経済が勃興し、二〇〇年後には繁栄を終えた。膨大な石炭埋蔵量を誇る中国ではなくヨーロッパで産業革命が起きた事は興味深い。その理由はブリテン諸島で炭鉱と主要な製造拠点が近接している事にあるかもしれない[34]。

石炭とやや異なる反応でできるのが石油だ。石炭は今でも主要なエネルギー源の一種ではあるが、石油が台頭したため、産業革命の絶頂期に比べると、使用量は減っている。石炭になるのは陸上植物だが、石油や天然ガスのもとは、プランクトンと藻類だと言われている。ペルシャ湾には膨大な量の石油と天然ガスが埋蔵されている。これは石油生成に海が重要という事を示している。将来、有望な石油の発見がある場所は海洋になるであろう。石油と天然ガスは、陸上での供給が減るに連れて、採掘の場を沖合に移すことになろう。

アメリカでは、石油の大鉱床が発見される前から、可燃物である油脂類は持ち運びに便利な燃料として知られていた。皮肉な事に、アメリカにおけるエネルギー消費のあり方を変えた最初の油脂は、海洋に起源を持つものだった。ただし、死んだプランクトンの分解で生成する石油ではない。世界最大の動物である鯨の脂だ。昔から、捕鯨は世界中で行われていた。ヴァイキングもアボリジニも、何千年も前から、鯨を捕ってきた。しかし、マッコウクジラの頭蓋腔や他のクジラの脂身から取り出した油脂の利用は、一七世紀に入ってから始まった。照明用の鯨油は高価で、一八〇〇年代には一ガロンが二〇〇ドルもした。このため、使えるのはエリート層、または、灯台のような公の照明設備のみだった。一九世紀になると需要が増大し、鯨の数は急激に減った。第二次世界大戦後の早い頃に締結された国際的な環境に関する合意の一つとして一九四六年の国際捕鯨取り締まり条約をあげておく(35)。

燃料にできる石油の発見は鯨にとっては朗報だった。マッコウクジラが不要になった事で捕鯨条約に対する政治的な支持は大きくなったと思われる。鯨絶滅に対する危機感が捕鯨条約の引き金となったと言われているが、今度は、石油の枯渇が心配されている。二〇世紀のほとんどの間、人類は何の心配もなしに石油を使ってきた。一九七三年の石油ショックなど、供給に支障が出た時は、政治的な背景があった。しかし、今や、再生不可能な石油と随伴する天然ガスは、その残存鉱量が心配の種となっている。量に限りがある石油の生産が前年より少なくなる時期をさすピークオイル［日本ではオイルピークと呼ぶ］という言葉が、エネルギー政策・企画の現場でくり返し使われるようになった。金融アナリストはエネルギー源を多様化せよと説く。しかし、世界中が化石燃料に頼っている現状で多様化は困難である。

エネルギー源として、石炭、石油、天然ガスの比重が高いというのは、今までの歴史にはない事だ。明らかに最近の傾向である。我々は化石燃料が豊富にあると思い込んでいる。「まだまだ資源はある。深い海底、あるいは凍てつくアタバスカの平原に」という期待があるため、資源枯渇に対する危機感は表に出てこない。しかし化石燃料は短い時間で再生できない。技術が進歩すれば、新しい鉱床が見つかるかもしれないが、いつかは限界がくるので、代替エネルギーを見つけることが必要だ。ただし、脱石油をめざすからと言って、化石燃料の探査をしなくてよいとか、消費をやめてしまうという事にはならない。化石燃料は、いまだにエネルギー源だし、社会発展の原動力になっているからだ。化石燃料がエネルギー利用をこれまでになく容易にしたという文明への貢献を否定してはならない。同時に、枯渇に備える必要はあるので、生態系への短期的、長期的影響を（汚染による直接的影響も温暖化など全球的影響も）反映させた開発計画も作らなければならない。

代替資源については、人間の発展プロセスや生態系の持つ働きを単純化せず、総合的なフレームワークの中で、考えなければならない。デンマークの経済学者スヴェン・ヴンダーは、石油産出国を調べて、ガボンのように予想に反して森林破壊が小さいところと、エクアドルのように大規模に森林を失ったところがある事に気づいた。ガボン政府は石油で得た収入を商業伐採の抑制に利用して、森林と生態系を守り、結果として、二酸化炭素の固定に貢献したのだった。[36]

資源枯渇の対策を練る上で、複雑な系を理解する事は、極めて重要である。けれども、枯渇をめぐる論調は、異変を煽るか自己満足に陥るかのどちらかだった。前者はピークオイル到来を叫び、危機は長期にわたるという。後者は技術の進歩で「汲めどもつきぬ井戸」ができると楽観論を述べる。[37] 一般の人はどう理解すべきか混乱し、同時に、懐疑的な気持ちでいるのではないだろうか。では実態はどうか。二〇〇〇年から二〇〇八年の間に、石油価格は二五〇％も上昇した。そのため、社会に不安が広がり、SUVの売り上げが減った。ところが、二〇〇八年の後半になると、石油価格は三か月の間に五〇％も急落し、混乱に拍車をかけた。経済低迷のためSUVの売り上げも回復しなかった。しかしこの間、社会全体としての消費傾向は、変わらなかった。そこで、経済学者たちは、燃料としての用途が突出する現状では、石油の需要に上下変動はあまりないと考えている。

もし供給に柔軟性があれば、政治家たちは、ベルトを緩めたスポーツ選手と同じように、リラックスできるかもしれない。希少資源の需要がタイトだと、政治家はどうすべきか、あれこれ悩むことになる。供給制限すべきか、長期的な需給見通しを立てるべきか、それとも、代替品や技術への資本流入を進めつつも、資源は枯渇するに任せるか、価格上昇による資源保全に期待すべきか。戦略の立案には、資源量の増減を予想する手法を用いるべきだが、実際の対策は、人間の欲で左右されている。

自然現象の統計を取ると、データは一つのピークを持つ分布をする事が多いが、天然資源は、多峰性のパターンを示す事がある。新しい石油鉱床の発見や未利用資源のための技術開発にみられるように、使える資源の量は増やし、減少率が増加率を下回るようにした結果だ。しかし、再生不能資源の減少を食い止める事はできないので、最終的には、代替エネルギーの開発や、ライフスタイルおよび消費パターンの見直しが必要となる。

枯渇後どうするか

グリーンランドの西海岸沖には、世界で最初にして最後の氷晶石の鉱山があり、一九八七年まで稼行していた。氷晶石はめったに出ないので類似の鉱床が見つかる可能性は低い。珍しい特性があるので鉱物愛好家を引き付けている鉱物だ。その結晶は、屈折率が水とだいたい同じなので、水を入れたビーカーにつけるとほとんど見えなくなり、氷のようになるのだ。けれども、これを採掘する理由は、別にある。氷晶石は、化学的に言うと、ナトリウム、アルミ、フッ素の化合物で、ほかに取り立てて言うほどの元素を含まない。しかし、アルミの原料であるボーキサイトを処理する上では、欠かせないものだ。分子レベルで見ると、この鉱物は、アルミ原子が三個のナトリウム原子と六個のフッ素原子に取り囲まれる構造になっている。これが、ボーキサイト中で強く結びついている酸素とアルミをばらばらにするのに役立つ。ボーキサイトは処理が難しいため、かつて、アルミは高級品で、宝飾品やワシントン記念塔頂部の装飾に使われた。しかし、氷晶石が登場した一九世紀になると、サンドイッチを包む素材に転落してしまった。

現代社会では、飛行機からジュースの缶、はたまたコンピュータのカバーまで、アルミが大量に使われている。となると、氷晶石が底をついたなら、警戒警報、あるいは、長期非常事態宣言が出る騒ぎになったはずだ。しかし騒動は起きなかった。氷晶石が枯渇したと知る人はグリーンランドの外ではわずかだ。なぜそんなに注目されなかったのか？　答は単純、結晶が人工合成できたからである。比較的簡単に氷晶石が合成できるようになったため天然物の枯渇は問題にならなかったのだ。同じように現代社会を支える物質の代替品を合成する事は可能だろうか？

楽観的な人たちは、石油、ガス、石炭などが枯渇しても、化学合成で道が開けると考える。彼らがよく引き合いに出すのは、エネルギーは作り出せないし、破壊もできないという（原子核反応は別。星の内部ではアインシュタインの見出した法則に従って質量がエネルギーに変換している）熱力学の第一法則だ。つまり、エネルギー枯渇の理論は物理学の法則に反するのだ。楽観的な立場をとる二人の研究者、ピーター・ヒューバーとマーク・ミルズが、その著作『底なしの泉　燃料の黄昏、廃棄物の美徳、なぜ私たちはエネルギーを使い果たさないのか』の中で似たようなことを書いている。彼らは環境保全にこだわる人々を怠け者と呼び、「彼らの主張は責任回避にすぎない。技術的進歩こそ決定的な処方箋だ」と主張する。また、需給バランスで価格が決まる自由経済の下では、効率化は消費を促すので、資源を節約する効果は期待できないという。そして、生産性が向上しても雇用は伸び続けている事を根拠に、人口が増えると生活や資源調達が圧迫されるという見方を否定している。[38]

ここに紹介した主張は、十分に練れていないので、環境派も環境保全に伴う規制を嫌う保守層も、受け入れてはいないと思われる。しかし、この見方を信じる個人で、影響力のある人は沢山いる。彼らの本には、マイクロソフトの創業者で社会活動家でもあるビル・ゲイツが、推薦の辞を寄せている。製造業の自動化は生計の手段を奪ったが、ソフトウェア産業は逆に雇用を創出してきたので、ゲイツの見方は楽観的なのだ。しかし、こうした楽観論は、ジャレド・ダイアモンドら決定論者が文明の崩壊を扱う際に犯したのと同じくらい、論理が飛躍してないだろうか？

「人類はその知恵で生き残ってきた。過去は全てうまく行ったから、将来も同じだ」という保障があるだろうか？　再生不可能という資源の本質を考えると、もっと問題意識を持ち、最悪の事態に備えるべきではないのか。鉱物の利用と枯渇について考える時は「歴史は繰り返す」という格言を捨てる必要がある。

大局的に見れば、宇宙はより混沌とした状態に移行しているという見方に物理学者たちは同意するだろう。人類は歴史を通じてそれに抵抗してきた。どんな種類にせよ、資源は産出量のピークを迎えるが、そのグラフの形は、資源減少の割合とイノベーションによる埋合せのスピードで決定される。資源が減っていく中、我々は、採集し、所有し、楽しみたいという欲望と戦う必要がある。さまざまな要求について検討し、個人レベルの選択と社会レベルの計画にバランスを持たせるのが為政者の役割だが、そのやり方によって計画の進み方は変わってくる。「人類は子々孫々繁栄できるか、世代が違っても同じような生活が享受できるか」と心配する声があるが、採掘ブームになると、創造的かつ貪欲なエネルギーが沸きあがって、そんな声はかき消してしまう。我々は、採掘ブームが加速し、創造的なエネルギーが高まる中をやみくもに進んでいいのだろうか？　文明は崩壊しないだろうか？　崩壊したとして、その後に、究極の社会が出現するだろうか？

二〇〇七年の夏、ピュー慈善信託の後援を得て、報道陣が中央カナダの砂漠を訪れた。この財団はかつてサン石油会社を設立した一族が作ったものだ。財団は世界で最も野心的と言われるプロジェクトを公開し石油業界の汚名を返上するつもりだったと思われる。そのプロジェクトは、同財団が実施する「気候変動対策プログラム」の傘下にあり、今世紀の地球温暖化をくいとめるために最も重要と位置づけられているものだ。[39] 気候変動は日常会話にも出る言葉になったが、これは、化石燃料が燃えてできる二酸化炭素などのガスが大気中に出る量と地上に固定される量に差があるために起きる現象だ。

報道陣は、あまり知られていない燃料源であるオイルサンドという資源の開発現場に連れて行かれた。場所はアサバスカ、開発はまだ始まったばかりで、現場の広さは五四〇〇〇平方マイルだった。プロジェクトには、問題が多々あるようだが、サウジの石油に替わる可能性があるビチュメンの鉱床を開発し、資源枯渇までの期限を数十年、できれば一世紀、伸ばす事を目指している。ビチュメンは道路舗装のタールと同じもので、何の目的であっても、タール状で使われる。余談だが、ロサンゼルスの中心部にあるラブレアという所では、先史時代に生きた哺乳類の遺骸を保存したタールの溜りを見ることができる。これは、ロングビーチに油井を林立させ、ロサンゼルスを繁栄に導いた、二〇世紀初頭の石油ブームを髣髴とさせる唯一の名残と思われる。

ロサンゼルスと環境は異なるがアルバータのフォートマクマレーも石油ブームで栄えた町だ。ここは小さな停車場だったが、オイルサンドのブームを支えるため、数年のうちに複数の高速道路が開通し、今では人口が七万人を超える。ジェイムズ・ハワード・ピューは一九六〇年代にここの資源に目をつけた一人である。町に建つ新しい博物館には、彼の名前を取った産業コーナーがあり、昔の採鉱用具を展示している。

世界最大の人造石油会社シンクルード・カナダのプロジェクトは壮大だ。オイルサンドを扱うプロジェクトとしては最大級である。その尾鉱ダムは三〇〇フィートの高さがあり、使われた建設資材の総積は、世界最大の水力発電施設である中国の三峡ダムの容量よりも大きい。ただし、この尾鉱ダムはエネルギーを蓄積するのではなく廃棄物の管理場だ。オイルサンドのプロジェクト推進と、さらに必要となる尾鉱ダム建設のため、この地域には、二〇一〇年までに、七〇〇〇億ドルが投資される予定だ。[40]

砂から利益を得ようという考えは一九二〇年代にアルバータ大学のカール・A・クラークが率いるグループによって広まった。彼らは現場で苦闘した末、砂から燃料を抽出する技術を編み出し、産業界に提示した。僻地であるアサバスカの砂からエネルギー源を搾り出す事業は石油に強く固執する人に対する挑戦となった。プロジェクトは低調だったが、その理由は環境問題というより、経済的にあうかどうか、関係者が懐疑的だったためだ。しかし、最終的には、環境問題にうるさい時代にもかかわらず、オイルサンド開発が進みつつある。[41]

これからの資源探査はもっと北方で行われる事になるだろう。ねらいは大西洋沖のメタンハイドレートだ。こうした探求によって、我々は、エネルギー問題に対する、よりよい答を見つける時間を稼いでいるといえよう。何もない場所に生活の術を提供する意味もある。ただし、開発のペースは未知数である。ゴールドラッシュでは、利益が出ないレベルに価格が下がる前に、大急ぎで金を掘る事が、経済面での課題だった。同じように、オイルサンドの場合、石油価格が一バレルあたり七五ドルを切ると、儲からない。したがって、生態系に配慮してペースを落とすのではなく、素早く採掘する事が、経営面からは求められる。また、環境が気になるならば、藻類やセルロースからできる再生可能な燃料や、その他未知の素材開発を、同時に進める事を計画の中に含めなければならない。

第Ⅱ部　豊かさの追求

「富の獲得は多くの人にとって目的ではなく、やっかいごとの獲得への変化であった」とエピクロスは言っている。それはおかしなことではない。責任は富の側にではなく、心それ自体のなかにあるのだ。貧が重荷であるのと同様に富も重荷なのだ。病人を木のベッドに寝かそうと金のベッドに寝かそうと、病人が行くところ病気もついていくので、たいした違いはない。だから病んだ心が富を授かろうが貧をさずかろうが、気に留めることはない。病は常にその人と共にあるのだから。

——セネカ『道徳書簡集』XVII（紀元30年頃）

第四章　金品への依存

消費はもはや必需品に制限されることはない。それどころか、消費が生活の余剰部分に主に集中することは、重大な危機――結局は世界のどんな物も消費と消費による壊滅を免れることはできないという危機――を秘かに進行させることになる。

――ハンナ・アーレント『人間の条件』（一九五八）

スリランカを旅すると、そこここに、お茶の香りが漂う。涙の形をしたこの島には、緩やかな斜面を持つ段々畑があり、世代を超えて愛されてきたお茶の木が、常緑の茂みを作っている。お湯を注ぐと豊かな香りを出すお茶は我々を幸せな気分にしてくれる。文化の違いに関係なく、世界中どこでもお茶を飲む人は、最初の一口でその香りの虜になる。このため、お茶は出生地であるアジアの村落から、イギリスの台所へと伝わる事になった。

お茶の木からは七〇〇近い化学物質が分離されている。その一種であるポリフェノールが大脳に達すると、神経の一部がドーパミンを出し、前頭前皮質を刺激する。この有機物質は脳の他の部分も刺激し、快感や野心、その他似たような感情をかきたてる。ドーパミンは人間の創造力や欲求を支配する化学物質といえよう。[1] ドーパミンは快感を司る摂受体の神経を刺激するが、それがシナプスに達すると、γ－アミノ酪酸（GABA）など他の脳内物質が働いて、興奮を鎮める。神経細胞であるニューロンをつなぐシナプスは脳の回路から出た信号を増幅するからだ。[2] 喫茶によって放出されるドーパミンは適量でGABAの働きを邪魔しない。したがって、お茶は無害、むしろ有益というのが、大方の見方である。[3] しかし、デリケートなバランスを脳が維持しないと、ドーパミンをコントロールする事はできない。脳内物質のバランスは、いろいろな形で人体と環境に影響するのだ。

スリランカのお茶畑を詳しく見てみよう。南に向かって広がる畑に足を踏み入れると奇妙な風景にぶつかる。数ヤードの深さを持つ溝が畑地の中央に掘られているのだ。材木で縁取りされた溝もある。溝の中には水が溜まり、茶葉の屑が放り込まれている。溝は茶の栽培をやめた人が掘ったものだ。なぜ、安定した収入源であり、しあわせな気分にしてくれるお茶の栽培をやめ、こんな穴を掘るのだろう。答は、お茶と並んでスリランカを有名にしたもの、「コーンフラワー・ブルー・サファイア」にある。

茶畑からはたまにサファイアが見つかるが、その値段は、お茶に換算すると数年分に相当する。宝石を見つけるとドーパミンが出る。見つけた人はもっと興奮して宝探しを続ける。それまでの生活を捨てる事にもなりかねないハイリスクな仕事に没頭してしまうのだ。一人が品質のよい石をみつけると、あっという間に噂は広まり、あちこちから人が集まってくる。地主の中には、土地に入り込んでくる人々に課金したり、投資してブームに便乗しようとする人もいることだろう。大粒の宝石が見つかると、夢物語に人々は酔いしれてしまう。血眼になって宝探しをする人にとって環境に対する配慮は二の次だ。成功する確率が非常に小さくても、成功してもしなくても、採掘ラッシュに加わった人々は手を引かない。

このような現象は貧しい人たちに顕著だ。同じような衝動は、億万長者にもなれるが破産の危険もある賭け事や株取引に、見ることができる。リスクをものともせぬ意志があれば、創意工夫、志、冒険が生まれるが、一方で、我々は、強迫観念や依存症のスパイラルに落ちこむ危険性もある。(4) これは蓄財の負の側面だ。

膨らむ消費

宝探しの心理を理解しようとする我々にとって、とても興味深い記録が、巨万の富を築いた会社マイクロソフトに残っている。一九八一年に入社したリチャード・ブロディの履歴だ。彼は七七番目に入った社員だが、ゼロックス社の元重役でソフトウェア関係の先駆者でもあるチャールズ・シモニーと協力し、社内にアプリケーション部門を立ち上げた。そして、ビジネス用ワープロパッケージの開発を行い、史上最も多く使われる事になるソフトウェアを世に送り出した。マイクロソフト・ワードだ。これはソフトのパッケージとして好調に売れ行きを伸ばしたが、これに刺激を受けたブロディは、知識の伝播や人間の欲求について調べ始めた。一方、彼の上司であるシモニーは次の数年で何百万もの資金をかき集め、オックスフォード大学に「社会における科学の理解」という寄附講座を作った。その教授ポストを最初に手にしたのは進化生物学者のリチャード・ドーキンスで、一九七〇年代のベストセラーとなった彼の著書『利己的な遺伝子』には、ブロディが興味を持ちそうな内容が記述されている。

ドーキンスは文化的な行動には社会ですぐに模倣されるものがある事に興味を持った。そしてミームという経験的な分析単位を導入する事で説明した。なぜ、ファッションやブランドは、かくも広く支持されるのだろうか？　なぜ、ハリーポッターのファンは、新刊を手に入れるのに、あるいは新作映画を見るのに、真夜中まで並ぶのだろうか？　なぜ、我々はセレブに惹かれるのか？　なぜ、限られたファッションしか流行らないのか？　ドーキンスの説によると、人類は、遺伝の面では遺伝子、文化面ではミームによって、進化してきた。[5]（ただし、彼はその生物学的属性を深く検討してはいない）。ミームという概念はミメティクスに発展する。これは進化生物学と心理学を橋渡しする概念だが、似非科学として否定する人もいる。[6]それはともかく、人間はリスクを取る傾向があるし、伝統的な進化生物学では説明できないやり方で他人と競争する。物質文明、ファッション、ギャンブル、鉱物資源のラッシュ、その他の行動の中にミームは普遍的に見られる。これは単に心理学的な傾向ではない。まるでウイルスのようだ。

ミームの概念は人間の欲やその拡大を理解する助けとなる。「バイラル・マーケティング」になじみのあるビジネスのプロは、これを使えば、口コミに影響される消費行動を広い視野で分析できると期待した。リチャード・ブロディは、マイクロソフトにおける自身の経験から、ミーム説の価値を信じており、一九九六年には、啓蒙書『ミーム　心を操るウイルス』を出版している。人間の欲を神経学的に理解する事は「目に見えないところで操作されている世界を人が渡ってゆく」際の一助になるとブロディは確信している。[7] 脳内のソフトウェアとでもいうべきミームは、人類が狩猟採集民であった頃から危機を回避するのに役立っている。現代人の体内にもこの文化的なソフトウェアは残っている。

ギャンブル嗜好性について一般論で考えてみよう。生き残りに役立つ資源を集めるのが難しい古代人はハイリスク・ハイリターンを受け入れていたと思われる。安全な他の手段を選んでも、リスクはついて回るので、彼らは生き残りをかけて、リスクを何度でも取ったのだ。人類が繁栄している事から推測すると、リスクを取る気質は進化し、遺伝子によって強化されたのであろう。同時に、人類は、学習によって、文化的要素も神経回路に取り込んだ。心の感染、つまり「ミームの伝播」が起きたのだ。結果として人類は生き残った。ミームは遺伝子よりも流動しやすい性質を持っており、その伝播はウイルスの伝染に似ている。古代の人々が食糧確保のためにリスクを取った経験は、こうして、ギャンブルや株式の取引でリスクを取る現代人の性質に反映されているのかもしれない。

冬に備えてリスが木の実を貯えるように、人間は、良い物を見つけると、あらん限りを貯めこんできたが、その心理はミームによって変質してきた。これは環境問題を考える上で重要なポイントだ。食物や物資をとっておきたいという願望は、ミームによって変質し、あちこちではびこる衒示的消費「見せびらかす消費」になっている。環境活動家のジョン・デ・グラーフも『金満病《アフルエンザ》』という本とテレビ番組を世に問うた時、ミームはウィルスのようだと紹介している。[8]

西洋以外でも、必要性、欲求、欲望を扱う際、特に商業を意識した場所に、ミームと似た考え方があるようだ。たとえば、インド洋に面した交易の拠点で、文化の坩堝と言われるケニヤのモンバサでは、一九世紀にスワヒリ語が発達したが、その構造には（ミームその他）さまざまな文化の伝播方法が移植された。その頃、スワヒリ語には、からみあう欲望を表す三つの言葉があった。moyo、nia、roho という。モンバサの人は、roho が人間の心に欲を植えつけ、人の心から心へ移り、影響を与えることで、人に憑りつくと信じていた。moyo は、思考と能力を司り、人間を存在たらしめる。そして、物欲と性欲を支配する。roho は邪悪な欲望を生み出すが、意識である nia はさまざまな欲望を抑え心のバランスを取る。モンバサ人は、とりわけ象牙の取引を通して、roho が浸透してゆく力に気づいていた。文化史に詳しいある人によれば「モンバサ人は roho が制限されない社会には不満と疎外感がわきおこると信じている⑼」。

現代社会は、過剰な消費がかきたてる心理的傾向に気づいているし、ミームも知っている。大規模で均質な消費を変革する事が必要だ。しかし、消費への欲求は、抑えが利かず、急速に広まっている。なぜだろう？　この問題については情報技術を使った広告のあり方に原因があると考える人がいる。たとえば、リチャード・ブロディは、文明が進化する中で技術を利用した広告が効果を上げるしくみを説明するミメティクスに、強い興味を示している。何百万という人に、メディアを通じて、同時にメッセージを発すると、時間の節約になるというプラスの効果がある。しかし、伝達がスムーズという事は、ある製品やサービスにとって無用あるいは有害な情報の拡散もありうるという事だ。その場合、時間を節約する、あるいは、製品についての反応を確認するなどのメリットは消えてしまう。

一方で、消費には生物物理的な限界がある事も事実だ。環境学者は何十年もこの点を指摘してきたが、最近は、社会心理学者も同じような主張をしている。ポジティブ心理学を代表する学者で『モノの意味』の著者の一人ミハイ・チクセントミハイは「生活の質を高めるとエントロピーが増大する。そのエネルギーで消費は成り立っている」と言っている。[10] 消費行動は次々に伝播するのでこの観点は重要である。消費は、どうしても、世界のエントロピーを上昇させる。つまり熱力学的な秩序を乱す。これを元にもどすにはエネルギーが必要だ。広告に刺激された、あるいは、ミームに感染した消費者は、個人の域を超えて広範囲に大きな影響を及ぼす。これはカオス理論にあてはまる現象だ。この理論は、「あるシステムに生じる変化は、たとえ小さくとも、地球全体に影響を及ぼす」と主張する。提唱者の一人であるエドワード・ローレンツは、「ブラジルで蝶が羽ばたくと、テキサスで竜巻が起きるか」という論文を書いて、その考えを表現している。この事をジェイムズ・グリックは「単純なシステムが複雑な行動を生む。複雑なシステムは単純な行動を生む」と表現している。[11] そんな事はわかりきっていると思われるかもしれないが、この主張は、一般的な科学の常識とは異なるものだ。たとえば、生態学者は、自然をそのままにしておくと、自分でバランスをとり平衡状態に達すると、長い間、信じていた。しかし、カオス理論によると自然現象には線形性がない。自然はもっと複雑で、自然災害だろうと無秩序な消費だろうと、いったん乱されると、深刻で予測不可能な状態になる。古典的生態学からカオス理論を扱うシステム科学に鞍替えした生態学者ウィリアム・スカエファーの言葉を借りると、自然というものは「魅力でもあり脅威でもある」。[12] 彼は「生態学の基本概念として通用しているのは、嵐が来る前の霧にすぎない。非線形な暴風雨の前の」と言う詩的な表現も残している。[13]

さて、物がほしくなる心理を理解したいなら、もう二つの要素を検討しなければならない。それは時間と権力だ。まず時間について話をしよう。技術革新は人間の行動を単純なものから複雑なものへ進化させ自然の受容能力に影響を及ぼし始めたが、同時に、時間をうまく使う（効率よく仕事する、あるいは余暇を楽しむなど）消費行動を可能にした。先進国で人々が買い物に使える時間は技術革新に応じて増えている。一八七一年から一九八一年までの状態を調べた面白い研究がある。イギリスでは、フルタイムで働く男性労働者の一年あたりの労働時間が三六％低下、引退までの年数も一七％低下している（生涯労働時間では四七％低下）。一人時間あたり一％の生産性増加に対しては生涯労働時間が〇・三三％減となっている。[14] 貧しい国では、状況は収入によって異なり、もっと混沌としている。スウェーデンの経済学者ステファン・ブレンステム・リンダーは「ハリード・レジャー・クラス」という報告書の中でそれについて触れて次のように述べている。「違う商品を楽しむために使う時間は商品そのものと同じくらいに重要である[15]」。

買い物をするチャンスや消費方法を選ぶチャンスが増えても、人々は何を計画するでもなしに時間の大半を費やしている。[16] ある調査では、一日の中でランダムな時刻に声をかけたアメリカのティーンエイジャーたちが、「使える時間の三割はやりたい事をしていない。でも、そうかと言って、かわりに何をすればいいのかわからない」と回答している。[17]

消費が実存主義的だろうと経験主義的だろうと、物質の利用は続くであろうし、人間と環境に次々に影響を及ぼすと思われる。この分野の研究が明らかにした事実の中には、あまり愉快でないものも含まれる。たとえば、人が物を買う時、周囲が思うほどの方向性や目的あるいは考えなしに、意思決定しているという点だ。

このような状況では権威ある組織の役割が顕著になる。政府や監督官庁は、こうした社会の特徴に、どう対応して行くべきだろうか。二〇世紀における世界の政治を検討することで多くの示唆が得られよう。

たっぷり作戦

ウィルソン大統領は、一九一六年に世界セールスマン会議で有名なスピーチを行ったが、その中で、購買力は覇権を支える要素の一つだと述べている。ヨーロッパが第一次世界大戦に巻き込まれた時期なので、ウィルソンは紛争解決と国際的な統治のあり方に心を砕いていたが、アメリカの利益も忘れていなかった。この会議でも「アメリカの民主的なビジネス」が「世界を平和裏に治める動きの中で」主流になるであろうと語っている。当事、彼が重視したのは「生産国の嗜好を市場国に強いる」事と、消費者が親しみやすい製品を提供する事だった。政治家であると同時に学者でもあったウィルソンは「障壁となっているのは原理原則ではない。嗜好の差だ」と言って、嗜好の心理を有効に利用できる枠組みの拡大を推奨した。また、嗜好を均一化すれば、主要な競争相手を排除できるし、「アメリカに合わせるように彼らを改造」できるという意味の発言をしている。同じような論理は今でもみられる。たとえば、トーマス・フリードマンは「紛争防止の黄金アーチ理論」の中で、マクドナルドがある国はファーストフードを通して文化や個性を均一化したので、お互いに戦争を起こす可能性が低いと主張する。[18]

豊かさへの願望が伏線となった事もあって「より良い社会を作るための消費」という考え方は人々の共感を得た。消費は社会的にプラスだという考えが広まり、世界はいっそう社会的なシステムに帰属・依存するようになった。筆者はヴィクトリア・デ・グラツィアの『圧倒的な帝国』という著作を読んではっとした事がある。彼女はこの本の中で「モノを大量に消費する現代文明には、需要があるだけでなく、個人レベルの不快感や緊張感が蔓延するが、ウィルソンは力のある政府ならテコ入れできると気づいた最初のリーダーだ」と指摘している。[19]

しかし、ウィルソンから三〇年後、もう一つの大戦の後になると、我々は、消費構造の変化に直面する事になった。政治的な意味での右と左で消費の形が異なる事になったのだ。手を携えて共通の敵と戦った後、ソ連とアメリカは、相互の共通点が思ったよりも少ない事に気づいたため、五〇年続く冷戦に突入したのである。軍事的な危機とみるリアリストもいたため、この時期、金属の精錬所と工場はそれまでにない活況を呈した。モノ作りは相手に勝つ手段とされ、前例がないほどのペースで、武器が生産された。また（サービス業を犠牲にして）民生品もぞくぞく生産された。ソ連は政府主導プロジェクトのために、アメリカは豊かなライフスタイル作りのために、物資を必要とした。両陣営ともモノの消費にはまっていたが、結局、大量消費するアメリカ流が一般に広まることになった。作った物をうまく売り込む能力は競争を生き抜く鍵である。

消費者の感覚と所有欲に訴えるのがアメリカの特徴であり、資本市場のやり方だ。我々は、マスメディアや広告から情報を得て、製品の詳細を知る。ノーベル経済学賞を受けたゲーリー・ベッカーは、ホルモン分泌の阻害など嗜癖の病理学的条件がそろわなくても、買物中毒は起きうると考えたパイオニアだ。経済学者ケヴィン・マーフィーとの共著論文「合理的嗜癖の理論」の中で、ベッカーは、行動経済学に基づいて、「嗜癖に陥る可能性があるという情報に接し、買い物を控えめにしても、それでも、人々は〝合理的に〟中毒になる。なぜなら、時間の経過とともに製品の魅力（価値）が減るからだ」と書いている。[20] こうした研究の大半は薬物中毒を対象にしたものではあるが、その理論は消費行動についても応用できる。ある推計では、アメリカ人の五%が要治療の買物中毒、〇・七%がギャンブル中毒である。[21] もし、目に入るさまざまな種類の消費、消費がファッションの流行に及ぼす影響、ドミノ効果を考慮に入れたならば、嗜癖の定義はもっと広くなり、さらに多くの人間を含むものになるだろう。この点はアメリカもソ連も関係ない。所有欲と嗜好は、人間に共通しているので、さまざまな場面で顕わになる。行動経済学は、人間は過ちから学ばないばかりか、非理性的な行動様式を、学術的には説明できない理由で、繰り返す傾向があると指摘する。[22] たとえば、きれいな水が入手できない場合に買うべきペットボトルのミネラルウォーターを、多くの人は、日常的に使い続けている。生態系保護に必要な「予防の原則」を慎重に実践したはずが、結果をみると、社会問題になっている事もある。このような現象を、社会学者であるアンドリュー・スザスツは「対策の逆効果」と呼んだ。[23]

現代社会における大規模な消費を芸術で表現する事は難しいが、グラフィック・アーティストのクリス・ジョーダンは、視覚に訴えている。たとえば、ジョルジュ・スーラの代表作「グランド・ジャット島の日曜日の午後」を一〇万六千個のアルミ缶で完璧に複製している。一〇万六千という数字には意味がある。アメリカで三〇秒ごとに使われている缶の数なのだ。他には、三二〇〇〇体のバービー人形を環状に配置して女性の胸の陰影を表現した作品がある。この数字は二〇〇六年にアメリカで行われたシリコンのインプラント治療の月平均である。[24]

物資をめぐる冷戦を観察している社会学者のデヴィット・リースマンは、一九五一年に『ナイロン戦争』という冗談めいた本を出し、その中で米軍に「たっぷり作戦」を実行させている。それは、二〇万足のナイロンの靴下、煙草四〇〇万箱、三万五千個のパーマ用セット、二万個のヨーヨー、一万個の腕時計、その他の贅沢品を、ソ連の都市部に空からばらまくという構想だ。[25] 攻撃の目的は、物資の欠乏に耐えるソ連人の欲望をかきたて、共産政権に反乱を起こすよう仕向ける事だ。ソ連が逆襲して、キャビア、毛皮、スターリンのスピーチ集を空からばらまいたら、アメリカは次の手を打つ。双方向ラジオを投下、ソ連人にカタログ感覚で商品を注文させる。さらに、電気製品を大量に投下して、ソ連の電力網をパンクさせ、資本主義陣営が勝利するというオチになっている。この話は化石燃料の消費が問題なくナイロンなどポリマー製品が大量に出回った時代に作られたが、期せずして、大量消費の負の面を描いた話になっている。

銃、グアノ、バター

冷戦は人類の文明について考えるきっかけを与えた。リースマンのような学者たちは進歩する世界がはらむ矛盾について検討したが議論を整理できなかった。イデオロギーの対立がある世界で、どうやれば、人類は生活水準を維持しつつ、バランスよい発展を実現できるか。経済学者たちは、生産現場に関する初級の講義をする時、「銃 vs バター」という表現を使う。[26] かつて植民地で深刻な争奪戦を引き起こした鉱物資源も無関係ではない。この表現は、言い換えると「破壊と生産」となる。残念ながら化学面での破壊性と生産性を結び付けてしまった連中がいる。テロリストだ。

オクラホマ市爆破事件で犯人のティモシー・マクベイが使ったのはアンモニアと窒素を含むただの肥料だったが、お蔭で事件後は、FBIが肥料の購入者に目を光らせる事となった。銃や火薬製造にも不可欠だからだ。しかし、窒素は飼料用トウモロコシに含まれ、これを食べる牛からは、バターができる。

何とも皮肉な事だ。
一九一〇年まで、銃、火薬、肥料の大量生産は、硝石に支えられていた。一九世紀、硝石の鉱山は、南米の海岸地帯とチリのアタカマ砂漠に集中していた。海岸では鳥や蝙蝠の糞からできるグアノという鉱石を、砂漠では硝酸ナトリウムを、それぞれ、採掘した。驚くなかれ、グアノは、人類史が記述できる時間スケールで、生物が生産する資源である。鳥や蝙蝠が落とした糞はそのうち一五〇フィートもの厚さを持つ鉱床になる。岩場の多い島では、魚を食べた海鳥が何代にもわたって糞を落とし続けるので、硝酸塩と燐酸塩が集積する。南米の海岸のように乾燥していると、溜まった糞は固まり、鉱石となって採掘を待つ事になる。
チリはスペインの影響が強い国だ。そこで、イギリス政府は、チリ政府と通商関係を構築して、硝石の流通を押さえ、利益を確保した。しかし、ボリビアはチリと硝石の利権をめぐって対立し、紛争を抱える事になった。一九世紀後半（一八七九―一八八三）には硝酸塩の価格が上昇したため、両国の関係は緊張し、何度も海戦が行われた。ボリビアの同盟国としてペルーも加わったこの戦いは、太平洋戦争あるいは硝石戦争として、南米史にその名をとどめている。一八八〇年にアメリカが仲裁しようとしたが、交渉はまとまらなかった。四年後、チリが硝石の管理権と採掘権の大方を取り、そのかわりに、ボリビアの首都ラパスからチリの港町アリカまで鉄道を敷設するという条件で、停戦が成立した。一九〇四年に最終的な停戦条件がまとまり、ボリビアとこの港町は完全につながるはずだった。[27]
ところが、その直後、ドイツで合成技術が確立した。そして、その合成物が天然硝酸塩の価値を下げた。窒素は大気圏の約八〇％を占める成分だが、これと酸素を結合させて硝酸塩とする技術は、なかなか完成しなかった。合成の第一歩は、強烈な臭気を発するアンモニアだった（窒素の周りに三個の水素が結合）。成功したのは、フリッツ・ハーバーとカール・ボッシュという二人のドイツ人である。彼らは、天然ガス（メタン）を高圧下に置き、複数の金属触媒を使って、アンモニアを合成した。ボッシュはドイツのＢＡＳＦという会社に勤務していたが、そこの支援を得て特許をとっている。資本主義が合成の後押しをしたのだ。この発明によって肥料の生産が飛躍的に伸びた。この発明はボーキサイトの精錬技術と同じくらいに大きなインパクトをもたらしたと言えよう。ただ、これにより、地球人口が限界に近づく問題も出てきた。世界の人口は一九〇〇年に一六億だったが、今では六〇億だ。食糧生産能力の飛躍なしにはありえない事である。自然の硝石からアンモニアに乗り換える事で我々は飽食の時代を迎えたのだ。(28) アンモニア合成、それに加えて、火薬製造が盛んになると、好戦的で意地汚い連中も出現した。アンモニア合成は、飛行機、テレビ、原子力の発明よりも、人間にとって重大な出来事だったと言っていい。

ハーバーとボッシュは、窒素を利用した製造（および破壊）技術の開発が認められ、ノーベル化学賞を受賞した。こうして食料と安全保障という人類の基本的欲求に応える生産が加速し「食料と安全保障には限界がある」という社会心理は消え去った。科学者や技術者は、分子合成、食品製造、巨大工事を実現するため躍起になり、技術神話が世界中を駆け巡ることになった。多くの挑戦が成功し人々は目を見張った。それはまるで人口決定論を粉砕する事が目的であるかのような光景だった。しかし、その後、二〇世紀半ばになると、このような技術万能の風潮に対して疑問を感じていた文系の学者たちが、注目を浴びるようになる。

当事、環境保護論者が、社会批評のグループとは別に、ダム建設、殺虫剤使用、工業化など、大規模な開発と環境への負荷について、疑問を呈していた。しかし、両者の協力はほとんどなかった。一九世紀に活動したナチュラリストの先駆けたちは、浮世ばなれした汎神論者で、地域共同体や社会のネットワークに興味がなく、物質主義を批判する社会派とは異なるスタンスであったからだ。しかし、大衆にとっては、自然のすっきりした営みよりは、綾なす人間関係の方がおもしろい。『ナイロン戦争』を出す前、リースマンはベストセラー『孤独な群衆』の著者として、タイムの表紙に登場するなど、すでに名士だった。この本はネイサン・グレイザーおよびリュエル・デニーとの共著で、アメリカの物質文明を批判的に描いている。この浩瀚な著書は、なんと一五〇万部も売れ、学術書の歴史に名を残す事になった。今日では、対象を単純化しすぎ、あるいは、疑似科学ではないかという批判があるが、これを参考に定量的な研究を展開する人が出ている。たとえば『孤独なボウリング』を著したロバート・パットナムは比較的成功している。[29]

彼らの著作の底流は、物質的な欲望に人間がひどく振り回される結果、社会は目に見えない何かを失っているのではないかという考えだ。

豊かさと幸福

もし、世界に共通する人間の性質があるとしたら、それは「幸福」を追求する事だろう。人類の歴史このかた、失望や悲しみは、創造の源と言われてきたが、製品の品質向上に貢献したかどうかはわからない。シェリーは「どんなにやさしい歌の中にも悲しい思いが潜んでいる」という詩を残している。[30]一山あてる事ができなかった鉱夫にはこのような想いがこみあげた事だろう。唯一、プラス面があるとすれば、絶望や危機に瀕して、それまでとは違う人生を選択する事、それから充実した人生が生まれる事だ。似たような経験があるから、人は、この詩の前節に出てくる言葉に共感するのだ。「心から笑っているときも　我々は不安から逃れられない」。「幸福の追求」は、アメリカ建国時、すでに「生命と自由」に加えて憲法に明記されていた。この概念は、浮き沈みはあったが、一般論としては、時の試練に耐えてきた。

幸せになりたいという潜在意識は人間の行動を決定し、環境に負荷を与えてきた。幸福の追求は個人的なことなので明らかに利己的な側面を持つ。しかしながら、個々の幸福が集積すれば、社会の機能全体に影響を与えるので、人間の欲を考える時には、全体としての幸福も視野に入れなければならない。この問題に取り組んだ一人が二〇世紀初頭の文学の巨人にしてノーベル賞受賞者であるバートランド・ラッセルだ。彼は『幸福論』を著し、幸せを求める気持ちと幸せになる方法について、考察を行った。この本について行われたやり取りの中で、ラッセルは、社会レベルの幸福が本来的に持つ価値について重要な指摘をしている。「良い生活とは幸せな生活の事だ。あなたが良い人でも幸せになるとは限らない。しかし、幸せならば、あなたは良い人になる」。彼は産業革命の後に、技術、物質主義、精神がどうなるか考えていた。これを書いた当事、神経学や労働者の意識調査に通じていたわけではなかったが、彼が示したこの一方向的な因果関係はデータによって実証されている。ヴィクトリア朝の知識人たちは極めて的確に問題を把握していたといえよう。

オスカー・ワイルドには「芸術家としての批評家」という有名なエッセイがある。二人の人物が対話する形の文章だが、その中に、人間は「精神的な深化と物質的な進歩が不可分である事を忘れ、物質主義に不快感を持っている」という部分がある。この言葉は消費のあり方と物質文明を修正しようとする研究者がよく取り上げる。彼らは、「贈答が社会の絆を作ること、そして、購買力を目当てに生産された商品で生計を立てる人がいる事を忘れるな」と主張する。ジェームズ・トゥイッチェルは、観察と分析に基づいて書いた『誘惑に導く』という本の中で「個を尊重する現代社会で絆を生み出すのはファッションとブランドだ」と述べた(31)。ジェシー・レミッシュら革新的な環境論者は、ラルフ・ネーダーに代表される環境活動家に苛立ち「豊かになりたい、嬉しい気持ちになりたい、いろいろな種類の商品を選びたい、あるいは、豊穣さを願うとか、早く商品を入手したいなど、人間が自然に持つ気持ちに、彼らは背を向けている」と批判している(32)。イギリスの社会科学者ダニエル・ミラーも「『自分は靴を必要以上に持っている』とか『いっしょに過ごす時間は取らないのに子供にプレゼントは買ってしまう』という言葉には共感できるが環境活動家の言いなりになって、消費に関する研究を縮小するとか倫理的行動を変更するなど、受け入れがたい」とも言っている(33)。

それでは「善き」行いが我々を幸福にするとは限らないというラッセルの単純な主張に戻ってみよう。ここでいう善は勤勉さや道徳的な態度を意味する。もしシステムがうまく機能すれば、勤勉な人、モラルの高い人は豊かになれるであろう。一所懸命に働き、一心に祈る事は、ウォールストリートで働く人々の原点だ。懸命な労働によって得られた富は消費に回る。修正主義者はこれで幸せが来るという。しかし、ラッセルは逆の場合、つまり、「幸せなら善をなすチャンスが大きいという命題」を考えよと言っている。これがどの程度説得力があるのか、検討する価値がありそうだ。この命題を裏うちする事実は沢山知られている。幸せな(その人の自己満足ではなく)人は、仕事のパフォーマンスが良く、家庭では前向き、社会では社会活動家の顔を持つはずだ。社会活動は周囲を幸せにする事が実証されている[34]。したがって、この命題は広く受け入れられる余地がある。最近の調査でも利他的な人の方が吝嗇な人より幸せであるという結果が出ている。

欲望の持つ利己性について問題提起した『国富論』で知られるアダム・スミスは、これに加えて『道徳感情論』という注目すべき本を書いている。そして、その中で、次のように述べている。「人間はどんなに利己的でも、他人の運不運に関心を持ち、他人の喜びを自分の喜びと感じるものだ。そこには幸せな気分になれる以外のメリットはないのに[35]」。人が何か行動を起こす時、特に他者と協力を始める場面では、神経に作用する化学物質があるのだろうか？　贈り物をすると協力関係は強化されるだろうか？　こうした疑問を解くために、現代の経済学者たちは、心理学、動物行動学、神経学を取り入れて研究を進めている[36]。

豊かさ、所有欲、幸福に関する事象を扱う場合、データは複雑になるので、慎重な考察が必要となる。「幸福感」という言葉にはさまざまな意味合いがある。研究者は「生活の質」「福祉」「満足」または単に「幸せ」という意味で使いがちだが、幸福感には、精神面以外の健やかさという身体上のニュアンスや、心や意識に（最終的には身体にも）反映される心理的状態というニュアンスがある。この点を理解した心理学者、経済学者、医師ならば、読者を笑顔にする本が書けるだろう。

我々の心は、富や物質だけで満たされるのだろうか？　幸福感をコントロールする別の要素がありはしないだろうか？　社会心理学者であるソニア・リュボミアスキーは『幸せがずっと続く12の行動習慣』の著者だが、人にはそれぞれ幸福の初期値が与えられており幸福の五〇％はそれで決まっていると主張する。その初期値は（遺伝する）気質によって異なると言う。また、残りの一〇％は社会環境、四〇％は個々人の取る行動によって決まる。彼女によると我々の気分を良くしてくれる消費は最後の四〇％に含まれているそうだ。[37]

何が幸福感を決めるのか？　何が我々を幸せにするのか？　財産があり、消費ができればもっと幸せになれるのだろうか？　心理学者はニーズと欲求の違いを研究し、ニーズや欲求が人間をどう動かし、その幸福感を決定するか、理解しようとしてきた。この種の研究の原点は一九四〇年代にアメリカの心理学者アブラハム・マズローが唱えた欲求段階説だろう。たいていの心理学入門で取り上げられるこの考えは、ピラミッド状の図として表現され、底部に生理的欲求、その上に、安全への欲求、愛情の欲求、自尊欲求、自己実現欲求（頂点）が、順番に描かれる。マズローによると、低次元の欲求が満たされ、基本的な欲求が解消された後に、より高次元の欲求が、はっきりした形を取ってくる。このような見方では、物質的充足がないと、他の次元が出てこない事になる。マズローの説は参考にはなるが、現代心理学では、物質的なものは他の因子と不可分に結びついていると理解されている。また、さまざまな集団の比較から、物質的欲求が低い人の方が自己実現欲求は高い事が研究者の間では常識となっている。

一九七二年になると、クレイトン・アルダファーがマズロー説を修正し、段階性のないモデルを「人間の欲求の新理論の実証的テスト」という論文で発表した。存在、関係、成長を主要な属性とするこのモデルは、物欲の正の面と負の面について考える際、大変有用で、広く応用が利く。もともとは組織を扱うためのモデルだが、これを用いると、物欲と幸福感の関係は、モチベーション次第で良くも悪くもなる事がわかる（図11）。基本的な部分を充足させ、所有と消費に走った場合、満足できるかどうかは、状況によって異なるのだ。結果がどちらに行くかを決めるのは、モチベーションと買い方、そして、買い物の持つ意味だ。

一般論だが、個人が幸せと感じるためには、ある程度モノが必要だ。しかし人間はそれだけで幸福になるわけではない。そこで、研究者は、収入と富を慎重に分けて考える。収入は家庭や社会の中を流れるお金を表す指標だ。富は経済上の安全保障を示すもっと長期的な指標だ。モノの消費を理解するなら、有形資産を含み、負債や長期的な財政保障（心配が少ないことを意味する）について記録が残る富を使う方がいい。ただし、たいていの研究は、データが扱いやすいので、収入に焦点を当てている。しかしこれでは全体像はつかめない。ノーベル賞を受賞したダニエル・カーネマンも「自分や他人の生活を評価する時、人は世間の価値感に合わせ、収入があるから幸せになると思いがちなので[38]」、実像に迫れないと言っている。人間の複雑さを理解したいなら所有の動向を見なければならない。

心の中に明確な目標が設定されていれば、富を増やす事で、より大きな幸福を得られるかもしれないが、そうでなければ得られるのは失望という事になる。しかし、心理学的な研究では、人にとって、モノの獲得そのものよりも、獲得に至るプロセスの方が大切と判明している。人間は、すぐ快感になれてしまい、退屈し始めるという点で、大方の研究者は一致している。この現象は快楽の適応と呼ばれる。満足感を維持するには創造的活動を生むモチベーションや前向きな探求を通して変化を体感する事が必要なのだ。一九七一年に、心理学者のフィリップ・ブリックマンとドナルド・キャンベルは、満足感を同一レベルで維持しようとあがく状態を「快楽の踏み車」と呼び、「快楽を維持するため、より強い刺激を求めて、人間は快楽の踏み車を回し続ける。幸福感や満足感は長く続かない」と書いた[39]。

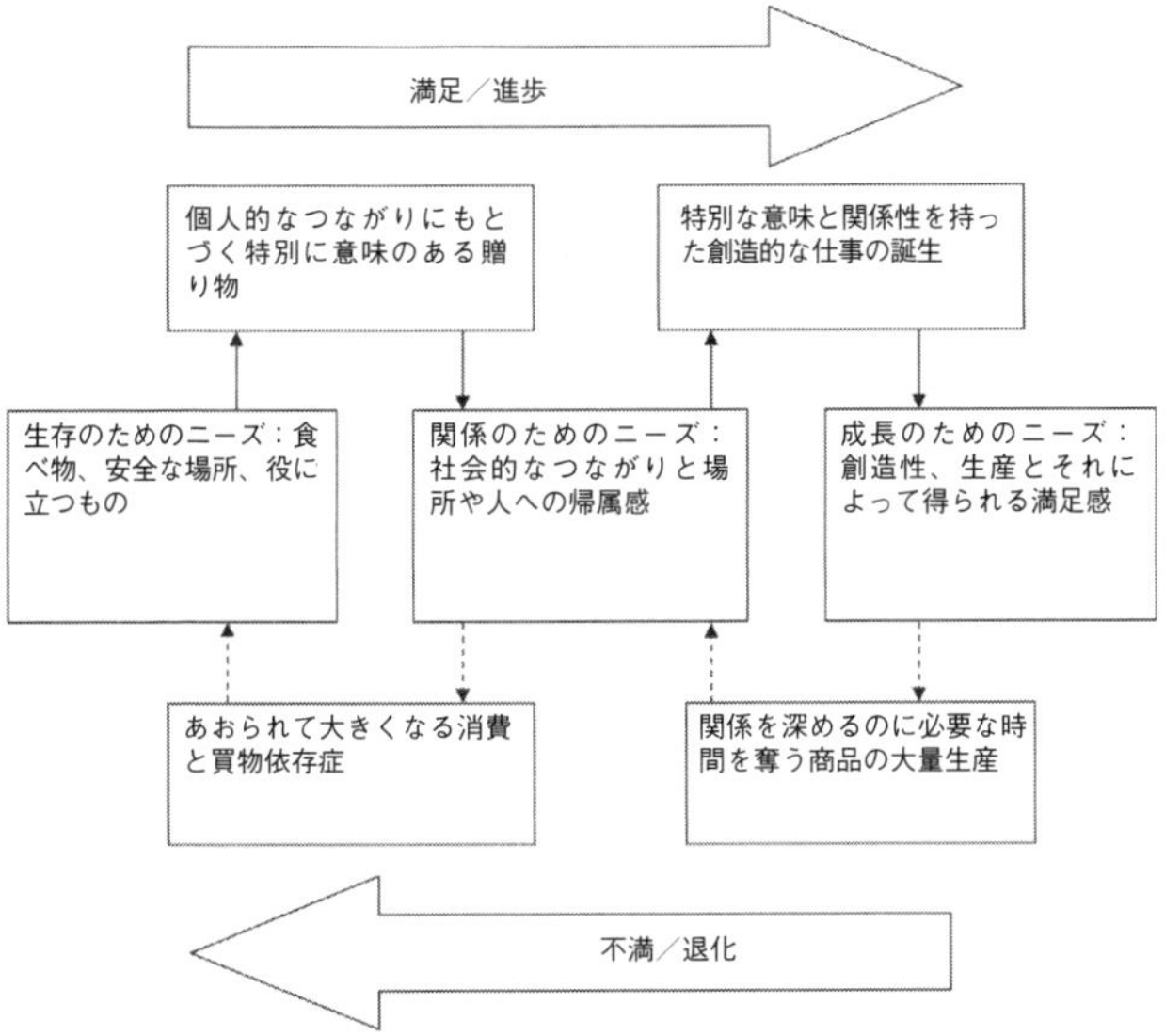

図11　実在性、関連性、成長の物質的なインタフェース（クレイトン・P・アルダーファー、『存在、関連性、成長のモデル』ニューヨーク、フリープレス、1972年）

この見方はどちらかと言うと人間に対して冷たい。多くの研究者はこれを否定しようとした。方法論に難点はあるが、幸福について行われた複数の調査によって、人間が幸福を他より強く感じる環境や場所があるとわかっている。[40] 本章で紹介したように、喜びの感情や「幸福感」の一部には、生化学的な回路が関わっている。否定的な意見もあるが、ひたむきな追求（消費だけでなく他の分野も含めて）こそが、幸福を実現する本質的な要素である事もわかってきた。たしかに快楽の踏み車に乗っているだけでは前に進めない。幸福を実現するには、健康づくりなど、具体的な目標が必要なのだ。

ついでに言うと、どんな調査をするにせよ、主観的な幸福感と、健康など客観的な基準を、組み合わせるべきだ。[41] また、人の幸福感は短時間で変化するので、消費が長期的に及ぼす影響を考えなければならない。事実、研究者たちは、環境、消費、幸福感の関係性を検討している。トーマス・プリンセンらは、経済効率を上げるための大規模生産と「充足の論理」のトレードオフを検討すべきではないかと問いかけてきた。我々は、長い目で物事を考えると、プリンセンの言う「生態学的合理性」(42)に従った行動を取るかもしれない。たとえば、買い物の決断をする時、もっと慎重になるかもしれない。栄養表示を見た消費者が健康志向を強くするのと同様に、消費の長期的な影響を知った消費者は、注意深く商品を選ぶかもしれないのだ。

責任をもって買い物をするにしてもアメリカ人は買いすぎだと主張する人もいる。環境面から消費について論評するジュリエット・ショアなどがそうだ。(43)モノを持つと、あたかも経済的格差が解消されるかのような幻想を抱く可能性があると彼女は指摘する。確かにそうだが、もっと高次元の問題が未解決のまま残っている。ショッピングが経済全体に及ぼす効果、および、環境に負荷を与えながら製品作りをしている生産者の生計に及ぼす効果は、いかほどだろうか? 買ってきた小間物や商品が生活レベルを向上させるのではないのに買い物を続ける理由が他にあるのだろうか? クレジットカードの普及はこれらを考える鍵になる。信用取引は、二〇〇八年の経済危機で顕在化したように、長期的に見ると家計に悪影響を及ぼしかねない。しかし、今の世代は、親の世代より購買能力が大きいと錯覚し、カードを使い続けている。

二〇〇一年九月一一日の悲劇のあと、経済を支えるためにもっとショッピングをしようという動きが起こった。経済学者の助言を受けたブッシュ大統領は、九月二〇日に全国放送で演説し、「アメリカの経済を信頼して参加しよう(44)」と呼びかけた。あの事件は、物質主義に代表されるアメリカの「文化」に対するテロだと大々的に言われていたので、学者たちの助言は筋の通ったものだった。お金を使ってビジネスを支えようという声はだんだん大きくなったが同時に戦費が増大している。民間の収入と生活手段が増えるなら、ショッピングは経済の牽引役といえようが、倫理上の議論は避けられないだろう[45]。このアプローチは、戦時の消費は慎むべきと言われた第二次世界大戦の頃とは、対照的なものだ。あの時は、著名な知識人であったルイス・マンフォードが、消費を減らす事こそ愛国的だと書いている。これは「我慢する経済で放漫な経済をひっくり返す[46]」という視点だ。一世紀もしないうちに見方が逆転したとは。「危機に際して消費すると悪影響が出る」体質から「良い影響が出る」体質へ経済は急変したのだろうか？

さて、そろそろ、燃料に目を転じよう。燃料を節約せよという政治的左派の主張が勢いを増している。国外の燃料資源に経済が依存するなら、環境保護のため、節約すべきというのだ。今や世界が注視するのは我々の需要をまかなう資源産出地帯だ。ナイジェリア、アンゴラ、コンゴ、ヴェネズエラなどの国々は、豊富に資源を供給し、現代文明を支えてきたが、自身はそんなには成功していない。繁栄をめざして格闘する彼らの経験は示唆に富んでいる。我々の物欲は彼らに災いをもたらしたのだろうか？資源は災いか恵みか？　この問いかけに対する答は思ったほど単純ではない。次の章で議論しよう。

第五章　資源の呪いからの解放と世界の発展

この線の反復は金を生み
地面の上の円の枠は
旋風、嵐、雷鳴と稲妻をもたらす
——クリストファー・マーロウ『フォースタス博士』

コンゴの首都キンシャサ行の国際線はほとんどが深夜到着便だ。そして、降りてきた乗客は、人口七〇〇〇万を要する大都会にふさわしい光景がないことにがっかりする。目の前に雄大に広がるはずのコンゴ川がみえないし、アフリカ最大の都市にもかかわらず、そこにふさわしいモニュメントや建物も見えないからだ。世界の主要都市には煌く夜景がつきものだ。ところが、キンシャサには、暗い非常灯しかない。町は闇に包まれており、せいぜい、古い車のヘッドライトが路上をくねくね動くのが見えるくらいだ。二〇〇八年の時点で、電気の普及率は六％、これはアフリカ中で最低の数字だ。詳しく言うと、人口の二二％が住む都市部では普及率が三五％に達するが、七八％が住む郊外ではわずか一％なのだ。[1]コンゴは世界一と言われる水力発電のポテンシャルを持つのに、このように、電気の普及率が低い。また、世界最大級の鉱床があるのに、国の発展は遅れている。国土には豊かな森林があり、アメリカの四分の一に相当する面積に、金、銅、コバルト、ダイヤモンドが豊富に眠っている。しかしながらこれらは目に見える経済効果をあげていない。

コンゴを旅して回ると無駄が多い事に気づく。キンシャサにそびえる高層ビルは、無人か、要修理のものばかりだ。五万人の収容能力があるスタッド・タタ・ラファエルは、一九七四年にムハンマド・アリとジョージ・フォアマンがボクシングで対戦した場所だが、今や国際的イベントはほとんど行われていない。冷戦たけなわの頃、キンシャサ大学は、アフリカで最大の高等教育機関として、アメリカの資金援助を受けたが、図書館の書籍が根こそぎ盗まれている。今でもこの大学には二六〇〇〇人の学生が在籍するが、学期中はスタッフが四六時中ストライキをしている。そして、その他の時期は、防犯上の理由で閉鎖されている。驚くべき事に、このような現状にもかかわらず、大学には実験用の小型原子炉がある。アメリカに軍事用ウランを供給した見返りとして建設させたものだ。私は二〇〇二年に訪問する機会があったが、最高のセキュリティがあるべき場所にもかかわらず、安全策は十分ではなく、『闇の奥』でジョセフ・コンラッドが描写したコンゴそのものだった。

コンゴ北部から中央アフリカ共和国の境界付近に広がるジャングルにバドリテという廃墟の点在する都市がある。民衆がひどい貧困状態にある中、約四〇年間（一九六一―一九九七）大統領として君臨したモブツ・セセ・セコが、生まれ故郷の開発にこだわった結果だ。国民の間では「浪費とはこういう事だ」と世代を超えて語り継がれている。ここに建設された空港の滑走路はコンコルドが着陸できる設計になっていたし、ターミナルにはヨーロッパから持ち込んだ最高級のフレスコ画が飾られていた。町の最盛期だった一九七〇年代には、清潔な水道と安定した電力網が備えられ、高校もアフリカではトップクラス、政権を支えた赤道地方出身者の子弟を教育した。病院や道路網も先進国と肩を並べるレベルだった。支配層のために豪邸も建設された。この栄光が忘れられない人たちは、この町をジャングルのベルサイユと言ってなつかしむ。しかし栄光のバドリテは短命だった。不公平な富の分配は長続きしない。モブツ政権は反乱軍によって一九九七年に崩壊、五〇億ドル以上を不正に蓄財した独裁者はモロッコに亡命を余儀なくされた[2]。一〇年以上たってもこの国に平和は戻っていない。それどころか、最悪と言っていい内戦状態にあり、モブツの亡命以降、三九〇万人以上が死亡している[3]。

　コンゴの開発計画はどこがまずかったのだろうか？　全てモブツが悪いのだろうか？　彼のせいだとしても、なぜ、彼は権力を手にしてから三七年も君臨できたのか、我々は考えなければならない。大いなる発展が期待されたこの国は、どうして弱体化し、ポール・コリアー言うところの「最底辺の一〇億人」を生み出してしまったのだろうか？　資源が豊かなのに、国の発展がひどく遅れ、紛争が絶えないのはなぜだろう？　経済学者、政治学者、社会学者らの頭を悩ませてきたこのような状態は「資源の呪い」と呼ばれる。彼らはこれこそ新興国が資源開発に及び腰になる原因だという。マスコミも「資源の呪い」に加えて「欲求と不満」などの言葉を使い、資源開発に負のイメージを植え付けている。資源の獲得競争は紛争に発展するのだろうか？　それとも不公平な社会や不正のはびこる経済体制が紛争を引き起こすのだろうか？

採掘される資源の種類と発展が低迷する度合いには関係があるだろうか？　どんな状況にあると紛争が暴力的になる確率が高いだろうか？　たとえば、コンゴと同じく銅に富む隣国のザンビアは、鉱石から得られた利益をあまり開発投資に回さない事で共通するが、この国では深刻な紛争は起きていない。また、もっと南にあるボツワナでは、コンゴとは反対の結果が出ている。貧しさにあえいでいたこの国は、鉱物資源による利益のおかげで、アフリカの中では教育レベルが高く安定した国に変貌した。

どんな政策がどんな結果をもたらすのだろう？　ベルギー王レオポルト二世による苛烈な植民地支配がコンゴを駄目にしたのだろうか？　イギリスの植民地支配はそれよりましだったからザンビアやボツワナは発展できたのだろうか？(4)　独立後に差がついたのはリーダーの優劣が原因なのだろうか？　コンゴの独立直後に暗殺され、夢を果たせなかったパトリス・ルムンバと比肩しうるのは、清廉で知られたボツワナのカマ卿だろうか、それとも比較的ましな独裁者だったザンビアのケネス・カウンダだろうか？

上で述べた国々で差がついた原因として、部族構成を挙げる事ができるかもしれない。ボツワナはツワナ族がほとんどだがコンゴでは広大な国土にさまざまな部族が暮らしている。(5)　また、鉱業のタイプの違いが原因かもしれない。ボツワナとザンビアでは鉱山会社が大規模に開発を行っているが、コンゴやシエラレオネでは貧困層による零細および小規模採掘《アーティザナル・アンド・スモールスケール・マイニング》が主流だ。(6)　資源は貪欲な外国の介入を招き国の安定を損なう呪われた存在なのだろうか？　国同士が駆け引きする材料だろうか？　中東の石油地帯にみられるような失敗の誘因だろうか？　社会学者にとっても一般大衆にとってもこれは気になるポイントだ。社会の仕組みは複雑なのでアフリカの例だけから原因を突き止めることはできないが、研究者たちは、資源強国の政治経済の状況から何らかの傾向を見出そうと、定量的な分析を続けている[7]。

数値解析は有効か？

数値を重要視するのは科学の世界だけではない。何かグローバルな問題（たとえば資源への依存と貧困削減）に取り組むと政治的な意図を持つ介入があるかもしれない。その時に反撃できるのは数字だ。このため、定性的な分析を伝統とする社会学や政治学の分野でも、今や、数値解析が主流である。温度測定の権威であったイギリスの物理学者ケルビン卿は数字の重要性について次のように述べている。「調べようとしている現象について測定でき、数値で表現できたなら、何かを理解した事になる。しかし測定できず、数値として表わせないなら、理解は不十分である。少しは理解したと言えるかもしれないが科学の域には達していない[8]」。

地域社会の人口、環境基準、物価、開発指数など、正確な比較のために測定を必要とする作業は多いし、数値で記述される現象はいろいろあるので、ケルビン卿の言葉は、間違いではない。しかしながら、数字がもっと抽象的な使われ方をすると話は違ってくる。科学史家テオドール・ポーターが言うように、ケルヴィン卿の言葉は「ニヒリズム」に対する批判の意がこめられており、測定科学を無条件に支持したものではない。『数学の信用　科学と公的生活の客観性の追求』という著書の中で、ポーターは、複雑な地球規模の課題に対して数値科学が持つ力について的確な批評を加えている。一読を薦めたい。

「資源の呪い」を研究する上で特に重要なのが、統計的手法の一つ、回帰分析である。フランスの数学家アドリアン＝マリ・ルジャンドルが考案して以来、この手法は、全ての科学的領域で、無くてはならない物になった。「回帰」は、ダーウィンの従兄フランシス・ゴルトンが、成功した人の子供について研究した時、方法を表わす言葉として初めて使った言葉だ。[9] 回帰分析は、複数の独立変数の比較を、古典的な検定の枠組みの中で可能にするエレガントな方法である。しかし、誤った結論を出す危険性もある。何らかの判断がなされると、それが独り歩きし、変数についての正確な知識がないと修正が困難な場合があるのだ。「紀元前一〇〇〇年に各国は富を確立していたか？」[10] という研究が参考になる。この研究は、優れた研究者のグループによってなされたが、技術を開発あるいは導入した国がそうでない国より栄えたかという点を、回帰分析によって調べた物だ。大変興味深いテーマだが、その結論には、賛否両論がある。この報告書は、今の政治に、どのように影響を与えるだろうか？　世界はグローバル化しているが技術移転には多様性がある。数字をいじるだけの回帰分析は果たして役に立つだろうか？

定量的な方法を良く使う統計学者であるデイヴィッド・フリードマンは、一九九一年に発行のSociological Methodology という雑誌に寄稿し、回帰分析について、次のような疑問を呈している。「回帰分析は通常の議論に大きな影響を与えない。交絡変数の制御にもほとんど寄与しない」。回帰分析を使って仕事をした経歴があるにも関わらず、フリードマンは、この方法論が政策推進の基本になっていく事を心配していた。[11]

大量のデータを回帰分析する仕事は、一九九〇年ころから、環境や安全保障分野の研究者が重用するようになった。たとえば、国連環境計画や、安全保障分野、開発経済学、国際関係論の学者たちが、紛争や開発の遅れを事例として、天然資源などの環境系因子が与える影響を調べ始めた。開発の遅れに関して言うと、二つの理由から、鉱業は興味を引く変数である。一つ目は「持てる国のパラドックス」を定量的に示す産業であるから、そして二つ目は、以前から経済学者が指摘してきたように、問題を起こす業界であるからだ。近代的経済学からはほど遠い考えを持っていたアダム・スミスまでが、その高著、『国富論』の中で、政府は鉱山開発に気をつけよと書いている。「鉱山開発は、投下された資本を回収せず、資本もたくわえも吸収してしまう。つまり、鉱山開発は、慎重に利潤を追求する政府にとっては、優先順位が最も低い業種である[12]」。

自然科学の分野でも資源の呪いという仮説は流行した。ドイツの植物学者で細胞学の先駆者であるマティアス・ヤコブ・シュライデンは、一八七五年の著作『塩』の中で、税金と専制君主の直接的な結びつきについて書いている[13]。

資源の呪いと言う仮説を出した人たちの中で特筆すべきは、国連顧問のジェフリー・サックスと、イギリスの経済学者リチャード・オーティおよびポール・コリエーである。オーティとコリエーも国際機関の顧問を経験している[14]。国民総生産（GDP）と一次輸出産品額の比を、存在する資源量の指標と考えて計算したコリエーとアンケ・ホーファーは、その比と紛争の間に相関を見出した。具体的には、GDPの割合が三五％あたりで、内戦のリスクが最高になるという結果だった[15]。この後、複数の国が隣接したある場所で行われた統計学的解析では、資源の中でも特定の部門（石油や鉱物）が紛争の原因であると指摘された[16]。

オックスファム、グローバル・ウィットネス、アースワークス、ワールドウォッチ研究所など、ダイヤモンドについての事例を知る環境・人権団体は、このような考えを支持している[17]。資源に富む国では和平条約の履行が難しく、これが平和構築の妨げであると指摘する声もある[18]。学者たちは複雑な数式を用いて国の行く末を考察している。今も膨大な数の研究が進行中である。
資源経済と紛争の連関についても、最初の仮定や回帰線の引き方によって、結論は違ってくる。たとえば、スタンフォード大学のジェームズ・フィアロン達は、内戦のデータと資源量に関する統計を入手し、コリエーとホーファーに準じて計算を行ったが、何ら関連を見出せなかった。[19] その後、フィアロンは、コリエーとホーファーのアプローチからわずかでも逸脱すると（五年ごとのグループデータの代わりに通年のデータを使用するとか、データが不備なケースを含むために多重代入法を採用するとか）、一次輸出産品額は内戦関連の統計量と相関を示さない事を確認した。[20] さらに、一三例を分析したが、農業資産や石油の略奪によって反政府グループが資金を作ったという証拠はほとんどなく、石油による利益が反乱軍に使われたと言えるのはわずか一例であった。[21]
資源の呪いの提唱者たちは特に石油が災いのもとだと主張する。反政府勢力が重要な収入源として目をつけるだけでなく、産出国の行政機構は未熟な事が多いからだ。石油がある国は税金を徴収する必要があまりない。また、その行政機構は、無駄に大きい。統計にもその様子が表れている。管理能力向上のために、政府による契約の遵守や投資家に対する収容リスクの周知など、対策が講じられたが、そんなには功を奏していない。貧困を扱う研究者は「強い政治力がある発展途上国では紛争の起きる可能性が小さい」というが、この考えは、管理能力の低い国で内戦がみられる事実と調和的である。マッカータン・ハンフリーズも、最新の研究で、内戦が起きるのは、反乱軍へ資金が流入するからではなく、当事国に統治能力がないからだと言っている。[22] しかし、同時に、紛争の最大の原因は、統治能力の低さではなく、資源の賦存量だと言っている（彼より前の研究では内戦が勃発するか否かは、石油とダイヤモンドについては、資源量ではなく、生産実績で決まるとされている）。彼は、天然資源をめぐる紛争は、戦闘で決着がつき、短期間で終わるとも言っている。

資源の賦存量が問題だとしても、環境について楽観的なグループと悲観的なグループの間で、議論はあまり進んでいない。両者は流儀や思想が違うし、そもそも、交流をしない。しかし、天然資源の輸出国が資源依存症にかかり、地方の製造業を委縮させる場合がある点は、双方が認めている。この依存症は次のように進む。輸出が増えると為替レートが上昇し地元の製造業を魅力のないものにする。そして、政府はビジネスに執着するようになる。このような現象は、二〇世紀半ば、天然ガスが発見されたオランダで起きたので「オランダ病」と呼ばれる。[23] ただし、オランダは、政策実施段階で起こりうる問題を克服し、ヨーロッパ内では比較的裕福な国になっている。資源地質学者であるグラハム・デイヴィスは、「オランダ病からしっかりと学ぶ」事ができれば、資源保有国は莫大な収入を上手に利用できると述べているが、その通りだ。[24]

多くの回帰分析は政府の失敗という文脈で使われてきた。レンティア国家についての研究もそうした性格を帯びている。レンティア国家とは、イランの学者ホセイン・マフダヴィーが作った用語で、外資が払う天然資源の利用料（主に輸出による利益）以外たいした収入がない産油国をさす。[25] レンティア国家はロイヤルティが入ってくるので税金に頼らない。また、その結果として、説明責任に乏しい。さらに言えば、ロイヤルティは、政治上のかけ引きや大衆を抑圧するための資金として使われる。このような国では自由や民主主義の程度が石油価格に連動する事になる。[26] トーマス・フリードマンはこれを「産油国の第一法則」と呼んでいる。マイケル・ロスにいたっては、中東では、石油が原因で女性の権利が侵害されているという。[27] ロスの使った回帰分析は、間違ってはいないかもしれないが、石油産地の風土と不可分な文化的変数は扱えない。基本的な疑問になるが、彼の導いた結論は、どの程度、正しいと言えるのだろうか。石油以前の中東文化を知る人類学者なら一笑に付す話だが、軽率な報道陣は、異例の発見として、これに飛びついてしまった。[28] 文化的因子や発展の細やかな諸相を安易に扱うと政策を誤る危険がある。しかし、資源の呪いという概念は、特に化石燃料について、いまだに根強く、生き残っている。

石油は問題の元凶か？

二〇〇八年の三月、アフリカにあるチャドの首都に反乱軍がせまったとき、マスコミは石油をやり玉に挙げるつもりだった。この擾乱は、多くの人の目に、資源の呪いの現出と映った。つまり、石油を持つ国が急に裕福になると、地域間の利害が尖鋭になり、経済格差が生まれるため、紛争が起きるという訳だ。ＣＮＮは「チャドの部族間対立は石油が原因」と報じた。[29] チャドとカメルーンの間には世銀の融資で建設した石油パイプラインがあり、環境や人権の団体が反対運動を繰り広げていたが、この事件によって、彼らは自信を深めた。湾岸戦争の原因が石油と言われた影響もあり、（チャドのような）アフリカの僻地で紛争が起きたのは、いまわしい液体のせいだという先入観があった事は否めない。[30]

石油と戦争を関連づける視点は、すでに燃料が産業に使われ始めた初期に、芽生えている。第一次世界大戦直後の事だが、フランスの石油会社の重役であったアンリ・ベルンガーが、あるディナーの席上で、イギリスの外交官カーゾン卿を前にして「石油は戦争を支える血液であった。ならば平和を支える血液でもありうる」と述べた逸話が残っている。[31] 石油が紛争の一因ならば、平和構築の道具にもなるはずだ。ただし、石油と紛争の関係を短絡的にとらえるのではなく、地域紛争の複雑さをよく理解しなければならない。第一に、チャドをはじめとする新興石油国は、石油の発見よりも前に建国されているので、石油よりも(もとからある)部族間の対立の方が、もっと根深い原因のはずだ。チャドの場合、建国は石油発見より少なくとも二〇年早いが、発見以前に繁栄した形跡は認められない。[32]

チャドで起きた内戦の実情が明らかになるにつれて、隣国ケニヤの紛争についても、石油が原因とする説に疑問が投げかけられるようになった。アフリカでは最も安定していたこの国が混乱に陥った原因は石油ではない。二〇〇八年春の選挙直後に起きた混乱は、民主主義体制ができたにもかかわらず、部族間対立がエスカレートしたためで、石油とは全く無関係である。この事例は、非常に複雑に変数が絡み合うアフリカでは、どんな分析結果があろうとも、石油を主犯人とするのは正しくない事を教えている。そうはいうものの、国内の協調と適切な計画がないところに、突然現金が流入すると、どんな資源を持っていようと、国は混乱する。資源産業は、貧しい地域に突然大きな収入をもたらす点で、カジノに似ている。長期にわたって発展を継続させるためには、石油収入を活用するとともに、環境にかかる負荷を軽減する必要がある。

しかしながら、グローバル化した世界は、各国の状態をモニターできるようになりつつある。これでアフリカの資源依存と汚職は弱まってくるかもしれない。赤道ギニアの例を取り上げよう。一九六八年にスペインから独立したものの、この国には独裁制が敷かれたままだ。小国ではあるが、一九九〇年代半ばに石油が見つかったため、国際的に注目されるようになった。アメリカは二〇〇三年にマラボの大使館を再開、同国務省は人権監視などの「介入が功を奏した」と声明を出した。しかし、赤道ギニアに変化をもたらす手段としてアメリカが準備したシナリオは、スキャンダルによって継続が危ぶまれる結果となった。テオドロ・オビアン大統領の家族が持っているワシントンのリッジ銀行口座に石油から得た収入が流れていたのだ。このお金でワシントン郊外の不動産が購入された証拠がある。このため、二〇〇四年にアメリカ上院はヒヤリングを行い、通貨監督庁も調査を行った。赤道ギニアという国が、石油によって注目を集めなかったら、こうした事実はわからないままで終わった事であろう。国際社会には、このような影響力を行使する責任が、あってしかるべきだ[33]。

なお、アフリカでは、石油に関する管理能力を高めた国もある事を指摘しておきたい。そうした国々は石油ビジネスの技術面で助言が得られる専門家を呼び、コンセションの契約や社会、環境の管理に関して、能力を向上させている。たとえば、アンゴラ当局は、二〇〇二年に石油漏出事故を起こしたシェヴロン―テキサコに二〇〇万ドルの制裁金を課している[34]。石油会社は漏出と汚染事故をたびたび起こしてきたが、環境汚染を理由に課金されたのは、アフリカではこれが最初である。シェヴロン―テキサコは地元の漁師にも被害補償をした。ほとんど制限なしにナイジェリア周辺で稼行できた時代は終わったと言えよう。

ナイジェリアはアフリカで最大の産油量と人口を誇るが、石油に関しては、ひどい話が残っている。五〇年以上、この国は、南部のニジェール・デルタから石油を採掘してきた。しかし、地元民は貧しく、各家庭に調理油すらない状態だった。労働災害や環境破壊というしわ寄せが来た地元には採掘による利益が還元されていない。なぜだろうか？　独立後、政府が富の分配に失敗した事が、大きな原因のようだ。この国は部族や宗教の違いで既に分裂していたが、特定地域を優遇し、そこからのみの収益を目指した。また汚職を気にしない相手なら誰にでも投資を行った。結局、都市部が優遇され、国の中心部に新首都アブジャを建設するため、膨大な資金が使われた。ずさんな計画の乱発、弱いリーダーシップ、無理のある都市建設、多国籍企業の不作為。これらによって、国は秩序を失った。ナイジェリアにとって不幸だったのは、外資を受け入れた頃、政府に社会的責任や透明性を重視する意識がほとんどなかった事である。資源産業が汚職と深い関係にある事は歴史的に見て間違いない。ギャラップの研究によると、国際取引で誰が汚職を持ちかけているかは贈賄という指標で識別できる。これを使うと、石油、ガス、鉱業は、下から二番目にランクされる。因みに最低ランクにあるのは軍需産業である。[35]

こんな事なら、いっそ石油が発見されなかった方が、ましだったろうか？　石油を放棄しても、国民を養い、紛争を予防するために使える収入が得られるだろうか？　サウジアラビアやマレーシア、そしてヴェネズエラでは、代替産業を検討するため、機会–費用分析が行われた。それによると、細かい事を抜きにすれば、国の発展を石油が助けたという結論になるそうだ。しかし、ニジェール・デルタの場合は、国の発展を妨げたという方が当たっている。その主な理由は地域社会に十分な代替産業がない事である。農業、漁業は言うに及ばず、発展の余地がありそうな観光業も、無神経な石油採掘のため、不振を極めている。これは、他国も注意しなければならないポイントだ。しかし、ナイジェリアが抱える石油問題の根をきちんと検証できれば、その教訓は、将来への備えとなるはずだ。発展をあきらめる必要はない。[36]

チャドに平和が戻った今、国際社会は、石油収入の管理方法や石油枯渇後のシナリオに目を向けるべきだ。しかし、チャドにおける石油収入の透明性を確保するため、世銀が入念に作ったしくみは、二〇〇八年の九月に崩壊してしまった。その原因は、国際間でルールを作る際、中国など大手の投資国に引きずられ、制裁や罰則が盛り込まれなかった事にある。

石油は、燃料として使われるべき運命を背負い、不幸な歴史を残してきた。しかし、これをアフリカにおける紛争の原因と簡単に決めつけるのは、間違いだ。むしろ、チャドのように選択肢があまりない国では、適正な管理計画を立てて開発するべきであろう。気候変動に対応するためには石油を使うべきではないという問題提起もあるが、脱石油社会はすぐに実現するわけではなく、代替物の開発を待ちながらも、石油を多少なりとも使わざるを得ない今の状況下では、答は出ないであろう。

石油は世界中が依存するエネルギー源なので気候変動への影響が大きい。また、利用された歴史が長いので、用途も多岐にわたる。このため他の鉱種よりも融通の利く保護策が必要だ。ただし、人類は、食糧も含めて、希少な物質に対して、石油に対するのと同じくらい、貪欲である。したがって獲得競争の対象は石油だけではない。どんな資源でも、開発計画は緻密でなければならない。そうでなければ我々の社会は一挙に転落するであろう。

他の選択肢

大きなカルデラを取り囲む北米の森林保護区にあるクレーターレイク国立公園の周辺では石油以外の資源が狙われている。争奪戦の様子は目に見えないが「採るな」と書かれた警告があるのでそれとわかる。公園の中を歩くと「赤い香辛料と使用済みの靴下」が混じったような臭いがする[37]が、そのもとを求めて、大勢の人がやって来る。はるかカンボジアからも人が来たという。このような人口流入を招いた謎の正体は背が低いキノコだ。菌界、つまりキノコの仲間には、実に面白い種が含まれている。

キノコのように、再生可能だが、往々にして歓迎されない資源でも、市場の動向によっては、奪い合いになりうる。ナチュラルライターであるバーカード・ビルガーは、民族学の観点から、非合法なビジネスについてまとめ、「ニューヨーカー」誌に寄稿している。キノコハンター用キャンプ場の持ち主に彼がインタビューした所によると「(ブームになるとここは)殺伐としてくる。麻薬、売春、ゆすり、ギャンブルが蔓延する」(38)そうだ。念のため、付け加えるが、非合法な市場は、ふつうは鉱物資源をめぐって形成される。キノコの例は珍しい。

アメリカ北西部のキノコハンターたちが狙うのは、香りが日本で好まれ、お金になる「松茸」だ。しかし、日本の伝統的な感覚とはかけ離れて、松茸は、その気高い姿に似合わない発泡スチロール箱に詰めこまれ、シアトルからバンクーバーまで、冷蔵便で、毎日空輸されている。品質が良いと数ポンドで数百ドルになるし、日本国内の収穫が悪いと、値段は跳ね上がる。松茸の収穫は、天候や病害、養分に左右されるので、予想がむつかしい。そのため、その価格は金属よりも気まぐれに上下する。二〇〇七年は日本の国産品が不作のため一ポンド当たり二〇〇ドルになり、しかも、特に状態の良いものには、一本で一五〇ドルと言う価がついた(39)。

読者は、松茸を人工的に量産して価格を下げるとともに、非合法な取引を排除することはできないのかと思われる事だろう。実は、松茸は、シャントレル茸やポルチーニ茸と同じく、どんなに手を尽くしても、栽培のめどが立たない。日本はもちろん、スウェーデンにいたるまで、各国の微生物学者が、湿度、温度、養分について調べあげ、植えつけたにもかかわらず、菌糸はじきに枯れてしまった。太古からの命脈を保つ針葉樹林には、解明できない複雑な因子があり、安易なアプローチができないことだけは確かだ。松茸が自然の力によってしか生長できないという事実は鉱物の晶出を想起させる。人間がむやみに群がってむしり取っていいものだろうか？

人工的に増やせる作物があったらどうだろう。それでも同じような問題がおきると思われる。アイスクリームで大人気のフレーバーになるバニラを例にとろう。これは、豆の一種だが、栽培もできるし、香りの合成もできる。マダガスカルのバニラ海岸のケースが右との比較に有効だろう。かつて、島の南西部はサファイアの採掘に沸いたが、北東部は、繊細な香りを持ち世界中の乳製品やパン類に使われる豆の理想的な生育場所として有名だった。首都アンタナナリボを歩くと、この豆を紙に包み、こちらのご機嫌を伺いながら、売りに来る商売人が、今でもいる。

世銀が二〇〇六年にバニラの貧困削減に果たす役割と政策を検討したこともあって、バニラは、マダガスカル経済の象徴となった。バニラ栽培は労働集約産業なのでかなりの雇用が見込める。最初の年の栽培は、一エーカー当たり、一〇〇日を要する。成熟までの四—八年間は一八〇日必要である。除草と剪定は必須、受粉は人の手で行わなければならず、しかも、花ごとに時期をずらして受粉させなければならない。保存するには、沸騰直前のお湯に種をつけ、太陽の下で汗をかかせ、酵素の反応を引き出さなければならない。これを一〇から二〇回くりかえし、さらに、数カ月、戸外で乾燥させる。これで、ようやく、種が均一に黒くなり、あの香りが引き出される。(40) マダガスカルのバニラは、生活の糧、エキゾティックな観光資源、そして、栽培できる産物になるはずだった。しかし、数十年間、国中で栽培されたにもかかわらず、結局、国の発展に役立たなかった。誤ったガバナンスが失敗の一因といえよう。

バニラが鳴かず飛ばずだったマダガスカルでは、次にサファイアが大ブームとなり、国際援助団体の注目を集めるようになった。「鉱業のガバナンスに関するプロジェクト（PGRM）」は、体質を改善した鉱業が、資源の呪いを回避し、他の業界に刺激を与えた好例である。二〇〇三年に開始されたこのプロジェクトは、従来型の非再生資源を扱う業界に、新しい方法論を導入している。対象は生態系が脅かされている国で、ユニークな生物が棲む国も含まれている。資金は、フランス、アメリカ、南アフリカ、世銀などが、負担した。到達目標は、マダガスカルの鉱業を持続的に発展させ同国の貧困を削減することで、零細及び小規模採掘や手工芸の支援が主な内容になっている。

このプロジェクトは、科学的なデータを利用し、技術陣の腕を磨かせる事で、優良な鉱化帯の発見に成功している。たとえば、地球科学のデータをコンピュータで解析している。一方で技術研修を通じてビジネスチャンスを提供している。宝石研究所が設立され地元の人は最先端の装置を特別料金で使えるようになった。奨学金制度も創設されアフリカの他地域から学生が集まり始めている。採掘現場では他の生業を求めて去る人も出始めた。もし、マダガスカルで、宝飾産業が育ったら、人々が身に付けた技術は、たとえ宝石を掘りつくしたとしても、ずっと役に立つ事だろう。この意味では、タイのチャンタブリとインドのスーラト地区が参考になる。両方とも、宝石は掘りつくした場所だが、宝飾関連の技術が生かされて、今でも商売の勢いが衰えていない。「エコノミスト」誌の試算では、マダガスカルからタイへ毎週二五ポンドの宝石が密輸され、加工されているという。マダガスカル側は損をしているのだ。インドのスーラト地区は、金も宝石もインド産を扱わないが、それでも宝飾関連で大きなシェアを誇っている。チャンタブリの商人たちは宝石の色合いを良くする加熱処理の技術を持っている。このためチャンタブリは、鉱山はないにもかかわらず、宝石取引の天国だ。これらの例でわかるのだが、投資は、地元の技術と市場をつなぐ部門になされるべきである。[41]

鉱業は骨太な一次産業だが、もっと生産的かつ多様性のある事業に変えてゆく事は、上記からすると、可能と思われる。同じようにバニラ業者も、製品を多様化する事で（ブランド物のチョコレート、アイスクリーム、エッセンスなど）、その経済効果をもっと高める事ができるであろう。栽培できないキノコと、栽培できるバニラ、再生産できないサファイアでは、ガバナンスは異なるべきなのだ。ここで、最後に、一言付け加えたい。おぞましい植民地政策と奴隷貿易が始まったのは、鉱物資源ではなく、砂糖など炭水化物の需要が一因だった。列強は、キビ、カシューナッツ、ゴム、材木など、さまざまな農園や現場で必要となる労働力を求め、フィジーからハイチに至るまで、あちこちを荒らし回った。再生可能資源には、再生できない資源と同様に、このような許し難いやり方で収奪された歴史がある。リベリアの内戦など、現代の紛争でも、ダイヤモンドだけでなく材木からの収入が使われると言われている。[42] 資源保有国は、それぞれの産品を適切に使う方法や、最小の投資で最大の効果をあげる方法を、模索し続ける事だろう。

呪いを解く

コンゴの話に戻ろう。この国から出るダイヤモンド、金、希少資源コルタン（コロンブ石とタンタル石が作る固溶体の総称）は、紛争の種だとして、国連や多くのＮＧＯから非難の的になっている。たしかに、鉱業収入が東部の反乱軍に流入した可能性はある。しかし、コンゴが話題となる数年前、隣国ルワンダでは、鉱物資源の獲得競争はなかったにもかかわらず、内戦状態となり、住民の虐殺事件が起きている。その根にあったのは、部族間対立と、国民の疲弊、はびこる社会不正だった。今、コンゴの人たちに必要なものは、資源の呪いを語る識者たちの後ろ向きな姿勢ではなく、鉱業がもたらす利益が適正に使われ、不正が行われないよう、管理と監視のしくみを作る事だろう。

アメリカ、カナダ、ノルウェイ、オーストラリアなど、経済力と高度な教育機構を持つ大国は、ある意味、天然資源を利用する事で発展してきた。多くの場合、資源産業は発展のために必要とされ、歓迎された。「サイエンス」誌は、二〇〇八年五月に、資源運命論に疑問を投げかけ「経済界のリーダーたちは天然資源が必ずしも祟るわけではない事を知るべきだ。それどころか、資源開発は、発展に持続性を持たせる重要な手段の一つである[43]」と書いている。

となると、最大の課題は、社会全体あるいは地域社会に資源が役立つ仕組みを構築する事である。資源を利用すると同時に、人々の生活を支える仕組みを損なわないようにしたいならば、市場のインセンティブ、規制、各種計画、地域社会対策を組み合わせ、効果を最大限に引き出す事が、極めて重要である。現場での試行錯誤と学習によって、この点は、理解され始めた。すでに『資源の呪いを克服して』などの学術書も出版されており、政策を分析する人たちが運命論から離れつつある事が伺える[44]。

もちろん、発展を実現するためには、環境の適正な管理、経済活動の多様化、資源関係者の安全確保など、さまざまな条件をクリアしなければならない。資源の豊かな国に関する経済については、研究者や国際的金融機関から、膨大な量の報告書が出ているが、残念ながら、それらの研究は、善き開発を可能にする代替案について詳しく触れておらず、経済成長を鈍らせたり紛争につながる可能性がある多数の因子についても、説明が不十分である。ボツワナ、マレーシア、チリにみられるように、鉱山開発に関する成功事例はあるので、鉱業を排除すべきではない。それどころか、南アのロイヤルバフォケンのように、鉱物資源のおかげで、地域社会が植民地政策の被害から免れた事すらある。三〇万人がすむこの場所は自治を認められており、地下に眠る巨大なプラチナ鉱床のお陰で、経済的に自立している。アパルトヘイトの時代を通して、ルーテル派の牧師たちが、地域住民にかわって土地の権利を守り抜いたのだが、そのおかげで、彼らは土地と鉱床を奪われずにすんだのだった。ここに世界最大級のプラチナ鉱床が見つかったのは一九二一年の事である。その権利をめぐって争いが長く続いたが、最終的には、地域住民が勝ち、プラチナは大きな収入源になったのだった。これは南アにおける自治の先駆となった。[45]

　事業者の説明責任について、国際社会が基準をより厳しくしているので、プラチナ資源が誤った経済政策の餌食になるのではないかという恐れは遠のきつつある。二〇〇七年には四一の金融機関が「赤道原則」の改定に同意し、投資に際しては、社会と環境に配慮する事となった。イギリスとノルウェイの政府は資源産業の透明性イニシアティブをリードし、資源から得られる収入の利用について、建設的な行動計画を出すよう、各国に働きかけている。ダイヤモンドの認証制度であるキンバリー・プロセスや、アースワークスやレベニュー・ウォッチ研究所、オックスファムなどが連携して金にまつわるビジネスをクリーンにする運動は、よい兆しである。[46]こうした動きを「胡散臭い」と決めつけるのは容易いが、もまれる中で、彼らは信頼を得て成熟し、成功の道を歩む事だろう。このようなガバナンスを作りこんでいくために、世界のダイヤモンドの生産と消費について、考えてみよう（図12）。資源に依存する社会の体質を改善する事はおそらく可能だが、そのためには、明確な方向付けと、創意工夫が必要である。開発に要する膨大な時間とか、大きな資本金とか、鉱山会社が行う大規模な投資の特徴についても、考察に組み込まなければならない。

アメリカでダイヤモンドが取れる場所は、州立ダイヤモンドクレーター公園で知られる南部のアーカンソー州に限られている。ここでは今でも観光客が砂礫の中にうずくまってダイヤを探す姿が見られる。ヒラリー・クリントンは、ここで取れた四カラットの黄色いダイヤで作った指輪をしている。しかし、それほどダイヤが取れるにもかかわらず、アーカンソー州は、これまで一度もダイヤや宝石の採掘に頼った事はない。この州の収入は小売業に依存している。ここで、州内のベントンヴィルという小さな町で店を始め、世界屈指の規模を持つ会社として成長させたサミュエル・ウォルトンの名前を出そう。彼の店はウォルマートだ。デビアスなどと同様に、供給ルートの透明性とか労働環境あるいは市場の独占などについて、厳しい眼差しが向けられた会社だ。活動家たちはなぜ地元に大きなメリットがないのかという点を疑問に感じている。この州の平均世帯収入は全米で四八位に甘んじているのだ。もちろん、このような心配は、どの産業にもつきものだが。

資源管理については、教科書に書けるような例が、もう一つ、アラスカ州で見られる。この州は一八六七年に七二〇万ドルでロシアからアメリカに譲渡された（この額は一エーカーあたり一・九セントに相当するが、今なら、同じ土地が一億五〇〇〇万ドルになる）。これ以降、この州は、劇的な変化をとげている。過酷な気候であるにもかかわらず、石油があるので、移住は困難ではあるが推奨されている。ここの住民は皆石油の恩恵にあずかっている。経済を長期的に安定させるため、一九七六年に制定

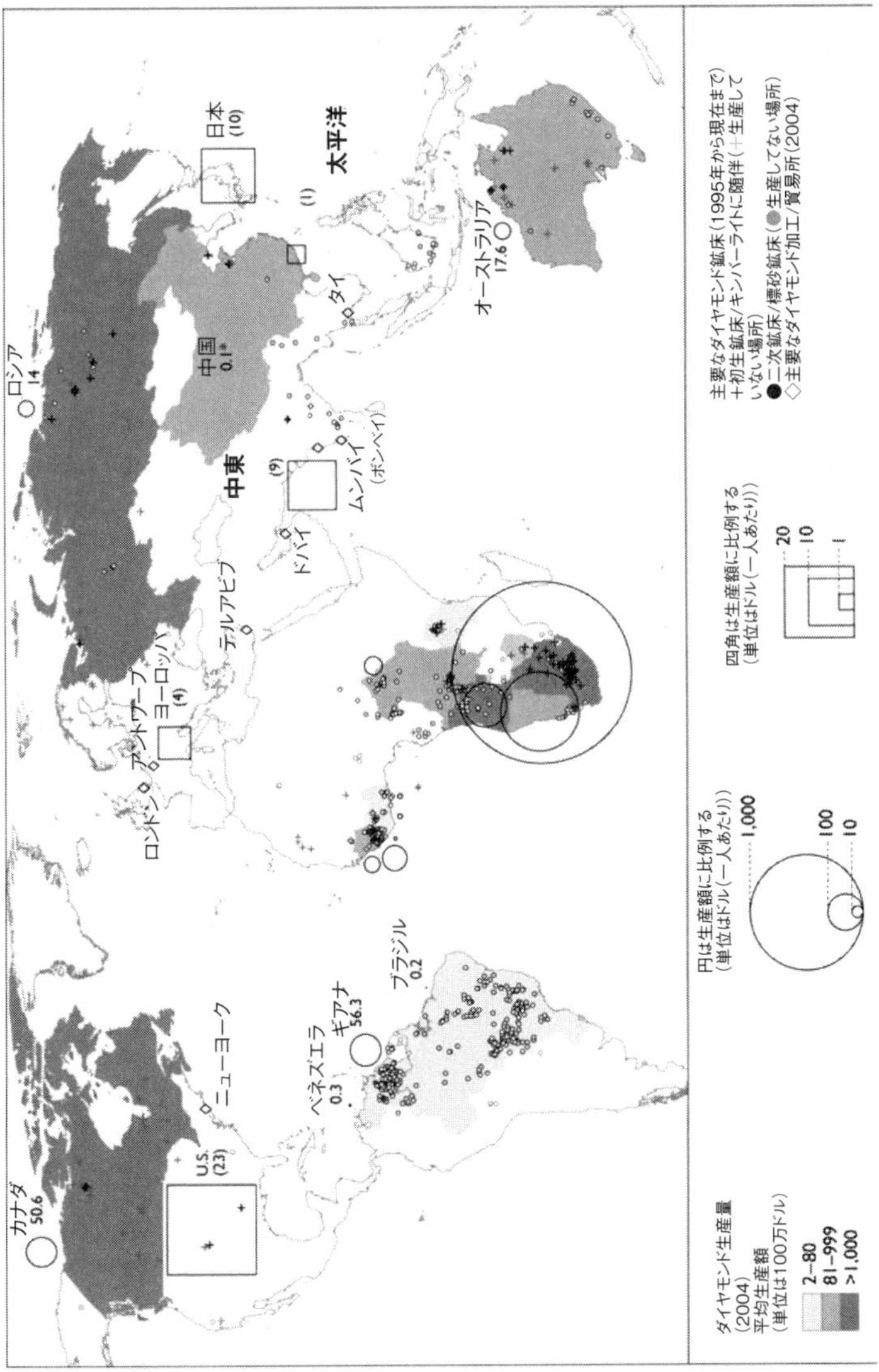

図 12　世界中のダイヤモンドの生産と消費（フィリップ・ルビリオン「ダイヤモンド戦争？　紛争のダイヤモンドと資源争奪の戦場」、American Geographers 98 [2008]、345-372）

された法律があり、石油会社が支払うロイヤルティをもとに、基金が運営されているのだ。この基金は、当初七〇万ドルであったのが、今では四〇〇億ドルにまでなっている。住民は毎年分配金を受け取る。二〇〇七年は一人当たり約一七〇〇ドルであった。この基金の最終目標は、石油が枯渇しても大丈夫なように、州の経済を多様化する資金を準備する事にある。ノルウェイ政府も似たような基金を持っており、その資産額は、二〇〇〇億ドルと言われている。ただし、このような基金は、適正な管理が必要で、透明性が求められる。ヴェネズエラでは、マクロ経済安定化基金という名前で、同じような試みが行われたが、上層部が何年にもわたって介入したため、うまく機能しなかった。(47)

資源が有効に利用されるかどうかを決めるもう一つの因子は会社の所有形態である。一九七〇年代にサウジアラビアでは、外資を導入するため、技術関連企業を私有から国有に切り替えた。慎重に交渉を進め、条件を繰り返し調整した結果、一九八〇年には、アメリカ人の会社は徐々にサウジ政府所管となっていった。外資は探査と開発の段階で重要な役割を果たすが、地域に利益を確実に分配する意味では、国有企業の方が力を発揮する事もあるのだ。(48)

天然資源を利用して、生産性の高い会社を作り、地域の生活向上に結び付ける事は、今日の重要な課題である。しかし、鉱物の価格が高騰すると、他人に採られる前に自分が採ろうと、人々が産地に押し寄せる。彼らの身勝手な質問はこうだ。「ここの資源はいつまで大丈夫かね?」。こういう時こそ開発の速度と方向性を管理する政策が必要だ。資源の呪いがかかるのを防ぐためには鉱物資源が再生産できない事を意識しなければならない。そして、最も留意すべき点は、鉱業が環境に与える負荷はどの程度か、人間の社会を支えている生態系がどのくらい被害を受けるかと言う事である。

第六章　地球の収奪とその代償

夏になると、冬とは見わけが付かないほど変わってしまった。土木工事の堰は石で埋まり、用水路と水門の箱は通路に投げ出され、尾鉱の山が陽光の中で輝く傍らには、大きな穴に巻き上げ機が落っこち、小屋は廃墟と化していた――仕事が終わったところはどこでも、クリーク全体がはぎ取られ、掘り尽くされた。洪水や火事を除けば、鉱夫より無慈悲なものはない。

――タッパン・アドニー『クロンダイクへの殺到』（一八九八）

アラスカの話をしよう。アラスカで登録された車を見つけたらプレートを良く見るといい。数字の下に「ラストフロンティア」という文字が刻まれている。手つかずの自然がアメリカ中で一番多く残っているからだ。この州には、同時に、逆説的な現象がみられる。アメリカ最大の州なのに人口密度は最小。寒冷地なのに、熱くたぎる火山。豊富な再生不可能資源と再生可能資源の共存など。そして、アラスカのもう一つの特徴は、先住民が多く、人口に対する割合が一五％を超える事だ。そのくせ他の四八州のほとんどが締結している入植者と先住民間の協定がない。このため、資源の権利について交渉ができるようになったのは、アラスカ先住民権益措置法が制定された一九七一年以降である。この法律により、先住民が所有する企業が一二、村営の企業が二〇〇誕生した。他の先住民保護区では政府の経済的援助がないと生活が立ち行かないが、アラスカでは、部族によって効果に差はあるものの、自由主義的な経済が栄えている。アラスカは、経験から学び、資源開発が生態系に与える負荷や鉱業と環境という本質的な命題に目を向けている。

アラスカの特殊性をもう一つ紹介しよう。環境庁の有害物質排出統計によると、有害物質が州内の大気、土地、水中で拡散しており、その量は全米最大である。汚染ワーストワンの記録は二〇〇一年から連続して六年も更新され、アラスカ人の肝を寒からしめた。何が汚染源だったのか？　真っ先に疑われたのはノーススロープの石油だが、そのパイプに異常はなく、一五〇〇マイル離れたヴァルデッツ港まで、無事に輸送されている事が確認された。石油がタンカーに積み込まれた時点で何か起きるかもしれないが、一九八九年に一一〇〇万ガロンの石油をプリンス・ウィリアム湾に流出させたエクソンヴァルディーズ号の事故以来、石油関係のアクシデントは極めてまれである。(1)

アラスカを全米で最大の汚染源にしてしまった原因はただ一つ、世界最大の亜鉛鉱山だ。その敷地は、一番近い石油施設から五〇〇マイル離れた北西部の荒野にあり、チュクチ海に面している。地元のパイロットが飼っていたペットにちなんで「レッドドッグ」と命名されたこの鉱山は、技術的には成功したが、環境に与える負荷については、議論の余地を残した。許可は得ているものの、鉱山は、毎年、五億ポンドもの廃石や尾鉱を積み上げているのだ。

一方で、この鉱山は、僻地に生活の術を提供している。二〇〇〇年から二〇〇六年にかけて、六〇億ドル相当の亜鉛、鉛、銀を生産したが、これはアラスカにおける全鉱業生産の八割に相当する。しかも、経営に先住民の組織であるNANAという会社を加えて、ロイヤルティを払っている。NANAは、連邦法に基づいて、コツェビューにある先住民の会社からも支払いを得ている。しかし鉱山に対する地元の感情は複雑だ。敷地から八〇マイルの所にあり雇用その他の恩恵があるコツェビューの住民と、鉱山から近いとはいえ、恩恵のない寒村に住む住民との間には、かなりの差がある。このため、いわゆる「not in my backyard（うちの裏庭には来ないで）」という考え方が、住民の間では幅を利かせている。親会社テック・コミンコも地元の会社も地域に対する配慮をしているが、ガバナンスのまずさが、環境汚染に関する議論をこじらせている。たとえば、鉱山が設備を拡大しようとした際、親会社と先住民の会社は対立したあげく、それぞれの言い分を新聞紙上で開陳した（ちなみに、設備が拡張できれば、二〇三一年まで鉱山は継続できるという）。優位に立とうとした会社は、二〇〇八年五月に、元環境担当者の名前で、会社が順守する環境上の義務を公表したが、決着はつかず、類似する紛争の悪しき前例を作ってしまった。先住民の会社も、地域の発展維持に力を傾注すべきところ、部族民から構成される運営委員会は、昔からのしきたりに縛られており、融通が利かない。

では、資源開発に反対する立場について考えよう。反対運動は世界的な潮流になっている。しかも環境保護団体によって高度に組織化されている。アメリカのアースワークス、カナダのマイニングウォッチ、オーストラリアの鉱物資源政策センターなどが、資源産業が環境に与える影響を、厳しく監視している。いくつかのグループはグローバル化に反対する勢力と結びついて国際的な投資団体の環境に対する責任を追及している。(2) また、多くの場合、先住民の権利を擁護する運動ともつながっており、開発のスピードや方法について異議を唱えている。もちろん先住民の中でも意見は多様だし、希望的観測が多すぎたり、関係者間のメリットが平等でないなど、問題はあるのだが、ウイノナ・ラデュークのような活動家の手によって、組織化されつつある。(3) また、環境や先住民に関する法律に違反した深刻な鉱害の事例があるため、彼らの勢いは増しつつある。

ニューメキシコ州とアリゾナ州にあるナヴァホ族の居住地ではウラン鉱山による被害が発生している。保護区で起きた健康被害がきっかけとなり、一九九〇年には、ウラン採掘による被害を全て補償する法律が議会を通過した。これにより、連邦政府は、放射能で肺がんその他の病気になった人に、補償をしている。二〇〇八年七月の時点で補償額は一三億ドル、そのうち五億ドルが鉱夫の手に渡った。(4) 南アでは、アパルトヘイトの時代に金山で働き、採掘の時に出る粉じんを吸って珪肺になった労働者が、最大で一〇万人はいると言われているが、鉱山会社があちこちで訴えられている。

環境へのインパクトもそうだが、鉱山は事故発生時の被害も予想がつきにくく、地元にとってはやっかいである。こんな例がある。ウランの価格が上昇した時、ナヴァホ族居住地周辺で、鉱山を再開する計画が持ち上がり、収入につながるとして、注目された事がある。しかし、事業のリスクは受容できないと、ナヴァホ族は拒否した。酋長であるジョー・シャーリーは国営ラジオに出演した際「ウラン鉱山は二度と要らない。フルストップだ」と述べている。(5) これには理由がある。ほとんどのウラン鉱山が操業を止めていた一九七九年に、堆積場が崩れ、一一〇〇トンの尾鉱と九千万ガロンの汚水が流出、健康被害をもたらした事があるのだ。この事故は公にはならなかったが、住民の間では、いまだに語り伝えられている。

「鉱業あるところ必ず環境への負荷がある。社会は鉱山から得られる利益の代償として、可能な範囲で、リスクとつきあわなければならない」という原則は今も変わっていない。環境はもとに戻せるだろうか？　出来るならどの程度にだろうか？　時間はどれくらい必要だろうか？　鉱山がくると生活はどう変わるだろうか？　将来はどうなるだろう？　社会はこうした点について、前よりも強く、意識するようになってきた。今や環境に対する配慮なしに採掘できる時代ではない。

成功の陰で

一九世紀後半、ナミビアがドイツの植民地になった時、中心的な役割を果たしたのはアドルフ・リューデリッツという商人だった。彼は、辺境の砂丘とステップで、鉱物探査に従事し、その虜になった男だ。スケルトン海岸から内陸に向かう旅の途上で彼はこう書いている。「この国が隅から隅まで鉱石で埋め尽くされていたら、そして、掘り跡が一つの大穴になったとしたら、どんなに面白いだろう！」[6]。これは環境など眼中にない侵略者の飽くなき欲望から出た言葉である。リューデリッツのような連中は掘り跡を地球の傷とは感じなかった。それどころか気分を高揚させたのだ。アフリカに残された採掘跡はヨーロッパから来た旅行者に強い印象を与えた。ヴィクトリア朝時代の小説家アントニー・トロロープは、『我々の今の生き方』という作品の中で、南アのキンバリーにある大きな鉱山について、次のように回想している。「これがキンバリー鉱山だ。人間が作った最大にして完璧な穴がこれだとすぐにわかる」[7]。

鉱業が環境に与える影響については高名な人たちも気づいていた。アグリコラは一五五六年に出版された『デ・レ・メタリカ』の中で「鉱業が批判されるのは土地を荒らすからだ」と書いている。環境の軽視は旧大陸に限らない。アメリカ大陸でも環境破壊は目撃された。カリフォルニアのゴールドラッシュでは、金を抽出するのに水銀が使われ、使用後は捨てられたため、今もシエラネバダ山系に残留しているが、ある推計ではその総量は一五〇〇万ポンドと言われている。金を含む土に水を高圧でふきつけて採掘（水力採鉱）を行った場所では一五〇億立方ヤードの土石が失われた。この光景を目撃したある人は次のように書いている。「ここのやり方と言うのは、たとえて言うなら、捕まえた姫君の指を切り落として宝石を奪うようなものだ」[10]。しかし、法律が十分でなかった時代の蛮行が、少しずつではあるが、知られてきた事は幸いである。水力採鉱は、川の水を汚し、河床を底上げし、周囲を洪水から弱い場所にし、結果として、農業に被害を与える。このため、農民側が何度も訴訟を起こしているが、一八八四年に、サンフランシスコ地裁で、裁判官のロレンゾ・ソーヤーが画期的な判決を出した。判決では水力採鉱は「公私ともに認められない」と言い渡され、水運のある河川に流れ込む支流での作業が禁じられたのだ。ただし、議会は、一八九三年にカミネッティ法を通し、底質をかき乱さないなら水力採鉱を行ってもよいと軌道修正した。

一八九三年までにウイスコンシンでは「鋸屑、ライム、その他汚物」を水路に投げ込むなと言うルールが成文化されていた[11]。アメリカで初めて最高裁まで行った環境関係の事例は一八七八年に始まった鉱害裁判である。訴えられたのは炭鉱で、理由は原告の所有地に流れ込む小川の汚染だった。訴えたのはペンシルバニアのスクラントンに住むガーディナー・サンダーソンとエリザ・サンダーソンの二人である。七年後に最高裁の判決が下った時は炭鉱側に有利な判決だった。判事たちは、環境破壊を「特定の人物に軽微な不利益を与えるもので、町全体に益する事業より優先順位は低い」ととらえ、「より大きな便益」が優先されるべきと考えたのだった。しかし、約一〇〇年後、国立科学アカデミーは、鉱山が稼行した場所、特に露天掘りについて研究を行い、「国のために犠牲になった場所」と宣言した。

鉱業は、はじめは小規模だったが、二〇世紀になると大規模になり、それに伴って、環境への影響も大きくなっていった。人間が作った最大の穴はユタのビンガムキャニオン鉱山にある。一九〇六年から掘り始め、今や深さは一マイル、広さは二・五マイル四方、総面積は二〇〇〇エーカーにも及ぶ。これは人間の力で景観を変えた実例だが、実際に行ってみると、「ここまでするか」という気持ちと「大したもんだ」と言う気持ちがないまぜになる。参考までにグランドキャニオンと比較しよう。こちらは深さは同じく一マイルだが、コロラド川が断層沿いに、六〇〇万年かけて浸食してできたものだ。ビンガムキャニオンの方は一〇〇年たたない。露天掘りの影響は捨てられた廃石の量から推定できる。鉱石の種類によって廃石の量は違ってくるので影響も回収された鉱物の種類によって異なってくる（図13）。その上、水理、浸食や陥没、粉塵が影響する。費用便益分析をするならこれらすべてを考慮に入れなければならない。

通常、鉱石は地中に埋まっているので、掘りださなければならない。坑道を利用する採掘法（坑内掘り）の場合は、地表面のダメージが露天掘りほど大きくないが、汚染は同じように心配だし、事故と言う点ではリスクが高い。

鉱山は、掘り出した鉱石を処理して、有用な部分だけを残す。処理には物理的なやり方と化学的方法がある。石炭や砂利あるいはダイヤモンドの場合は物理的な方法を使う。洗ったり比重の差を利用して鉱物を分けるやり方だ。レーザーやX線の技術を使う事もある。金属の場合は製錬あるいは選鉱という処理を行う。これらは溶剤を使う湿式法と溶鉱炉を使う乾式法に細分される。不純物を取り除くため、この後に、浮遊選鉱や化学反応を利用した処理を行う事もある。さらに純度を上げるため酸を溶媒とした電解を行う事もある。

製錬の過程で出た廃棄物は尾鉱と呼ばれ、通常、堆積場に保管される。堆積場は広さが必要で採掘場より大きい事もある。石油のような液体を精製する時は採掘現場から離れた精製場で行うが、パイプライン、タンカーあるいは車で運搬する事になるので、これもまた、環境に負荷がかかる。タールサンドの場合は、砂からビチューメンを分離するのに、特殊なプロセスが必要で、水を大量に使う。使用後の廃水が溜まり水になると、動物たちが湖と勘違いするので、有害である。二〇〇八年の五月、アルバータのフォートマクマレーで、五〇〇羽のカモが死んだ。廃水にやられたのだ。この事件の後、アルバータの石油はあちこちでボイコットされた。また何人かの市長たちが声明を発表する事態となった[12]。

アパラチア山脈では山全体をはぎ取ってしまう大規模な事業が問題となっている。かつて坑内掘りを行った場所を露天掘りで再開発し低品位な石炭を回収しているのだ。ここでは、長らく炭鉱で働いてきた鉱山一家ですら、こんな掘り方をしていいのかと不安の声をあげたほどだ。ここでは地域住民の意識の低さもあって環境は悪化する一方だった。アパラチアにおける開発の遅れを数十年にわたって調査した社会学者たちによると、不公平な富の分配が原因で、教育が行き渡らない状態であったと言う。また、

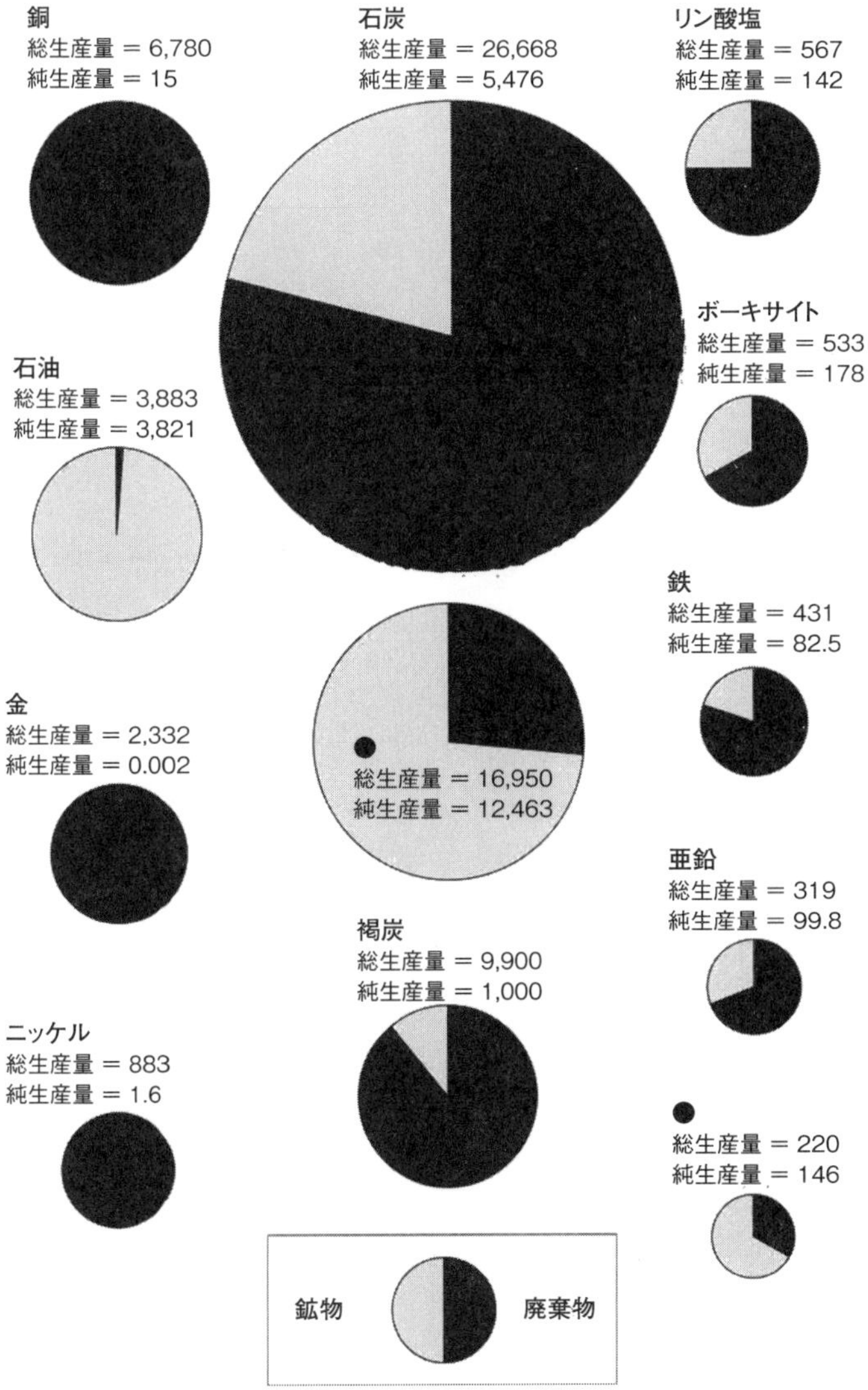

図13　世界の鉱物生産量と廃棄量。 数字は百万トン単位。
（イギリス、マンチェスター大学地理学科のナイジェル・ローソンによる取りまとめ）

教育がないため、住民は環境破壊に声を上げる事ができないばかりか、数十年にわたる不況を目の前にして、なす術がなかったそうだ(13)。

こうした逆境の中、西バージニアはコールリバー出身のジュディ・ボンズという人が、露天掘りをやめさせる戦いに挑んだ。一〇代にわたり石炭を掘ってきた家系を出自とする彼女だが、環境破壊が進むのを見て、黙っていられなくなったのだ。採炭はやめるべき時だと彼女は考えた。当時、簡単に採掘できる場所はすでになく、残った場所は、環境を破壊してまで採掘するほどの価値を持っていなかった(14)。また、採掘後に出た廃石と尾鉱を保管するため谷ぞいに作られた堆積場のせいで、水の流れが変わるとともに、環境が悪化した。ボンズは一九世紀後半に活動した労働運動の大家メリー・ハリス・ジョーンズを彷彿とさせる。マザー・ジョーンズとして知られるこの女性は、アパラチアの鉱夫たちの権利を守るために戦い、西バージニア州のレジー・ブリザード検事から「アメリカで最も危険な女」という綽名を献呈されている。それは言い過ぎだと思う人がいるかもしれない。しかし妥協の先は生態系の崩壊しかないという場合があるのだ。長い目で見て、生活が脅かされるようなら、政治や法律を利用して戦うしかない。ジュディ・ボンズには、二〇〇三年、有名なゴールドマン環境賞が与えられた。この賞はグローバルな活動に対して授与されるものだ。

アパラチアでは、ボンズが創立に関わったコールリバー・マウンテン・ウォッチというグループが、法廷闘争を行っている。しかし、裁判に関する経験が未熟なため、国内グループだけではうまく戦えない地域も多い。そこで、国際的な連携が不可欠となる。また、それによって、国境を超えた責任問題に取り組む事が可能となる。パプアニューギニアのオクテディ金銅山は国際問題になった代表格だ。オーストラリアにある親会社がやり玉にあがったが、会社は騒動を収めるのに二八〇〇万ドル以上を必要とした。数年後、会社は環境破壊を起こした事と、現在の基準からはずれた行動であった事を認めた。この紛争では「環境や住民に深刻な被害が出ている時、研究者はどのように介在すべきか」という点が問われた。鉱山には長年にわたって人類学者が関わっていたのだ。スチュアート・キルシュは『逆人類学』という著書の中で、純真な部族と鳥の楽園に入り込んだ鉱山と言うイメージでもって、この問題について考察している。(15)

適切な措置を講じないと、鉱業は自然だけでなく、近隣の地域社会をも傷つける。ブーゲンビル島のニューギニアでは太平洋地域を代表すると言っていい紛争が起きた。この事例は、ドキュメンタリーになり、単行本になった上、ハーバードビジネススクールの教材にまでなっているが、鉱山、島民、政府の関係が複雑に入り組んでおり、責任の所在はあいまいである。しかし、鉱業の中止を平和交渉の中に組み込んでほしいと地元が要望した事実からは、鉱業が何重にも負荷を与える存在である事が読み取れる。(16)適切な対策を持たないところに鉱業が導入されるとどうなるについてかは、ボリビアの錫鉱業を研究したジュン・ナッシュの報告も参考になる。彼女が書いた『鉱山を食べ、鉱山に食べられる』は、鉱山と労働者の複雑な関係を描いて、社会人類学の古典になった。三人がなくなった事故の後、彼女が思い出したのは、オルロの町で見た安全祈願だったと言う。その儀式では、ラマが屠殺され、鉱山の富を司る丘の精スペイに、「いつまでも鉱脈を与え、我らの生活を守りたまえ」と祈りが捧げられた。(17)鉱物資源と人間の関係は複雑だ。鉱夫や労働者の話から学ばなければならない。

鉱夫の鳥

イギリスの産業革命を可能にしたのは鉱山だが、坑内で働く労働者を見たフリードリヒ・エンゲルスは、彼らを鉱山プロレタリアートと呼び、次のように書いた。「これほどさまざまな死亡事故がある職業は、大英帝国広しと言えど、他にはないだろう。炭鉱には悲惨な事故が頻発しているが、これは、わがままなブルジョワのせいである」[18]。このように、共産主義の元祖たちは、早い時期から鉱業の安全性や健康被害について書いているが、彼らのイデオロギーが実現した東欧やロシアでは、鉱山労働者の境遇は悲惨だった。皮肉なことだ。規模が比較的大きい産業は労働の安全性確保を当然としているが、資本主義も共産主義も、鉱山（特に炭坑）の安全については、恥ずべき過去を持っている。

一九二〇年代の最盛期に、イギリスの鉱山には七一万八千人の労働者がおり、大きな政治力を持っていた[19]。しかし、労災、特に坑内の事故は防ぎ難く、色々なケースが発生した。まず、酸欠が挙げられる。これには、酸素そのものが欠乏する場合と、肺に酸素が届くのを妨害するガスが発生する場合がある。初めのころはカナリアをガス検知の道具として使っていた。今では伝説になっているが、メタンや一酸化炭素の発生を知るために、カナリアを坑内に連れて行ったのだ。一九一一年から一九八六年までの統計によると、この小鳥は、イギリス中の炭坑で、数千人の命を救ったようだ。人間の健康や安全確保と環境保護や動物愛護がぶつかる古典的な事例である。

酸欠に加えて、鉱夫たちは、炭塵爆発にも神経をとがらせていた。これは坑内で発生したガスに照明が引火する事故だ。付近にダイナマイトが保管されている事もあり、その破壊力は想像を超えるものだ

図14　1930年にドイツのアーヘンで起きた採掘事故（ドイツ鉱山博物館、ボーフム）

った。地表の施設が丸ごと吹き飛ばされた事もある。図14はドイツのアーヘンで起きた事故の写真だ。一九世紀初頭、坑内の照明は、蝋燭とランプだったため、火災はつきものだった。火災の後はアトガスの危険が付きまとっていた。これは火災で発生した有害な化合物をあびる事故だ。安全なランプが発明されてから、やっと、坑内作業は安全になり、効率も上がって、炭坑は躍進を遂げた。コーンウォールの科学者であったハンフリー・デイヴィ卿は、最も安全なランプを発明したが、特許を取ってその価格が高騰すると、鉱夫たちが買えなくなるので、申請しなかった。この話は今も語り伝えられている。

坑内労働の現場には他にも独特な問題がある。一つは病原菌の発生だ。狭い場所で多数の人間が働くため病原菌が繁殖しやすいのだ。しかし、それ以上に鉱夫の体を蝕んだのは、掘削時に吸い込む粉塵だった。坑内の空気や熱が状況を悪化させた。この種の病気で特筆すべきは肺病だ。一般的には鉱夫病という。これはさらに結核や肺炎を引き起こした。

炭鉱で働いたのは大人だけではない。ヨーロッパじゅうで子供が使われた。体が小さく狭い坑道でももぐりこむ事ができるからだ。暗い坑内で長く働くと、ビタミンD不足になる。これは日光がないと体内で生産できないビタミンで、骨の発達に影響を与える。このため炭坑の子どもたちはくる病になった。二〇世紀初頭、炭坑のある集落では、概して、日照が不足していた。モネら印象派の画家たちがインスピレーションを得たロンドンとマンチェスターの曇り空もくる病をはじめとする病気の一因だった。一九一八年にイギリス政府が出した報告書によると、工業地帯に住む人は、少なくとも半分以上が、くる病に罹っていた。報告書は「これは、おそらく、最も競争力を落とす要因だ」[20]と書いている。炭坑では、子供に加えて、女性が働く事も、世界に共通する特徴だが、男性に比べて補償を受けた割合は少ない。今でも発展途上国では鉱業におけるジェンダーの差別が大きな課題である。[21]

鉱夫の置かれた状況については、色々な組織や慈善活動家によって、一八三〇年ころから調べられていた。イギリスの炭坑は植民地の圧政や奴隷制とたびたび比較されている。リーズの荘園管理人だったリチャード・オースターは次のように書いている。「黒人や植民地解放について指導する人たちは、心あるならば、ここに住んでみるべきだ。そうすれば、ヨークシャーの町で、神の似姿であるべき何千人と言う男女が、奴隷のような暮らしをしている事がわかるだろう」。劣悪な環境に置かれた労働者の様子に気づいた社会科学者も研究に乗り出している（環境面の被害を把握するため詳細なアンケートが作られたのは、おそらく、この時が初めてだ）。国王が指名した調査委員会も、炭坑の現状について調べ、一八四二年に報告を出している。[22]

大規模な鉱業が始まって以来、労働者の健康と安全を懸念する声は、日に日に大きくなって行った。今でも南アの金山では作業現場が地表から一一五〇〇フィートの深さに達する例がある。金の価格が上昇すれば坑道はさらに深くなるかもしれない。また、こうした場所では、機械の故障があると、閉じ込められてしまう危険がある。事実、二〇〇七年に、南アのハーモニーゴールドマイニング社のエランズランド金山で停電が起きた時、三二〇〇人が二四時間以上、現場から脱出できなかった。現場が極地方だったり高地だったりする事もある。チリのある鉱山では、労働者が、標高一五〇〇〇フィートの現場と四八〇〇フィートの寮を、毎日往復するため、慢性的な低酸素症にかかっている事が確認されている。[23]

鉱山では作業する人同士の距離が近いため伝染病も発生しやすい。歴史をさかのぼると性病が多い。家族から離れて何週間も何ヶ月も暮らす鉱夫は性の誘惑に弱い。最近は、家族で住む施設を用意する、あるいは、一週間から一〇日くらい家族のもとに帰れるシフトを組むなど、会社の配慮があるので、性病は減っている。しかしながら、アフリカではＨＩＶによるＡＩＤＳの蔓延する現場があり、たとえば、ガーナを代表する企業アシャンティ・ゴールド・フィールズは、毎週、給料袋にコンドームを同封している。これで罹患率が七五％減少したと言う。[24] また、南アでは、地域社会が自発的に作った組織が功を奏したという。[25]

宝石や金の乱掘を行う現場では放置された掘り跡から蚊がわいてくる。このためマラリアやデング熱が流行っている。[26] また採掘が終わっても残った重金属の与える影響には注意を要する。ヨルダンでは古代ローマ時代の銅山跡から出る汚染物質が周囲のアカシアに蓄積されている。[27] 興味深い事に、環境に対する意識が低いにもかかわらず、その頃、すでに、健康と安全に関する規則は存在した。ポルトガルに残るローマ時代の廃宰捨場跡から、一九世紀に出土した青銅板には、帝国が鉱業法を一世紀には持っていた事が記録されている。たとえば坑内の残柱を採掘する事は安全上の理由で禁止されていた。しかし、反乱が増えるに従って、鉱山の労働条件は悪くなり、罰金刑の代わりに鉱山に送られる（damnation ad metalla）という事例も生まれた。[28]

健康への影響とは別の懸念もある。地震学者たちは、地下深部での採掘や削岩作業が、地震を誘発するかもしれないと言っている。インドネシアのジャワ島中央部では、二〇〇六年に泥火山が噴出、五万人以上が避難する騒動となったが、その原因は天然ガスの採掘にあるとみられている。初めは地震のせいだと思われていたが、詳細な調査の結果、ガスが火山帯の泥層に突然流入した事が原因と判明した。[29] インドネシア政府は、被害補償および環境修復のため三兆八千億ルピア（四億六〇〇〇万ドル）支払うよう会社に命令した。

鉱山は危険であると長く大げさに言われてきたが、労働環境を安全にする努力は少しずつ実っている。ただし、そんなに多くはないと言っても、坑内での事故はあるので、犠牲が出た事例を人々は思い出し、不安感を募らせる事になる。

アパラチア山系では、二〇〇六年に悲惨な事故が三回も起き、アメリカ中の同情を呼びおこした。当時の大統領はブッシュだった。彼は一般教書演説で「（アメリカは）石油に依存し過ぎだ」と述べ石炭の増産を呼びかけたが、残念ながら、環境と社会に関する政策は、予防的ではなく、その場しのぎだった。鉱山業界の体質を改善する法体系はあわてて整備された。サゴ鉱山が事故を起こし、一二人が亡くなった直後、つまり二〇〇六年の一月二三日、上院は安全面についてヒヤリングを実施したが、政府はあまり熱心ではなかった。たとえば、鉱山安全健康署の署長代理ディヴィッド・ダイは、二時間余りの会合の前半で早々と退席した。上院委員会の議長をしていたアレン・スペクター共和党議員が途中退場しないよう頼んだが、ダイは、「去年の一一月から続いているコロラドの鉱山火災など、うちには優先しなければならない仕事がある」と答えた。同じ年の三月一日に次のヒヤリングが開催されたが、業界にとって厳しい質問が出始めると、下院のチャールズ・ノーウッド議長は閉会し、会場では怒号が飛び交った。[30]

このような偏狭さは、鉱物資源や環境の問題、あるいは職業病に対する政策担当者の警戒ぶりを表していると言えよう。事故のデータは政治目的で操作される事がある。その一端がうかがえる研究を紹介しよう。ケン・ワードという人はチャールストンの官報を調べ、一九九六年から二〇〇五年までの間に、炭坑の死亡事故は二九七件、死者は三二〇人である事を確認した。鉱山安全健康署は当初一四〇〇万ドルの罰金を会社に科したが、その後の裁判では、確たる根拠もないのに、科金がかなり減額されている。たとえば、一三人が死んだアラバマのジム・ウォルターの第五発破では、罰金四三万五千ドルのところ、裁判では三千ドルに引き下げられている。法令順守が完全に実現するのはまだ先になりそうだ。しかし、それでも、アメリカは、他の国に比べると、はるかにましだ。世界全体を考えると、環境汚染と健康、労働安全の問題は、鉱業が盛んな場所との比較や、消費動向の分析を考慮に入れて、検討しなければならない。

龍の糞

ヴェネズエラの元鉱山大臣であるホアン・パブロ・ペレス・アルフォンソは、石油が引き起こす騒動にうんざりして、石油の事を「悪魔の小便」と言ったそうだ。(31) 近代産業が消化した末に吐き出す二酸化炭素なら「悪魔のげっぷ」となるところだ。世界中で掘られている鉱物資源に対しても似たような喩を考える事ができよう。

中国人は魔物を絶対悪とは決めつけないようだ。たとえば、想像上の動物である龍は、ヨーロッパでは火と硫黄を操る邪悪な存在だが、中国では力をくれるめでたい動物で、前進のシンボルとされている。龍を刺繍した軍旗を掲げて戦った満州族は、清を建国後、龍を国のシンボルとした。今でも中国が国の成長を説明する際「跳躍する龍」を用いるのもうなずける話ではある。しかしながら資源をむさぼるこの大国の影響は見過ごせない規模になっている。(32)

中国では、近代化が始まった当初は、国産の鉱物資源が使われていた。毛沢東は国を発展させる物資として国産資源を重視していた。ジュディス・シャピロは、著書『毛沢東の資源戦争　中国の革命と環境問題』の中で、この共産主義のリーダーが、雲南の首都昆明から二〇〇マイル離れた所にある攀枝花《パンジンファ》鉱床がフルに開発されるよう、自分の印税を寄付した話を紹介している。(33)

インフラ整備の主役は製鋼に使われる鉄鉱石だ。銑鉄と粗鋼では中国が世界一で、その生産量は世界第二位の日本、三位のアメリカ、四位のロシアを足したより大きい。(34) 製鋼はかなりの電力を消費する。したがって、電力の六六％を製鋼で使ってしまう中国では、石炭増産が急務だ。

中国では鉄鉱床がみつかると、思いもよらぬ事が起きる。たとえば安徽省では、釣り竿の先に磁石を付けた地元民が川岸に群がり、近くの鉱山から流されてくる捨石の中から、鉄を取ろうとした。彼らは、価格が上がった時に鉄を売り払えば、漁業より高い利益を得られると踏んだのだ。[35]

中国の消費動向は、インフラ整備で使う鉄と鋼の量や、大型プロジェクトが与える環境負荷を用いて報告される事が多い。しかし、生産関連の情報は、環境への負荷以外については、何も語らない。二〇〇二年から二〇〇七年の間に中国の生産量と世界の生産量の比は倍になった。ただし、最近は、環境と地域社会への影響を考えた政府が工場の稼働を抑え気味にしており、また、資源が枯渇しつつあることもあって、これから生産量は頭打ちになるだろうと言われている。ついでに言っておくと鉱石の品位も下がってきている。高品位鉱石を掘れる大企業の生産量は全体の二割にすぎない。残りの八割は優良鉱を選別せずに掘るしかない中小規模鉱山から出ている。

中国の鉱山では労働災害が頻発している。炭坑の場合、事故発生率は、世界平均より一桁高い。たとえば、アメリカのエネルギー技術研究所が二〇〇六年に調査した時には、中国の炭坑の死亡率は二〇〇から二五〇倍にものぼる。[36]この事態を解決するには、鉱業法の改正や二三〇〇〇ヵ所に及ぶ小規模炭坑の閉鎖が必要と言われている。また、安全性向上への投資として、二〇〇七年から二〇一一年に、六〇〇億ドルを要すると言われている。[37]国連開発計画は、このような炭坑の安全を向上させるため、安徽、貴州、河南、遼寧、山西の五省で、一四四〇万ドルの規模を持つ教育・訓練プロジェクトを開始している。[38]二〇〇八年に出た公式の資料は、こうした取り組みが功を奏して事故率は二〇％減ったとしているが、労働組合は否定している。[39]

安全と健康面で進展はあるようだが環境面の問題は、二つの理由により、まだ解決されていない。第一に、鉱山から出る汚染は鉱種によって異なるので、データが得にくい。次に、存在するデータは研究者がアクセス可能な場所で取ったものにすぎず、汚染源で得たものではない。データが取れる場所には複数の汚染が存在するので測定結果は複合的である。このため特定の汚染源にたどり着く事は容易ではない。鉱山が多く、生物多様性を守る上で重要といわれる雲南省東南部では、このような問題が報告されている。

雲南省では、農業がＧＤＰに占める割合は下がっているが、農地そのものは増えており、環境破壊が懸念されている。ある研究によると、一九六〇年から二〇〇三年の間、収量を増やそうとした農民が、以前の九九倍の量の農薬を使った。殺虫剤も二倍使った。鉱山からの汚染に農薬の汚染が重なったため、この地域の河川や湖沼が受けている被害は、その状況を整理する事が難しくなっている。[40] 影響の大きい汚染原因を突き止め、政策の改善や実践につなげるためには、汚染源から出る廃水と河川水を慎重に監視する事が必要だ。

環境に関連して懸念されるのは大小の金山だ。中国には、一一世紀の宋時代から金を採ってきた歴史があるが、共産主義一辺倒だった頃、金鉱採掘は党の方針に反する奢侈として禁じられていた。しかし、この二〇年ほどで経済改革の流れができた事もあって、金の価値は再認識されている。需要が二三％も伸びた結果、中国はインドに次ぐ金の消費国になっている。また二〇〇七年には世界最大の産金国となった（一九〇五年からずっとトップの座にあった南アを抜いた）。中国ではどこでも金を抽出するのにアマルガム法を用いるが、この方法は水銀を使うため、蛋白源である淡水魚への影響が心配されている。

水銀を回収する技術がある大企業では金一オンスあたり〇・七九オンスの水銀を放出するが、中小事業者の場合は、一オンスあたり一五オンスも出している。[41]

水銀を使わない鉱山では青化処理が行われるが、これはこれで、環境に影響を与える可能性がある。青化物は太陽光にさらされると割と早く分解するのだが、分解する前は毒性があるので、管理を誤ると大きな害をもたらす。最近、中国では、何件か事故が起きている。二〇〇七年の九月、河南省の金山で、深さが六フィートある青化溶液の貯水槽の上に建てた小屋が崩落し、九人が亡くなった。亡くなった人たちは、陽平鎮で死亡したある若者の葬儀について相談していたというから気の毒なことだ。前日、この若者は両親と喧嘩をして飛び出し、廃屋で一夜を過ごそうとしたらしい。ところがその廃屋には青化物のガスが充満していたのだ。[42]こうした事故は頻発している。二〇〇四年に、北京の怀柔区にある金山でシアン化水素のガスが漏れた時は、三人が死亡、九人が入院した。三年後には、河南省でシアン化ナトリウム溶液が一一トンも漏れ出し、洛河に流れ込んだ。[43]

星の数ほど鉱山がある中国では閉山についても長期的な戦略が必要になっている。長い間鉱業に依存してきた地域は、いつごろ資源がなくなるか見通しを持ち、閉山後の計画を立て、徐々に収入源を変えてゆかなければならない。[44]

こうした計画がないと、鉱山会社は汚染を放置して逃げてしまうし、地域には経済を支える事業がない事態となる。中国の水銀を例に考えてみよう。中国は貴州、山西、河南、そして四川省を中心に、六〇〇〇年間、水銀の採掘をしたが、二〇〇一年に中止を決定した。水銀採掘のメッカであった万山《ワンシャン》には、水銀を採った後に出る焼鉱やズリが一〇〇トン以上残されている。そして周辺では土壌中の水銀量が政府の定める許容量の一六から二三二倍にもなっている。また、閉山後六年たっても、周囲の水系の濃度は上昇している。水銀は生態系に入り込むので、この地域では、穀物中の水銀含有量も高い。[45] しかし水銀濃集のメカニズムは不明である。何か新たなプロジェクトを始める事になったら政府が除染をしなければならないだろう。

今世紀の中国では鉱山がまだまだ増えると予想されるが、今までのようなやり方は許されない事を肝に銘じなければならない。鉄鉱石に関して言うと、六〇七億トンが採掘可能と政府は見積もっているが、技術が進歩すれば、採掘できる量は一〇〇〇億トンになると言われている。国土資源部は鉱床探査に先進国レベルの新手法を用いているが、これで、二〇一〇年までに中国の銅の資源量は二〇〇〇万トン増、ボーキサイトは二〇億トン増になると期待されている。[46] これから始まる新しいプロジェクトは生態系の危機を招かぬよう慎重に計画する必要がある。

中国で鉱山会社の環境保全能力を強化するには、まず、監督官庁をフルに活用するべきだ。二〇〇五年から二〇〇八年の間、国土資源部は、無許可操業を六五〇〇〇件以上、非認可の探査事業を一〇〇〇件、鉱業権の違法な譲渡を一三〇〇件、それぞれ摘発した。また八〇〇〇におよぶ違法鉱山を閉鎖した。[47] 違法操業は文化財にも影響を与えている。たとえば、二〇〇八年二月に、遼寧省で二六人が逮捕されたが、その容疑は、六〇〇〇年前と推定されユネスコ世界遺産の最終候補である新石器時代の遺跡を破壊したというものだ。二〇〇八年の前半には、チベットの僧侶たちが抗議した事を受けて、山西省と四川省にある仏教の聖地で、鉱業が禁止された。[48]

中国では、零細及び小規模な採掘《アーティヴァル・アンド・スモール・スケール・マイニング》が無視できない存在だ。従事する人が六〇〇万人もおり、その管理のために、一貫性のある政策が必要とされている。二〇〇五年にカナダの研究者が出した推計では、そこから出る鉱石の割合は、次のようになっている。ボーキサイト七五%、マンガン六五%、燐酸塩五一%、石炭四三%[49]。零細及び小規模な採掘を産業として育てる動機はあり、たとえば、イギリス政府と世界銀行の支援でCommunities And Small-scale Mining(CASM《キャズム》)という国際的なネットワークができている。このグループの中心にいるのは中国科学アカデミーの研究者である。彼らは零細及び小規模な採掘が環境と社会に与える負荷を軽減するとともに、生計の手段となるよう、その潜在能力を引き出そうとしている[50]。

一次産業の中でも鉱業は中国をオリンピック主催国にまで高めた立役者だ。中国製品の氾濫ぶりはこの国の考え方を表しており、同時に、この国がいかに物質主義になったかを示している。世界のどこにでもある中華料理店につきものの龍は中国文化の力を象徴しているようだ。しかし、資源の消費は(基本的な食糧も含めて)環境に負荷を与える。世界最大の人口を抱える中国は鉱業をエコな方向へ向けて牽引しなければならない。

枯渇を防ぐ対策

資源経済の中心的な課題は「資源が無限ではない事実の前で、現在と将来、何が採掘できるか?」という事だ。この難題に取り組んだ人の中ではハロルド・ホテリングが有名だ。統計の専門家であった彼は、採掘コストや企業の数で決まる価格を想定して、数理解析を行い、早くも一九三一年には、「枯渇に至る最大速度」を計算している。この計算では不確実性を扱うため「割引率」が使われた。これは、今の価値と将来の価値を比べる指標で、複数の世代にわたって資産を扱う。つまり彼は「親の世代が子孫の時代の資源を評価できる」と言う前提に立って計算をしたのだが、新技術が次々と出てくる現代社会の環境問題を考察するには、不十分な点がある。将来の事はわからないが、代替品などの新技術が出てくるスピードと、資源が枯渇するスピードは、拮抗するのが理想であろう。

資源採掘が環境に与える影響を説明するため経済のメカニズムを研究する経済学者たちを困らせるのは市場の複雑さだ。これは、おそらく、生態系の出すシグナルに、人類がうまく応答していないためだ。著名な開発経済学者であるパーサ・ダスグプタ卿は次のように述べている。「製品とサービスを次の製品やサービスに転換する過程が線形である時には市場はうまく機能する。しかし、生態学者にならって、生態系のストレスや限界値を考慮に入れると、非線形なプロセスを扱う事になる。たとえば、地域の資源が枯渇しかけても、市場は警告を発する事ができないかもしれない[51]」。

右で述べた事は、人口一万に満たない太平洋の小島ナウルで、現実のものとなった。ここには世界有数の燐鉱床があるため、長い間、鉱業が盛んだった。しかし、ドイツとオーストラリアからやってきた入植者たちには計画性がなく、しかも、燐のみに頼ったため、島の経済を大混乱に陥しいれた。島の失業率は九〇%以上だが、鉱業が自然を破壊しつくしたため、他の産業を興す事はほぼ不可能な状態だ（図15）。雇用が創出できず住民の収入を補償できない政府は、困ったあげく、二〇〇八年まではオーストラリアの違法移民収容センターを受け入れる事にした。その代り、オーストラリア側は、燐鉱石の採掘で破壊された自然環境の修復に同意した。これで島の経済は修復事業に依存する事となった[52]。

経済学は、価格メカニズムを分析し、消費にまつわるさまざまな問題を扱う科学である。しかし、この星を維持する生命機能は、単に外部因子とされ、考察の中心に置かれていない。つい最近まで、「自然の価値を算定しよう」などと言うものなら、経済学者から、環境ヒッピーだの新マルクス主義者だの、レッテルをはられる危険があった。経済学の主流派は厳密に決まる伝統的な価格ルールからはずれる要素を嫌う。今までに彼らが関わったのは大気汚染防止を目指した排出許可だけで、これとても、傍流の幕間劇とみなされたのだった。

今の社会に必要な事は、排他的な空気を改め、異端視された研究者を登用して、エコロジー経済学を、本流の経済学といっしょに、育てる事であろう。ハーバード大学にいたシュンペーターの薫陶を受けたルーマニア系アメリカ人の経済学者ニコラス・ジョージェスク・レーゲンは、あえて、物理学や生物学を取り入れている。一九七一年に出された『エントロピー法則と経済過程』は資本主義における物理的な制約要因を考察した最初の著書だ。シュンペーターはこの要因を「創造的に破壊するプロセス」と呼ぶ。しかし、一時期、伝統への挑戦は共産主義者のシュプレヒコールと同じようにあしらわれ、同

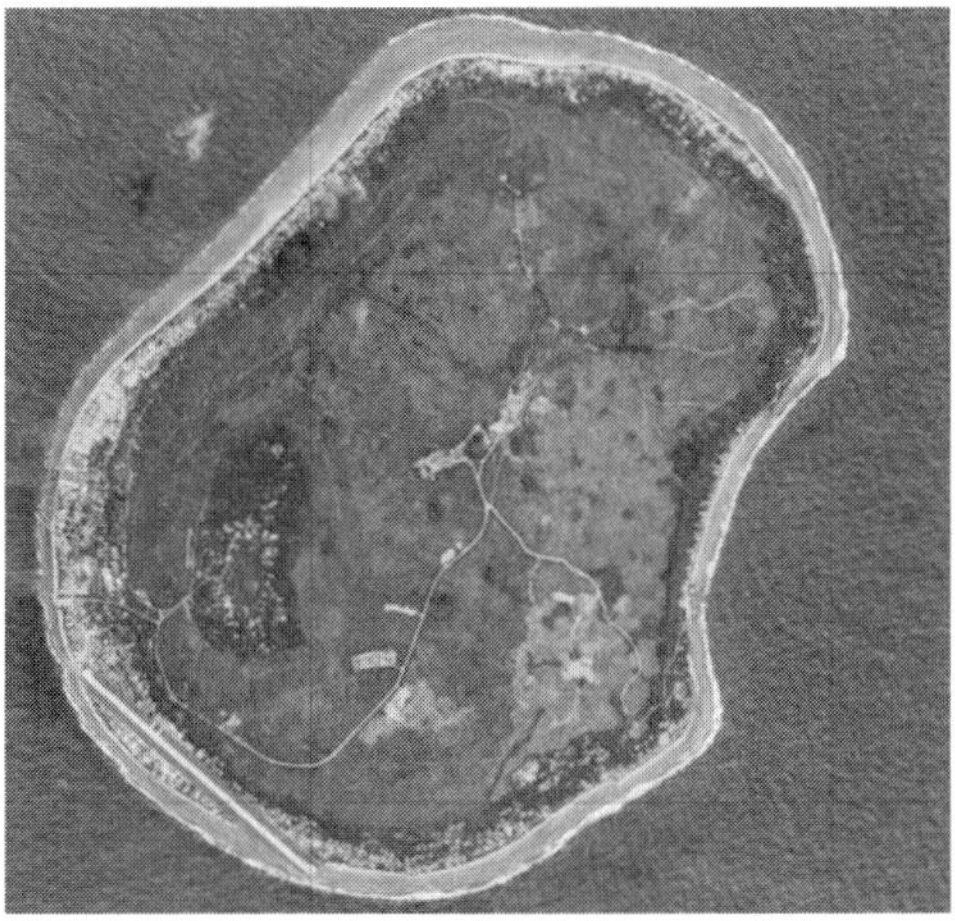

図 15　南太平洋の島国ナウル。
島の中心部（白い部分）は、荒廃した採掘跡。
（Digital Globe-Google Earth、Alternatives 35、no.1 [2009]：34 に掲載）

様なアイデアはほとんど受け入れられなかったし、E・F・シューマッハーが一九七三年に書いた『スモール・イズ・ビューティフル』のような質の高い著作も否定された。

面白い事に、消費者主権については、すでに一九五八年に、ジョン・ケネス・ガルブレイスが『豊かな社会』の中で触れている。しかし、この本は、経済学ではなく政治学の産物とみなされ、エコロジー経済学の発展にはつながらないと言われた。統計学をよく使うため一般社会から遊離しがちな経済学の本流では、他分野よりも、還元主義がひどかった。一方で、エコロジー経済学は進歩し、他分野との橋渡しに成功していった。その結果、エコロジー経済学で学位を取りたい人は論文を本流の経済学関係機関に提出しなくても良くなった。彼らにとって、経済学は乏しい資源と人間の応答を調べる領域であり、多種多様な解析方法が必要な学問である。

皮肉な事に、より高度な数理モデルを作り始めたエコロジー経済学の専門家たちは、方法論を開発するにあたって、本流の専門家たちと同じようなやり方を始めた。しかしながら、双方が交流する事はあまりなく、二つの分野の間には壁がある状態だ。エコロジー経済学には独自の学会と雑誌があり、彼らは本流の学者たちをあまり頼みとしない。しかし、この一〇年くらいで、断絶を埋める動きが出ている。本流経済学の解析で威力を発揮している価格戦略に、エコロジー経済学の人たちが興味を持ち、近づいているのだ。ただし、こうした動きを批判する一派もある。環境倫理を専門とするマーク・サゴフは、自然を商品として切り売りしているとして、エコロジー経済学に苦言を呈している。[53] しかしながら、エコロジー経済学は、すでに理想論の段階を脱し、環境問題について、現実的なアプローチをしている。エコロジー経済学者は弁論術を弄するのではない。すぐには結果を出せないかもしれないが、彼らは、少なくとも、目に見える金銭的な指標を出そうとしているのだ。

ここで中央アメリカにあるコスタリカの話をしたい。軍隊を持たないなど独特な政策を掲げており、他とは大きく異なる国だ。しかし、政治改革については、他国と同じように、苦しみを味わっている。この国は、二〇〇七年に生態系サービスの経費に関する国際会議を開催したが、その席上で、初代環境大臣は、生態系を守っている地域に税収の一部を分配する案を大蔵省に説明するのが非常に大変だったと体験談を語った。しかし、いったん、そのしくみが動き始めると、良い効果が出始めたそうだ。辺境であっても生態系を守っている場所では、地域発展の度合いを示す指標が、良い数値になり始めたのだ。同じ会場でスリナムの元首相は、当初冷淡であった全国紙が、後には、生態系保護の価値を理解したと言っていた。この考えは、世界最大の鉱山会社であり、スリナムで鉱業の緩衝地帯を作ろうとしていたＢＨＰビリトンにも受け入れられた[54]。

「そんな事は特殊な環境の小国にしか通用しない」と言う人には中国の例をお示ししよう。ＷＷＦと協力して始まった退耕還林《グレイン・フォー・グリーン》という活動がある。これは、環境を汚染した企業から徴収した税金を元に基金を作り、そこから環境を守る農家に報酬を支払うという仕組みで、二〇一〇年までに、三四〇〇万エーカーの耕作地を対象にするという。対象となった場所は、環境基準がクリアさえていれば引き続き耕作可能である。

もうひとつ例をあげよう。スタンフォード大学で生物学を教えるグレッチェン・デイリーは、生態系保護を投資銀行の主要業務として位置付けようとしている。国立科学アカデミーはこれを讃えるとともに、二〇〇八年には、スタンフォード大学に編集を任せて、紀要の特集号を発行している。生態系保護を考慮した計画はＯＥＣＤ加盟国でも試行されている。アメリカ農務省の保全休耕プログラムが一例だが、このような計画は、発展途上国で実施する方が、その意義は大きい。この計画の底を流れるのは決して理想論ではない。自然が与えるメリットをきちんと認識させると言うことだ。自然の財に価格をつける事は新マルクス主義だとか、明確な市場メカニズムがないのだから理論として成立しないとかいう主張には、与する人もしない人もいるが、自然の与えるメリットをゼロで計算するのは非論理的だ。ノルウェイのエクソンで社長を務めたオイステン・デールは、その成功について、明快に述べている。「市場に真実を語らせない社会主義は崩壊した。しかし市場に生態系を語らせない資本主義も崩壊するだろう[55]」

資本主義の魅力は体制内の要素を適切に調整できる点だ。自然の制約がある中で、どう政策を選ぶべきか説明できれば、価格戦略は我々が行動を決めるのに有効となる。生態系を考慮して価格を計算する事は間違いなく大きな課題だが、資源枯渇の危機感がその動きを後押ししている。また、コミュニケーションツールやコンピュータを利用すれば、さらに方法論が進展するに違いない。資源利用と自然保護のバランスを取りたいなら、こうした評価手段を持つ事が、最も必要なポイントではないだろうか。

第Ⅲ部　地球を守る手段

汝自身と汝の所有物は
汝が浪費するにふさわしい汝自身の物ではない
汝自身は汝の美徳の上にあり、美徳は汝自身の上にある
天国は松明が身近にあるように身近にあり、
それら自身のために輝くことはない。というのも、もし私たちの美徳が
私たちの前に現れないのなら、それはまるで
私たちがそれらを持っていないのと同じだからだ。魂にきちんと触れることができないばかりか
問題点に課金するため、自然はその優れた部分をごく一部をも貸し出すことはない
しかし、やりくり上手な女神のように、自然は
彼女自身を債権者の栄誉に祭り上げるのだ

——ウィリアム・シェイクスピア『尺には尺を』第1幕第1場

第七章　循環社会へむけて

「こんな短い人生の中で、なんと大きな冒険が得られることか！　そうするにはただ、すべての物に興味を持ち、時間とチャンスが旅の間じゅう絶え間なく提供してくれるものを見ようとする眼差しを持つことで、獲得するものを何も逃がさなければよいだけだ。」

——ローレンス・スターン『センチメンタル・ジャーニー』（一七六八）

デトロイトの町にはアメリカで最大級の鉱山がある。道路延長が五〇マイル、敷地は一四〇〇エーカー、そして、地下一二〇〇フィートでは、坑道と作業スペースが網の目のようにつながっている。採掘しているのは岩塩だ。実は、アメリカは、世界最大の塩の生産国にして消費国、塩がもたらす収入は一二億ドルに上る。塩には調味料から防腐剤までさまざまな用途があるが調味料となるのは全生産量の八％、大半は融雪剤になる。(1)

塩は再利用できない。融雪剤の場合だと、塩は徐々に融雪水に溶け、イオンとして運ばれ、水路や貯水槽に入る。そして有機物に吸収される。道路にまいた塩は、良くも悪くも、生態系に影響を与えてしまう。条件によっては析出し、周辺に溜まってくるが、これを再回収する事は出来ない。調味料としての塩も再生できない。体内で様々な化学反応を経験した末に、排泄され、（トイレから）終末処理場へ流れ込むと、成分であるナトリウムと塩素は、他の元素とさまざまに結合し、塩以外の物質になるので、どんなに頑張っても、廃液から塩を回収する事は、非現実的なのだ。

再回収が不可能ではないとしても、いったん使われてしまうと、難しくなる素材は多い。中央アフリカでは、コロンビウム（ニオブ）とタンタル（まとめてコルタンという）が採掘されている。コルタンは携帯電話で使うバッテリーの原料だ。[2] どこでも手に入る上、価格が安い携帯電話はすぐゴミになる。消費者の協力がなければ、コルタンを携帯電話から回収するのは、非常に難しい。そこでバージンモバイルなどいくつかの会社は、古い電話を返送する着払い封筒の配布を始めた。市場が急激に膨れ上がっているアジアやアフリカではこのような仕組みをもっと大きくする事が必要だ。

資源や素材を使う期間を延ばしたいなら、常に、再回収を視野に入れて、利用すべきだ（塩について言うと、海水からいくらでも取れるので、回収作業に必要なエネルギーがあれば、問題ない）。また、製造時に使うエネルギーの量が少ない素材で、既存の資源の代替物にできるものは、合成すべきだ。アスベスト鉱山は世界中で減っているが、その裏には、健康に影響がないファイバーグラスを砂から作る技術の確立がある。アスベストが持つ防火と断熱の機能はファイバーグラスに受け継がれた訳だ。なお、アスベストは塩のようには散逸しないので、回収は可能だ。

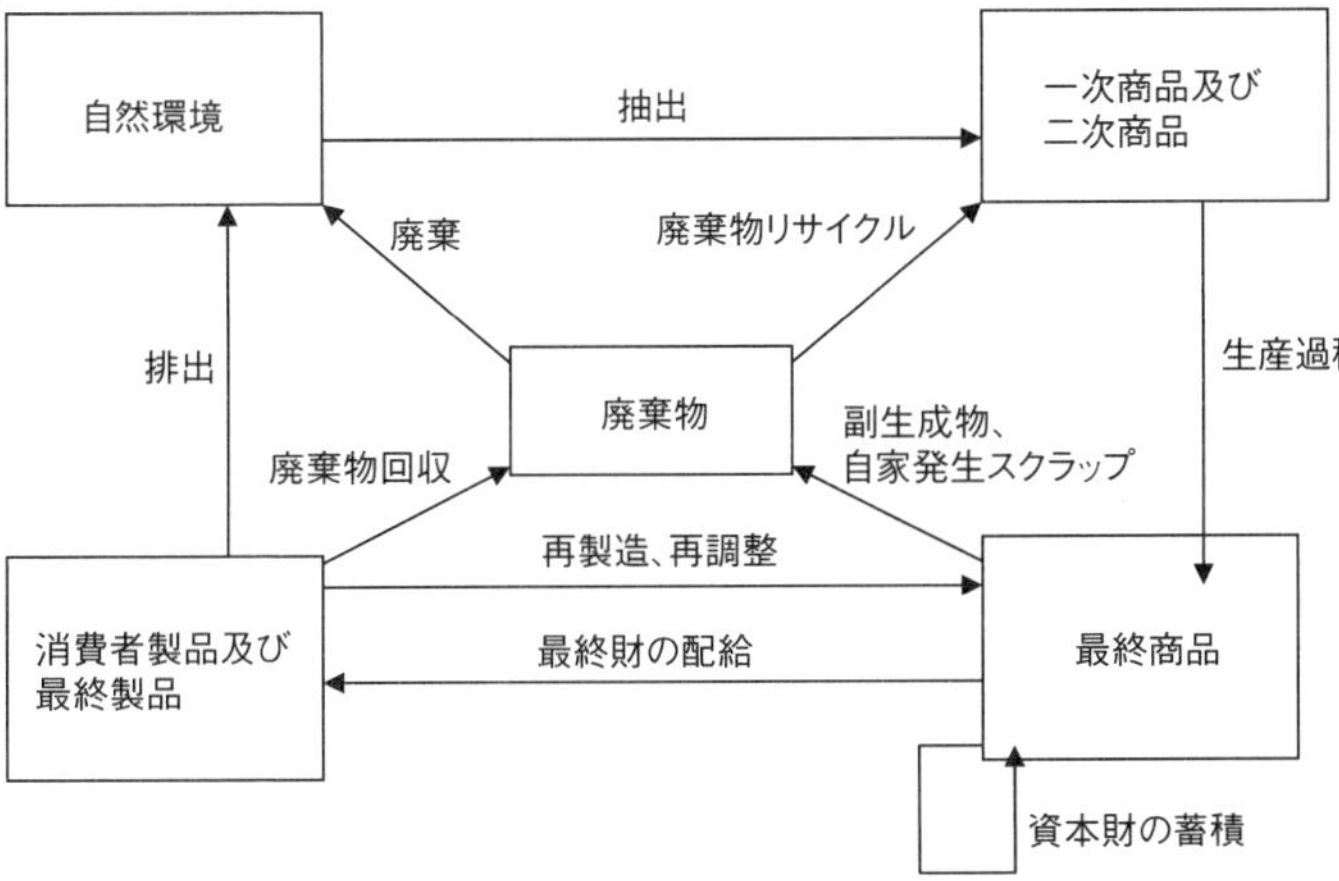

図16　単純化した産業資材のサイクル（ジュローム・C・J・ヴァンダンヴァーグとマルコ・ヤンソン『産業とエコロジーの経済学』[Cambridge：MIT Press、2004]）

今日、産業用素材のサイクルで中核をなすのは廃棄物だ。図16に示すように、廃棄物は、素材や製品と環境の交差部に位置づけられる。生態系保護の観点からは廃棄物の資源化が最大の課題と言ってよい。そして、その動きは、社会の片隅から、出始めている。

無法状態に挑戦するゴミ処理

マニラから北へ行くと郊外にルパンパンガコという二五エーカーほどの場所がある。この地名は「約束の地」と言う意味だ。フィリピンには信心深い人が多いのでここは貧しい人たちの聖地かと思ってしまう。しかし、ここでいう約束とは、とても人間臭いものだ。実は、パヤタスとも呼ばれるこの場所は、地図にも載らない巨大なゴミ捨て場だ。そしてその傍には八万もの人が住んでいる。では、どんな約束ゆえの命名だろうか？　独立後のフィリピンが招いた状況に対する皮肉からくる名前だろうか？　それとも、汚くて臭いゴミの山から、本当に何か出てくるのだろうか？

　ここに世界が注目したのは二〇一〇年の七月一〇日だ。この日、ゴミの山が崩壊して、スラムの住民三〇〇人以上が生き埋め、行方不明となった。なぜ、沢山の人が、土地の評価を下げる臭いゴミ山のそばで、暮していたのだろうか？　住民はもっと離れた場所に住む事も出来たのに、崩壊の危険がある上、汚物の分解で出るメタンガスが引火するリスクがあるゴミのそばに、あえてとどまっていた。

　この状況はゴールドラッシュに似ている。ゴミ捨て場は、富裕層にとっては無意味でも、不平等な社会であえぐ貧困層にとっては、宝の山なのだ。彼らはゴミ山を銀行のように感じている。時には、誤って捨てられた宝飾品や、質流れのブランド物など、思わぬ掘り出し物があるのだ。パヤタスでは住民がゴミをあさる場所を厳然と決めている。例えば、ハーバード通りがある所など、高級住宅街から出るゴミの集積場所は、特等地とされていた。管理人は賄賂を取って住民と微妙な関係を保っていた。フィリピン政府も長年パヤタスにかかわってきた。一九七〇年代、マニラ知事のいすを狙ったイメルダ・マルコスは、支持者を増やそうと、ここに電線を引っ張ったが、後に、国の恥として、閉鎖を主張するようになった。一九八三年になるとブルドーザーを入れて整地し、住民はカヴィテのブリハンに移した。しかし、三年もたたないうちに、マルコス一族は失脚、追放され、住民の九割が戻ってしまった。[3]

　金目のゴミをめぐっては住民同士が喧嘩になる。そこで古参と新入りの調整が行われるようになった。一九八〇年代に調整をしたのはカトリック教会だ。その時は三交代制を採用し、夜間に作業するグループには、驚くなかれ、鉱山で使うようなキャップランプが貸与された。

　廃品回収はきつい仕事だがその動機は意義あるものだ。彼らは、高エントロピー状態の中から（雑然としたゴミの中から）使えるものを拾い、資源の節約に貢献している。初歩的な環境保護活動といえよう。人口が増大している現代社会では使えるものは何でも回収するという意識を育てる必要があるがゴミあさりをしている人たちはその先頭を走っていると言えよう。

　太古の昔から何かをあさるという行為はあった。考古学者が世界中で報告している墓荒しはおぞましい例だが、集中的な渉猟は都市化とともに始まる。産業革命の間、都市人口は急増したが、この時期に、ゴミあさりは違法行為ではなく、いくぶん軽蔑されたものの、社会が認める仕事になった。ジャン＝フランソワ・ラファエリが描いた「屑屋（Chiffonier）」はそういう時代の作品だ（図17）。当時、屑屋は儲かったようだ。イギリスの技師であるヘンリー・スプーナーの試算では、パリで一九一八年に回収された物の総額は、六〇万ポンドスターリング（今の価値で三八〇〇億ドル相当）にもなる[4]。

図17　ジャン＝フランソワ・ラファエリ「屑屋」

　廃品回収は今も儲かる商売だ。北京の事例では屑屋の収入は大学教授の三倍という。マーチン・メディナが調べた結果では、メキシコシティ、マニラ、ブエノスアイレス、カイロ、ボゴタの周辺では、一年に回収される物の価値は二五〇〇万ドルである。また、インドでは、一年に二八〇〇万ドルになるそうだ。[5]

廃品回収は公的機関にとっても重要な課題になりつつある。廃棄物の管理は、住民にたかり政府を脅す暴力団が関わる事が多いので、いわば闇の稼業とみなされてきた。[6] 二〇〇八年にイタリアのナポリで起きたゴミ問題がその典型だ。新しい処理場建設に失敗した市役所が、ナポリを根拠地とするカモッラというマフィアとの関係を悪化させたため、路上にゴミがあふれた事件だ。当局から取り調べを受けたある組員は「俺たちにとってゴミは金と同じさ」と答えている。[7] ただし、彼らは、使える物品の回収をしているのではない。真面目に手続きすると経費がかさむ有害物質の不法投棄をしているのだ。廃棄物に関する良いルールがあっても、ガバナンスが機能しないと、犯罪に利用され、ひいては、正規の事業者を破たんさせる事になる。

生産者、消費者、回収業者（正規も非正規も含めて）のいずれにとっても効率が良い形で、経済的なインセンティブとガバナンスのあり方を、設計しなければならない。世界の素材消費量は危機的なレベルにまで増大しているのに、リサイクルされる物品の割合は、採掘された鉱物の総量に比べて非常に小さい。その一因は採掘される資源のかなりの部分を工業原料鉱物が占める事だ。カリウムや燐は量が多くてリサイクルが非常に難しい。アメリカでは、一九五〇年代から、金属のリサイクルが伸びており、中には、新品の量とリサイクル品の量が拮抗している金属もある（図18）。ただし、新品の消費量は抑制されておらず、むしろ伸びている。

スクラップ金属を調査したジョン・シーブルックによると、金属スクラップ業界はゆるぎない原理、つまり「かつて存在した金属は、今も存在し、将来消える事もない」という事実に支えられている。[8] し

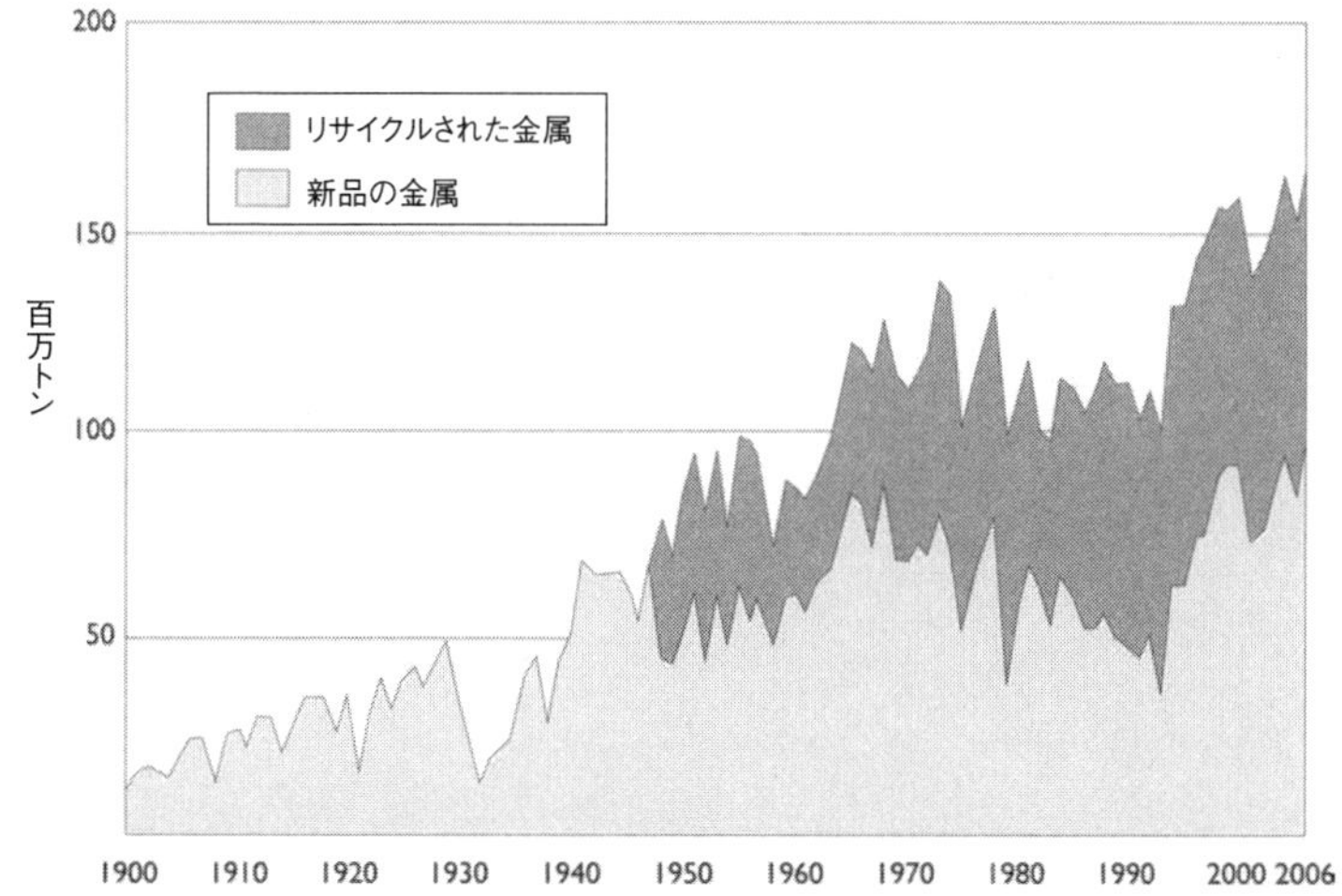

図18　1900年から2006年にかけてアメリカで使われた一次金属とリサイクル金属の量（エール大学産業エコロジーセンターのStock and Flow Projectによる成果）

かし実際に雑多なスクラップから金属類を回収するのは簡単ではない。量が多い鉄とアルミは、（その大規模な採掘が）環境保護グループから非難の的となっているが、皮肉な事に、回収は非常に簡単である。製鉄業界は、リサイクルの仕組みを作り上げており、製品には「環境金属」という商標を登録している。このため、資源枯渇について議論する時、鉄の優先順位は低くなる。第二次世界大戦後の鉄のリサイクル率は、全業界でみると五〇％以上、自動車産業や家電業界では、実に八〇％である。[9]

注意が必要なのは、銅、モリブデン、亜鉛、ウランなどだ。これらは、腐食や化学反応の影響で再回収が難しくなったり、あるいは、そもそも使われる量が少なくて再回収ができなかったりする。金やプラチナはリサイクルできるが、長持ちする製品になる事が多いので、経済性だけを考えて回収するのはなじまない。金属の購入量やリサイクル率は、鉱石の価格だけでなく、市場の安定性や通貨の信用など、次元が異なる要因にも影響される。

銅のコインを例に取ろう。二〇〇六年にスクラップが一ポンド当たり四ドルを超えた時、コインの価値は額面より安くなり、スクラップにした方が値段が高いという状態になった。その頃、バングラデシュでは、インドから都合のよい組成を持つ古銭を持ってきて溶かし、剃刀を作る商売が盛んだった。このため東インドでは銅が不足する事態になった。このようにスクラップが不足すると、世界のどこでもそうだが、泥棒が暗躍する。オーストラリア映画「マッドマックス」にはそのような金属泥棒が出てくる[10]。

道教流に言えば、何らかの危機に面した時が、金属リサイクルの好機らしい。特に、世界一のスクラップ消費国である中国では、そう考えられている。たとえば、世界貿易センタービルがテロで崩壊した時、数十万トンの高品質スクラップが出たが、その半分以上を買い付けたのは中国の上海宝鋼集団（現宝鋼集団）という会社だった。残りのうち一万トンはインド有数のスクラップ業者が購入した[11]。インドの場合、スクラップは国内のインフラに回らず、輸出向けの鉄鋼その他の製品に加工される。インドは、賃金が安く、スクラップが出る国や、スクラップを必要としている国に近いので、処理の中心地になっており、イラクの戦場から残骸の輸入もしているほどだ。しかし、法的な規制が追い付いていない。このため、例えば、オイルタンカーから軍艦まで、世界中から集めた廃船が分解されている南部の作業場では、労働者の負傷事故が問題になっている。中国は、廃棄された電子部品の七割を買っているが、有害物質の漏出が問題となっている。この業界の評判を落とさないためには、労働者に保護具を装着させる事と、回収できた物質の割合をきちんと公表する事が大切だ。

廃品回収が望ましいとしても、そもそも、なぜ、こんなに廃棄物が出るのだろうか？　廃棄物が出ると言う事は、素材を社会の中でうまく使い回しておらず、リサイクルが完全には実現していないと言う事だ。あまりに長い間、産業は生態系を無視してきた。しかし、ゆっくりだが、着実に、変化が起きている。我々を生かしてくれている環境の中で、産業活動は如何にあるべきかを考える、ある種のパラダイムシフトだ。不用品の鑑定は昔からやられているが、これからも続けるべきだろう。幸い、テレビのお宝鑑定団のお陰で、古物商たちは息を吹き返した。ある時点でお払い箱となった建物が歴史的建造物になることもある。ただし、かつては高価だったのに、今は安くなってしまった物もある。たとえば、ジュースの缶に使われるアルミは、一九世紀には宝飾品材料として扱われていた。[12]

人類の行動を調べる学者には、ゴミは貴重な研究材料だ。一九七三年以来、アリゾナ大学のウイリアム・ラスッジェが率いるチームは、ツーソンの町のゴミを調べて、住民の行動や物質文明の変化を追っている。彼らは「ゴミを調べる方が、人間を調べるより、生活について、より多く、正確に、丁寧に、知る事ができる」と信じている。[13] 考古学者であるラスッジェにとって、ゴミは、滅びた文明についてヒントを与えてくれる古代の墳墓やその副葬品のようなものらしい。

最終的にゴミになった物を調べ、研究のデータをみると過去数十年に実施された計画的廃用化が定着しつつある事がわかる。[14] 学問の世界では、物品の廃用化を次の三種に分けているようだ。初めから想定ずみの劣化（消耗品や安価品）、旧式化（新技術の出現）、廃り（美的なセンスも含む世間の流行り廃り）。

一九六〇年から一九九〇年の間は、さまざまな計画的廃用化が進んだ結果、一人あたり六〇%廃棄物が増えた。しかし、一九九〇から二〇〇六年におけるアメリカの廃棄物量は、一人・一日あたり四・六ポンドで頭打ちになっている。回収率を見ると、一九六〇年から二〇〇〇年の間に八倍になったが、量で言うと一人あたり一・一ポンドにとどまっている。[15] もっと廃品回収を進めるべきだろうか？アメリカでは人力によるゴミ山の処理はたぶん歓迎されないだろう。そこで産業生態学の話に移ろう。

産業と生態系

一八世紀後半にイギリスで産業革命が始まると経済の重点は農業から工業へ移った。つまり、自然の産物より長持ちする工業製品の方が重宝されるようになったのだが、これで人間社会は自然から遊離し始めた。工場から出荷される最終製品は大量に市場に出回るが、消費者はその由来を詳しく知っている訳ではない。小麦を例にとろう。農家から買う、あるいは製粉場から買うより、製品になったお菓子をたくさん買う方が楽だし、買った側は、その製造プロセスについて考えたりしない。

大衆は、品物を供給する会社を頼りにするが、物作りを裏で支えている自然については考えない。会社側も、需要は気にするが、材料の元である天然資源については、深く考えない。資源を利用しているにもかかわらず、利益に目がくらみ、思考が短絡的になる。豊かさと再生力を維持する自然のしくみにまで目がゆかないのだ。まだあると思っている人にとって資源の枯渇は自分の問題ではない。

ヨーロッパ中で、産業革命が進み、炭坑がフル稼働していた一八六九年、ドイツの博物学者であるエルンスト・ハインリッヒ・ヘッケルが、環境と生命の関係を研究する過程で、「生態学《エコロジー》」と言う概念を編み出した。研究が進むうちに、環境と生命の間には、生物学的な相互作用を超える何かがある事がわかってきた。このため、生態学は、還元主義を排し、総合的なアプローチを取ろうとする。一方、生態系と言う概念は、イギリスの生物学者アルフレッド・タンズリーが、一九三五年に導入した。この考えは、生態学にしっかりとした枠組みと論理の一貫性を与えた。生態学の歴史を研究しているフランク・ゴリーによると、「生態系と言うのは、総合的かつ統合的な生態学の概念で、生命と物理的な環境を一つのシステムとして扱う[16]」ものだ。この概念のお陰で、学術界は、還元主義から統合主義へと、軌道修正ができたと言う。ただし、統合主義を重視した最初の人物は、南アのヤン・スマッツという人らしい。彼はトランスレイより一〇年近く前の一九二六年に『全体論と進化』という本を著し、科学と政治における統合主義の必要性を訴えている。

生態学（生態系と言う概念）は、産業について検討する時も、統合主義を維持する。偉大な数学者であったノーバート・ウイーナーは、サイバネティィクスという分野を打ち立てたが、これは、統合主義的世界観をコンピュータの世界に反映させたものだ。コンピュータ科学はフィードバックのループとネットワークゆえに成功しているが、その起源はサイバネティィクスだ[17]。今では、サイバネティィクスは、生物、機械、組織を対象とし、コミュニケーションと制御のしくみを扱う、学際的な領域となっている。

一九七一年にバリー・コモナーが『何が環境の危機を招いたか』を出版し、現代の産業と生態は関係が深まっているという議論を展開したが、これにより、生態学や生態系の概念はさらに堅固なものになった。同じ年、日本の通産省が産業エコロジーの考えに基づくプログラムを開始した。このプログラムは、産業活動のシステム境界を同定するとともに、生態系への影響を制御し、生態系の均衡を保つメカニズムの構築に主眼を置いたが、おそらく、産業エコロジーに関する世界で初めての実践と思われる。人間の活動と自然を別々に考え、相互作用を検討しない従来型の工学とは対極にあるといえよう。

物事を総合的に考えようとする傾向に拍車をかけたのは大量の情報を扱う技術の出現だ。特に進歩が著しい定量的な分析方法とコンピュータは総合論の復活を支える事になった。生態学の分野では、多目的意思決定分析のために開発された定量的な手法やオペレーションズリサーチなどが、今後、応用されてゆく可能性が高い。また、これに加えて、産業のマネジメントに必要な総合的アプローチを支える要素がもう一つある。社会の変化だ。インターネットなどを利用してデータにアクセスできる、あるいは、電子化されたデータベースがあるなど、情報処理を助ける環境が育っている。

ブラッデン・アレンビーとトーマス・グレーデルは、アメリカに産業エコロジーを導入し、さまざまな研究成果を実践に生かした最初の人たちだ。部署は違うが、AT&Tに勤めていた二人は、環境修復を仕事の重点課題にした。産業エコロジーが扱おうとする範囲は広いが、この二人が違う学歴を持っていた事は、そういう意味で、重要だ。アレンビーは弁護士でもあり工学博士でもある。グレーデルはベル研究所に長く在籍した大気化学者だ。会社の資金援助を得て、産業エコロジーの本を出版しているが、[18]彼らの持つ専門的な知識は、産業エコロジーを国の政策や教育に反映させるのに役立った。

言葉にうるさい人は産業エコロジーと言う単語を撞着語法（矛盾語法）と非難するかもしれない。人間を自然から遠ざけた産業活動が、どうやって、自然の持つ生態系と結びつくのだろうか？「好むと好まざるとにかかわらず、産業活動は自然に影響を与え、また、その逆もある」というのが、この疑問に対する一つの答えだ。生産と消費に忙しすぎる人類にとって産業と自然界の相互作用を制御する事はもはや難しいのだ。また、「工業はなくせないと科学者も技術者も信じているが、快適な生活を知ってしまった我々は、今さら、昔の生活に戻る事は出来ない。なので、自然科学は産業システムを取りこまざるを得ない」、これが二番目の答だ。

アメリカ人の物理学者であるロバート・アイレスは、フランスのビジネススクールで教えているが、産業メタボリズムと言う概念を提唱している。この概念は、巨大な有機体である産業が、低エントロピー状態にある資源を使って自分自身を維持し、成長と再生産をしている様子を記載しようとする。彼によると、「安定な状態で自己組織化や消滅ができる産業と有機体は、ともに、熱力学的平衡からはほど遠い[19]」ので、両者をアナロジーとして扱う事は可能である。アイレスのような学際的エンジニアによって産業メタボリズムの考察は深まったが、同時に、マテリアルフローを扱う産業関連分析も進歩し、技術と経済をつなぐ事に成功している。[20]

エネルギーとエントロピーを組み合わせた研究に有効な概念がある。エクセルギー(有効エネルギー)という。これは、再生不可能な資源の抽出効率を定量的に示すツールとして使われる事が多くなっているが、有名な物理学者であるウィラード・ギブスが、一八七三年に考え出した概念が基になっている。資源枯渇に関する研究を進める物理学者、生態学者や経済学者が、考察を洗練してゆく過程で生まれた新概念だ。一九五六年にスロベニアの技術者ゾラン・ラントが世界で初めて使ったと言われているが「物質が周囲の環境と熱的な平衡を保ちつつできる仕事の量」と定義される。通常、エネルギーは作り出す事も消滅させることもできないが、エクセルギーは、混合と発散でエントロピーを増大させれば、ゼロにできる。エネルギーもエクセルギーも測定する単位は同じで、ジュールで表現するが、物質の利用と持続性を論ずるなら、後者の方が便利だし、今後の展開も有望だ。[21]

もし、産業を生物のようなものとみなすなら、産業を取り巻く環境を広義にとらえなければならない。その場合は、生物だけでなく社会的因子を取りこんで、環境と産業の相互関係を考える事になる。ここで産業エコシステムと言う考えが出てくる。産業エコロジーに、経済学、倫理学や人類学が入り込んでくるのは、不思議ではない（ただし、これらの原則を適用して、最も効果があったのは、経営学と行政学である）。

必要な仕組み

デンマーク人は、環境分野をはじめ色々な政策を成功させた自国の社会民主主義を、模範例として、誇りに思っている。最近「ユーロトピア」というジャンルがはやりだが、アメリカでこれを扱う文献には、コペンハーゲンが成功に至った道程、あるいは、エネルギー効率に優れたインフラを分析したものが多い。しかし、この国で最も成功したのは、廃棄物を民間部門に任せ、政府の役割を制度の維持やルール作りに限定した政策だ。カロンボー市（人口二万人）で始まった産業共生は廃棄物を資源として扱おうとする発想をうまく集約している。

ここの産業パークで中核をなすのは、火力発電所、製油所、酵素工場、石膏ボードを作る工場、そして市の暖房課などだが、熱力学の法則を利用した熱交換を行っている。発電所で余した熱を養魚場、温室、地域暖房に回すのだ。加えて、他の物質も、事業所間でやりとりされている。たとえば、製油所は、副産物として出る亜硫酸を硫酸工場に、ブタンガス（他の場所では無駄に燃やしている）を石膏工場に、それぞれ送っている。発電所の蒸気は製油所と製薬会社に、焼却灰は石膏工場に送られる。製薬会社は有機廃棄物を肥料会社に送る。

カロンボーの成功を目にした各国政府は廃棄物を相互利用する施設を集積し、環境保護に貢献する産業パークを検討し始めた。イギリスは国家産業共生計画を主導して作り上げた[22]。このような制度を作る時、法律と政治は環境管理の実務と歩調を合わせなければならないが、それがうまくいった例がスウェーデンにある。異分野の専門家を集め産業エコロジーの政策展開を強化する産業エコサイクル部だ[23]。

異分野を融合して出来た産業エコロジーは社会のいろいろな分野で実践されるべきものだ。何はともあれ、多種類の汚染物質をばらばらに扱うのではなく、それらの相互作用を把握できるよう、環境管理のシステムを統合しなければならない。全ての法律を統合しろと言うのではないが、汚染防止のための認可手続きは統合することが必要だ。これはヨーロッパの国々では実現している。こうすると、役所は個別に認可するよりも経費が削減できるし、会社の方も、廃棄物の再利用など、汚染防止事業におけるシナジー効果を考えるようになる。しかし、産業エコロジーを推進するには、一社内の工夫だけでなく、複数の会社間での協力が必要となる。その例としてはレスポンシブル・ケアという運動が挙げられる。これは全米化学工業会とグローバル環境管理イニシアティブが政府の協力を得て立ち上げた物で、良い結果を出す事と、「産業エコロジーはインチキだ」という批判をかわす目的を持っている。しかし、このアプローチには、限界がある。大規模な産業が相互に助け合って共生する一方で、弱小産業は落ちこぼれてゆくのだ。我々は、そうした事態に対応できるプランを設計する必要がある。

素材を循環させる重要性に気付くと、企業も個人も、等しく、長期的な展望を持つようになる。そして、エネルギー供給から廃棄物処理まで、各プロセスを構成する要素の相互作用を観察するようになる。日本の成功例を紹介しよう。燃料不足を見越した日本の自動車メーカーは一九六〇年代には小型車を設計していた。アメリカのメーカーはそのような事態を想定しなかった。また、短期的には赤字でも（たとえば自然の素材を使った殺虫剤は高価）長期的には投資効果が出る事を理解しなかった。そして日本の自動車メーカーに負けてしまった。一つ注意したいのは、物質の使用量を抑えるだけでは生態系の維持につながらない事だ。廃棄物のエントロピーは高いが、これを何かの原料にすると、もっとエントロピーが高くなる。これは、閉じた循環サイクルを目指す産業エコロジーにとって、不都合である。このため産業エコロジーに批判的な人たちは、産業が及ぼす影響を全部考慮すると「不確実性の高い結果がバラバラに出るので、それらのトレードオフが社会をひっかきまわす。世間がどう評価するか待つ事になる[24]」と言っている。しかし、情報処理をするコンピュータが発達し、問題に優先順位をつける事ができるようになり、また、計画段階から地域住民が参加するようになった事で、このような心配は無用になりつつある[25]。

ノーベル賞を受賞したロバート・ソローは、再生できない天然資源について考察し「市場と計画メカニズムの関係を示す重要な指標となる」と指摘した。「資源の経済学　経済学の資源」というエッセイの中で、ソローは「政府や事業者など市場のメカニズムに関わる組織を比較し、調整すれば、誤りをなくし不確実性を消せるというのが、指示的計画の基本的な考えだ［社会主義における経済計画を強制的計画と呼ぶのに対し，資本主義における経済計画は指示的計画と呼ばれる］。再生できない資源の場合、遠い将来でも使用可能な状態にしておく事が、目標の一つになる[26]」と言っている。

産業界は廃棄物を選別・再利用する技術の開発を必要としている。廃棄物の再利用は、高エントロピーを持つゴミを低エントロピーな原料に戻す事を意味するが、当然、エネルギーを必要とするので、エネルギー使用による環境への影響を調べ、費用と便益の関係を詳しく調べなければならない[27]。

最も必要な事は生態系に近い性質を持つ産業を実現することだ。そうすれば、産業はいわば人工的な生態系となり、自然とより調和的になれる。産業と自然のつながりを再確認するという意味では「産業エコロジー」ではなく「地球システムエコロジー」という言葉を使う方が良いかもしれない。言葉の選択はともかくとして、環境の管理には、システマティックなやり方が必要だと言う事を確認しておこう。

アメリカ人の統計学者であるW・エドワード・デミングは、一九四〇年代の自国の産業について調査をし、すでに、数千もの部品を組み合わせた製品を作る能力がある事を指摘した。大規模な産業の効率を上げるため、彼が行った研究の中心は、色々な製造工程で作られる部品を組み合わせる方法論だった。彼の研究成果は、戦後、日本の自動車と家電産業で活かされた。デミングは産業マネジメントに関する概念をいくつか提案したが、それらは現在の総合品質管理（TQM）の元祖と言って良い。その業績により彼は一九六〇年に瑞宝章を授与されている[28]。総合品質管理は製造と消費に関わった利害関係者全員を視野に入れ、品質向上を継続的に行おうとする。一九九〇年代には、全製造工程において環境に配慮すると言う意味で、環境の頭文字であるEが略称に加えられた。TQEMは、実績、たゆまぬ変革、そしてイノベーションを強調する。また、意志決定はデータに基づくべきで、常に改良がなければならないと主張する。事業計画には品質向上策と将来起こりうる問題の予測を盛り込むよう求められる。環境面で言うと、こうした取り組みは、管理方法の変更、技術革新、軌道修正できる制度の実現と言う事になろう。企業はこのような管理メカニズムを作らなければならない。また、政府は企業に協力し、支援しなければならない。会社がTQEMに基く事業を実施する際は、社内の色々な部署に声をかけ、環境問題を包括的に扱えるように、計画を立てる。たとえば、原料調達部門と製造部門は、研究開発部門と協力して、分解とリサイクルが容易な組み立て方法を検討すると言った具合だ。アメリカではTQEMが定着しており、その名もTQEMという季刊誌や、「産業エコロジー」と言う雑誌が発行されている。

産業エコロジーを支えるもう一つの要素はライフサイクルアナリシス（LCA）だ。これは、ある製品が、使用前と使用後にどの程度の負荷を環境に与えるか、見積もり、説明するために、製造関係の人たちが始めた手法で、消費に比べると軽視されてきた製造と廃棄の工程に重点を置いている。環境毒性学会はLCAを「ある製品が製造され、使用された時に、環境に与える負荷を、その製品の使用期間全体にわたって、積算する方法[29]」と定義している。詳細にやろうとすると相当な予算が必要だが、コンピュータによるモデルの開発と技術の進歩のおかげで、使い勝手は良くなっている。LCAは環境勘定の手法だが、事後に環境修復する手間を省き、長期間にわたる効果をもたらす。今では、国際的な標準であるISO一四〇〇〇の要求項目となっている。ISO一四〇〇〇は一九九八年に発表され圧倒的に支持されている標準である。

LCAが威力を発揮するのは、製造でも運用でも修理でも多数の部品を使う自動車産業と、保険や金融などの関連産業だ（図19）。車体の一部についてのLCAもありうる。全体に対してやるのと同じようなやり方で調べて部分部分の素材を決める参考にできる。たとえば、レスター・レーヴらは、燃料タンクをプラスチックにした場合と鉄にした場合、生態系に配慮できる度合いとコストが、どれくらい違うかを調べた。驚くべき事だが、鉄の方がリサイクルしやすいにもかかわらず、タンクの寿命全体でみると、プラスチックのエネルギー効率は五〇%上で、有害物質の排出は三五〇%も下という結果が出ている。(30)

産業エコロジーの考えでは、製造者責任が消えるのは、投入されたシステムの中で製品が完全に形を

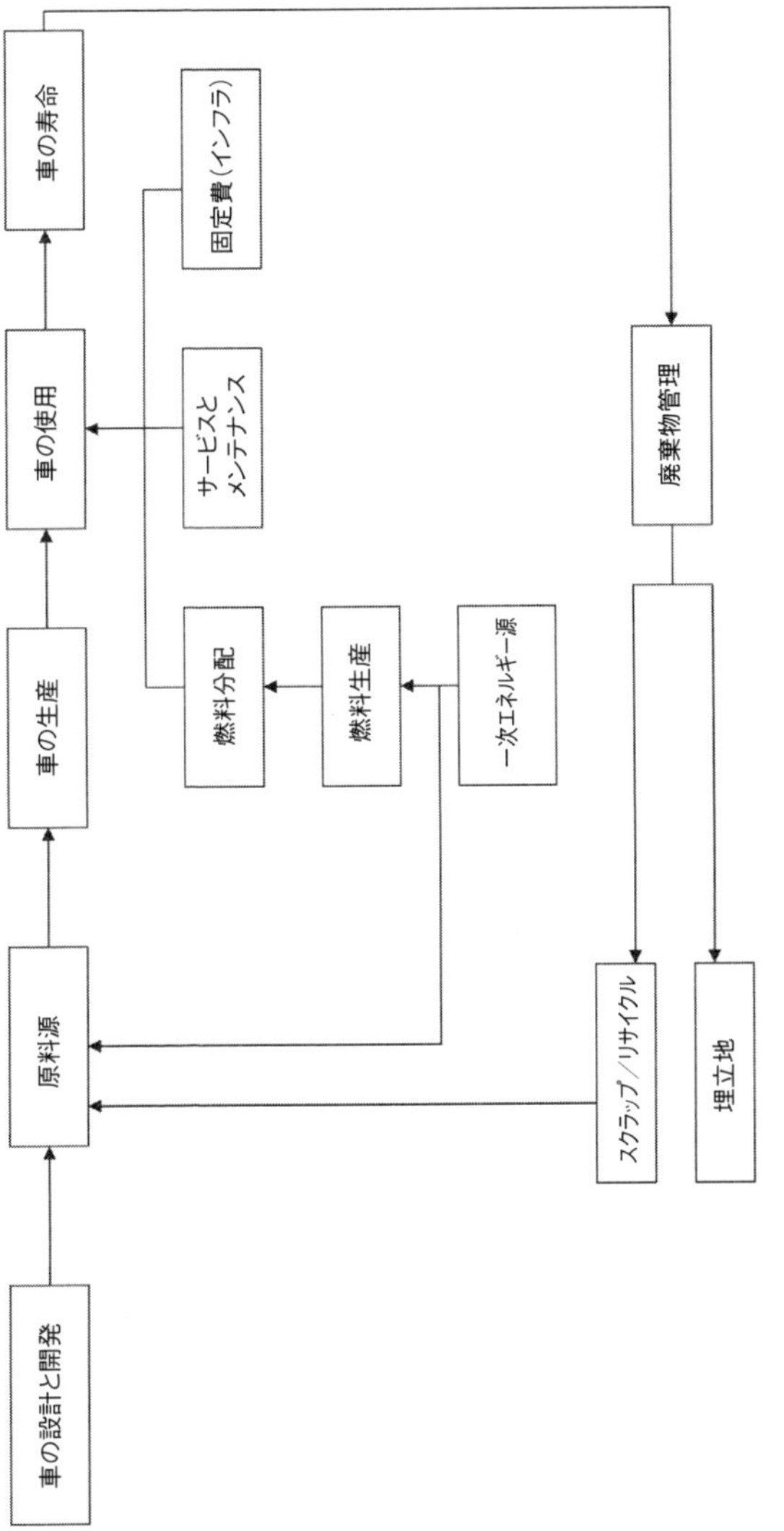

図19　自動車のライフサイクルを示す略図（ヘザー・マクリーンとレスター・レーヴ「自動車燃料/推進システム技術の評価」、「エネルギーと燃焼科学の進歩」[2003]：69）

変えた時だ。食品は体内に入った時点で製造者責任が消える。しかし、消化されず、使用後も責任の所在が問われる鉄やプラスチック製品には、製造者責任が残る。古くなっても製造者責任が残る車やコンピュータ、コピー機などでは問題が発生する事があるが、最近は、製造者が使用後の製品を回収し、環境にダメージを与えない方法で、再利用あるいは処分するしくみが広がりつつある。たとえば、アメリカでは、コピー機とレーザープリンターに導入され成功している。

企業のエコロジー

企業は環境に影響を与え、資源を消費、ゴミを出し、成長する。そのさまは、まるで、生き物のようだ。このゆえ、企業は生命体に、二つの企業の合併は結婚にたとえられる。企業は、アメーバのように、ふるまう事もある。たとえば、一九八四年に、AT&Tは複数の地域電話会社（通称ベビーベルズ）に分裂した。企業の行動を研究するマイケル・ハナンとジョン・フリーマンは『組織生態学』という著書の中で「市場競争は自然淘汰に似ている」と書いた。彼らの考え方にはダーウィニズムの臭いがする。そのようなモデルが合う会社もあるが、ウォルマートに代表される巨大資本はこれでは説明できない。グローバル化や規模の経済性［生産規模を拡大する度に製品単価が減少すること］に引っ張られて小売業が大きな企業の傘下に入ると良い意味での競争はできなくなってしまう。ただし、売り上げが大きい大規模店は、環境面で面白い行動を取る事もある。

環境イニシアティブのように、次世代のメリットを考え目標を立てた運動は、製造者とサービス業者を中心にしないと回らない事が、政策分析の結果、わかっている。消費者は気まぐれな上に、十分な情報を持っていないので、市場が与えるインセンティブになかなか反応しないのだ。また、技術情報や価格に対する彼らの反応のスピードは、生態系が破壊されるスピードに追い付かない。また、大量に消費する富裕層は価格の上下に左右されないかもしれない。では、どうすれば、変化を促す事ができるだろうか？　食品供給チェーンのどこをつつくのが最も効率的だろうか？

企業が産業エコロジーを実現するための方法は経営学の分野で研究されている。ポール・シュリヴァスタヴァは、工業化が進行中の社会は技術革新による富の創造を管理者に求めるが、工業化が達成された後の社会は、富の創造と分配に随伴するリスクに配慮するよう管理者に求める。[31]また、現代の企業が産業エコロジーを採用する動機はリスクだと言う。彼の考えは、インドのボパールでユニオンカーバイドが引き起こしたイソシアン酸の漏洩事故など、産業関係の惨事を分析した結果だ。

シュリヴァスタヴァの言う「環境を中心とした管理」はマクロな視点で有効だが、彼は企業がどう変わるべきかについては、何も言っていない。産業エコロジーを採用しそうな九つの分野に対して次のような勧告を出しているだけだ。なお、現代の産業の七〇％はサービス産業なので、製造業に対して出された勧告は、サービス産業にも認知させるべきだ。

1　戦略企画部門

・天然資源を利用する製造工程が及ぼす影響を最小限に抑えるため、事業を横方向ではなく縦方向に設計する事。
・設備を隣接させ、材料の長距離輸送と広範囲な汚染を避ける事。

・近隣の事業所と協力して、エコインダストリアルパークを作り、エネルギー利用と廃棄物再利用のシナジーを目指す。協力を発展させるため、成功事例を共有する事。

2 広報部門

・コンプライアンスにうるさい監督官庁のインフラを削減する長期的イニシアティブを中心にすえてロビー活動する事。部内で自主的に法令順守を推進する事。
・大気、水、ゴミというお金がかかる従来の区分は廃し、統合的な環境管理を行う事。
・裁判所にゆだねるべき事態を除いては紛争解決のための交渉をする事。

3 研究開発部門

・環境によりやさしい製品を作るため、産業エコロジーの概念を、環境適合設計や脱物質化に利用する事。

4 製造調達部門

・研究開発部門と協力して、製造時のエネルギー効率を最大化する事。
・輸送コストを下げ、環境破壊を防ぐため、原料は近隣から調達する事。

5 環境安全部門

・法律を守るだけのマネジメントから、予防的なやり方に移行する事。
・研究開発部門と協力して、自社か近隣他社で、廃ガスが製造工程で利用できないか検討する事。

6 財務部門

・環境プロジェクトがもたらす利益を見積もる時は割引率を小さく設定し、長期的にみるときちんと利益が見込めるようにする事の長期間にわたって情報公開できるように努力する事。
・資源不足の緩和や資源の枯渇を想定して利益を予想する事。

7 人事部門

・従業員全員に、環境問題の研修を受けさせ、会社のイニシアティブを理解させるとともに、彼らの行動に方向性を与える（環境リテラシーを社内で向上させる）事。
・従業員に会社の近くに住むよう勧める事。通勤には公共輸送あるいはシェアライドを推奨し、インセンティブを与える事。

8 販促部門

・紙などゴミになる媒体を使った広告を減らす事。
・環境に配慮した前向きな競争を進めるため、製品には生態系に与える影響を書いたラベルを貼るよう、競合他社に呼びかける事。

9 顧客サービス部門

・リサイクルにインセンティブを与え、消費者が使用済み製品の回収プログラムに参加するよう促す事。

・製品の修理サービスをほどほどの価格で提供し、新品を買った方が安いと言うセールスはやめる事。家庭での修理を手助けするコールセンターを開設する事。

ここに紹介した勧告には二つの背景がある。製造部門だけでなく修理やリサイクル部門でも人材が必要な事と、ライフサイクル分析により修理やリサイクルがもたらす雇用の効果を定量的に算出できた事だ。勧告内容は煩雑だが、業界を再編し、リサイクルを進めるためには、基本的な要件だ。資源利用の効率化と脱物質化は両立可能で魅力的な選択肢のように思える。しかし、これを大規模にやるには、天然資源の利用に関する部分をよく検討しなければならない。実は、産業革命以降、「効率を上げれば資源の使用量は減るか」という議論は、実例を用いて、ずっと続けられている。たとえば、イギリスの経済学者ウィリアム・スタンレー・ジェヴォンズは、一八六五年に『石炭問題』という本を出し、技術の進歩で（エネルギー）効率が上がると、むしろ、資源の使用量は増える事を実証した。これをジェボンスの逆説と言う。効率が上がるとコストが下がるので、製品はもっと売れるようになり、その結果、消費のリバウンド効果が出てしまうのだ。環境論者たちは、この逆説を持ち出して、エネルギーや素材機能について技術者が持つ楽観論に釘をさしている。脱物質化についても同様の事が言える。ある製品で素材の量を減らせても、その余剰分は他の製品作りに回され、結果として、減らすつもりだった素材の使用量が増えてしまうのだ。

原料とエネルギーの逆説的関係は、成長を続ける市場にはよく見られるが、成熟した市場ではそうでもない。発展途上国なら、エネルギー効率を上げ、コストを下げれば、物はもっと売れ、エネルギーはもっと必要になる。しかし、消費動向が成熟した国では、効率化と脱物質化が重視される。物質を効率よく利用する展望は明るいが状況を良く見て判断しなければならない。(32)

産業エコロジーを批判する人たちは管理の構造化が中央集権につながるという。そして、ギリシャ、ローマ時代から、ソ連まで、中央集権は失敗の連続だと言う。しかし、産業エコロジーは、生物的なプロセスと無機的なプロセスの相互関係に主眼を置くもので、物質に関する問題を中央集権的に扱うわけではない。我々は、単純な解決法に満足せず、高度な判断のセンスを磨かなければならない。また、議論を混乱させない事が大切だ。変革を実現するには、総合的なビジョンを掲げる事が理想だが、実務では個別の問題に取り組まなければならない。我々はどうすればいいだろうか？ 最善の方法は、コミュニケーションとネットワークのレベルで総合的なアプローチを取る事だ。これがうまく行ったら、次に、組織と学問分野の壁を越えたプログラムを実施し、シナジーが期待できるシステムを統合して組織改革をやればよい。

産業エコロジーと言う作業仮説のお陰で、資源の存在する場所に限定されずに、物質循環と廃棄物管理をつなぐしくみができる。しかしながら、資源利用のリサイクルについては、まだ検討の余地がある。

計画的な（資源の）保存と廃棄物のリサイクルが実現すると、資源の寿命を長引かせるとともに、代替物の開発をも促すだろう。しかしながら、大きな変化を及ぼす採掘時だけでなく、資源の抽出のどの段階でも、生態系への影響はある。もしグローバルなレベルで持続性を求めるのなら、利用後の配慮が欠かせない。採掘跡やプラントの跡は適切に処理し、生態系の機能が回復するようにすべきだ。

第八章　生態系の回復

天然資源を増やしかつ価値を損なわなずに次世代に引き継ぐべき財として扱うならば、国の運営はうまく行くだろう。

――セオドア・ルーズベスト

ペコスという名の川を知る人はアメリカでも多くはない。アメリカ西部にあり、人影もまばらな美しい流れだ。特に、ニューメキシコとテキサス西部に住む人たちに、愛されている。開拓時代には、インデアンも開拓民も、この川でとれる鱒を栄養源とした。悪名高いビリー・ザ・キッドを射殺し、西部開拓史上に名を残した保安官パット・ギャレットは、流域を開拓して農業に利用しようと考え、ロズウェルという町のそばに一八〇〇エーカーの広さを持つ農場を開いた（ちなみに、現在のロズウェルには宇宙人マニアやSFドラマ「Xファイル」のファンが押し寄せている）。一九〇二年には、連邦政府がカールスバッド開拓事業を始め、川の水が改めて必要となった。[1]

あの頃、開拓《レクラメイション》と言う言葉には、「自然のままでは『無駄になる』資源をできるだけ有効に使う事業」と言うニュアンスがあった。水について言うと、利用せず、ただ海に流すのは無駄、しかし、灌漑に使うのであれば「保全《コンサベーション》」と考えられた。ところが一世紀後、生態系の劣化が問題になると、言葉の意味が大きく変わってしまった［開拓・開墾ではなく再生・修復の意味で使われる事が多くなった］。

一九九〇年の半ば、ペコスの村に住むジャニス・ヴァレラと言う人が、漁業団体であるトラウト・アンリミテッドと、川のレクラメイションについて話し合いをした。ここでいうレクラメイションは「再生・修復」である。愛するペコス川の魚類が減少の一途をたどる事に心を痛めた彼女が、水質の改善をしようと心に決めて、起こした行動だった。彼女はさまざまな政府系機関に足を運ぶと同時に、上流で数十年前に亜鉛を採掘したサイプラス・アマックス社も訪問し、情報を収集した。実はこの地域は、アメリカ環境保護庁によって、スーパーファンドによる除染対象に指定されている。鉱山について良く知らなかった彼女は、この会社に属するテレロ鉱山が重金属汚染を引き起こしたと知って、ショックを受けたという。しかも、地元には、汚染の存在を認める事をためらう空気があった。[2] 一九三〇年から六五年まで稼行したこの鉱山が利益をもたらしたからだ。

とはいえ、いかに鉱山から恩恵を受けたとは言っても、生態系の劣化は無視できない。そこで川岸の環境を修復しようとする動きが始まった。[3] 幸いこの会社は情報を隠さず問題解決のために協力した。川の近くにはズリ場があり、そこから徐々に重金属が溶け出していたので、まず、これを取り除くこととなった。蛍光X線などの技術が駆使され、土壌や尾鉱の分析がなされた。特に鉛については慎重な解析が行われた。その結果、尾鉱の管理が最優先課題となり、堤防の修理や迂回水路の建設が行われた。基

図20　環境修復を終えたニューメキシコ州のテレロ鉱山。旧選鉱場は埋められ隣接区域には植樹が施された。2004年撮影（ニューメキシコ州エネルギー・鉱物・天然資源局）。

盤を掘削したトレンチはコンクリートで固められ、さらにライナーが敷設された。ただし全ての対策が成功したわけではない。例えば、ライナーは、汚染水が漏れて地下水を汚すのを防ぐ目的で設置されたが、数ヵ月後には漏水が確認された。このため、作業チームは、全てがうまく機能し、川の生態系が健康なレベルに回復するまで、数年もの間、現地にとどまったという[4]。

テレロ鉱山の環境修復は、技術の導入と地域住民の参加があって、成功した事例だ（図20）。しかし、どこでもこのように行く訳ではないし、過去に採掘をした鉱山はそれこそ無数にある。休廃止鉱山やボーリング現場について、全世界の統計を取る事は不可能だが、アメリカでは、三二の州に五五七六五〇箇所の休廃止鉱山があり、五〇〇億トンのズリが無処理で放置されている。鉱山の廃棄物は一八万エーカーの湖と一万二千マイルの河川を汚染している[5]。そして、スーパーファンドによる除染の経費は、二四〇億ドルになる。スーパーファンド法はメガサイトと呼ばれる場所を多く指定している。これは、長年にわたって採掘が続き、地域住民や生態系に影響が出た所だ。アイダホ州の絵葉書といえば山と鱒の棲む川だが、コーダレーンと言う場所に行くと、そこは典型的なメガサイト、金属鉱山が残した一億一八〇〇万トンの廃棄物が一五〇マイルにわたって捨てられている。(6) アメリカ西部にある現役の金属鉱山を対象とした二〇〇一年の調査では、鉱山が積み立てる環境基金は十分ではなく、環境修復には税金を使わざるを得ないと言う結果が出ている。(7)

目に見えない汚染に取り組むには様々な要因を考える必要がある。カナダの北部準州、イエローナイフ付近には、政府が手を焼いた事例がある。ジャイアントという鉱山の環境修復だ。ここでは、三酸化砒素を含む廃棄物から有害物質が地下水に漏れ出し、かろうじて、永久凍土層で食い止められていた。しかし、気候変動の影響で永久凍土が溶け有害物質が地下水脈にむけて動く危険性が出てきた。土地を除染し、生態系を守るため、カナダ政府が取れた唯一の手段は、有害物質をこれまで阻止してくれた自然状態を回復する事、つまり、永久凍土の再生だった。政府は、地下に冷却剤を注入し、有害物質を凍らせ、水脈に入らないようにした。こうした環境対策は、エネルギーを要するが、止めるわけにはいかない。少なくとも、もっと経済性のある手法が見つかるまでは、続ける事になる。(8)

鉱業で劣化した生態系の修復は、北米だけでなく、どこでも、骨の折れる仕事だ。しかし、資源を必要とする人類は、大きな掘り跡を放置するのではなく、環境修復のやり方を学びつつある。

カレドニアの苦境

ローマによるイギリス侵略を撃退したのは北方部族だった。とりわけ活躍したのはカレドニアのピクト人だ。このため、ローマの記録では、スコットランドがカレドニアと書かれている。険しい山と渓谷を特徴とするカレドニアは領土を守り抜く気概に満ちた部族を育てた。しかしながら、ハイランドとも呼ばれるスコットランド北部は、ブリテンの社会、政治、経済に飲み込まれてゆく。土地に関する権利を行使していた部族長たちは地主となり、その下にいた者たちは小作人になった。土地が農業に適さないため羊が連れて来られたが、これが上記の変化を定着させたようだ。一九世紀になって羊毛の値段が上がると、羊の方が大切になり、人間が移住させられてしまった。この措置をハイランド・クリアランスと呼ぶ。多くの人は海岸や島に移動し、クロフトという土地を割り当てられたが、その生産性は低かった。クロフトに住む者はもともと地主に負債があったが、土地の使用料がたびたび値上げされるので、借金は減らなかった。家計を助けるため、彼らは沿岸で魚を取るとともに昆布を育てた。昆布は焼いてアルカリにし、南部の工業地帯に売却された。

こうした歴史ゆえスコットランドの土地所有は偏っている。一九世紀後半を例にとると、たった一一八人が、スコットランドの半分を所有しており、しかも、土地のかなりの部分はスポーツ用に割りあてられていた。現在、所有者は六〇〇人ほどになっているが、それでも、世界でもまれにみる偏り方だ。特に北の山間部《ハイランド》と島しょ部《アイランド》がひどく、土地の半分以上を三四〇のスポーツ施設が使っている。(9)「保全対象」となる広域の狩猟区は、維持が難しくなっており、切り売りされる傾向にある。しかし、アクセスが難しい場所は、交通の不便さだけでなく、経済面で期待できない事もネックになって、売れる機会は限られている。ところが、アクセスの悪さを魅力に感じる業界がある。鉱業や石材業だ。反対運動が起きにくく、環境修復も十分にできるからだ。

スコットランドの西海岸に、面積が九四〇〇〇エーカーのモーヴァンという半島がある。この半島は、かつてアーガイル行政区に属していたが、今はハイランド行政区の管轄になっている。ここは、アクセスが悪く、人口は八〇〇人そこそこだが、海が近くて深いので、石切り場を作り、重い石材を搬出するには都合がよい。こうした場所を良い供給源とみなし、海岸に石切り場を作る構想は、イギリスでは、一九七六年に出たヴァーニー報告書が最初であろう[10]。丁度その頃、イギリス政府には、砂利や石材の供給源は山間部から海岸にシフトさせる意向があり、経済的に有利な海沿いの石切り場が注目されていた[11]。

イギリスの砂利採取業最大手を興したフォスター・ヨーマンの息子で、自身も砂利採取の大物であるジョン・ヨーマンは、都市から離れた場所にあり、製品を船で出荷できるような採石場を構想した一人だ。彼は一九八二年に、大した抵抗もなしに、モーヴァン岬を買収している。もともとその場所には、グレンサンダとキンゲロッホという二つの狩猟クラブがあった。前者は五九〇〇エーカー、後者は一四〇〇〇エーカーの広さだ。採石場の構想にあわせて法律も整備されグレンサンダ港法が施行となった。これによりリンヘ湖の中で七平方マイルの範囲を使う事が可能となった[12]。採石場へ行くにはボートに乗って三〇分だ。採石開始前の環境と社会面に関する評価は二年かかったので、営業の許可は一九八六年になった。スコットランドの法律では鉱物資源（金、石油、石炭を除く）は地主の物と定められているので砂利の所有権はヨーマンにある。

利害関係の衝突はまれだし、環境保護団体が目くじらを立てるような場所ではなかったので、この場所は払い下げに好都合だった。リンヘ湖も環境面で問題になるようなことはない。湖の対岸から石切り場は見えないので景観という面でも大丈夫だ。グレンサンダは、二五年間の採掘許可を得ているが、今や一日二四時間、年に三六五日の操業を行う世界最大級の砕石場だ。採れる花崗岩の量は九億トン以上、一五〇〇年以上持つと言われている。現在、採掘のペースは年に六〇〇〇万トンだが、一五〇〇〇万トンに増量する予定があるという。

グレンサンダの地主は鹿狩りなど砕石以外の土地利用も認めている。キンゲロッホでも保養所を残している。一方、採石会社は、廃石を利用して、リンへ湖に人工環礁を作ろうとしている。近くにあるロカリーネ村にはダイバーが来る。彼らは重要なお客なのだ。グレンサンダはハリス島と実に好対照である。ハリス島では漁民が環境グループと手を携えて砕石反対の運動を起こしたが、最も先鋭だったアラステア・マッキントッシュですら、グレンサンダについては、生態系の回復が見込めるので大規模な採石は問題ないと認めている(13)。

会社は採掘が終わった場所を基の状態に戻す計画を持っている。削岩、発破、積み込み、運搬、破砕など、石材を得る一連の作業は、海抜一五〇〇メートルの場所で行われる。最初の破砕が終わると、岩石はグローリーホールという縦穴に投げ込まれ、下まで落ちてゆく。外からは見えないが、このしくみのおかげで、大量の粉塵が周辺に飛び散らないですんでいる。ロッカライン村からは縦穴の一部が見えるし、夜間照明や騒音という問題がないわけではないが、大きな反対運動は起きていない。

採石場は拡張を予定しているが、これに対する環境グループの要求は「開発にあたっては原生林に近い今の状態を保存しろ」と単純だ。花崗岩は再生不可能なので、肝心の問題は、仮に採石場が一五〇年続くとして、採掘が終わった時にどうなるかだ。ここはかつて野生動物の観察とレクリエーションを主とする場所だった。景観の修復は重要な課題だ。そこで修復計画は「採掘跡を周囲の丘陵の地形と調和させる事」を目的としている。会社は目につきやすい場所から順に手を付けている。岩盤を発破してがれきを作り、それで掘り跡の急斜面をおおい、自然に近い状態とする作業だ。むき出しになった掘り跡やがれきにはピートを貼り付ける。これで採掘跡は自然に近い状態となり草原に戻ってゆく。スコットランド政府の計画書によるとグローリーホールは、いずれ、ポンプ式水力発電に転用するようだ。さらに、会社は、石材がなくなった場合の住民の生活を考えており、地域の養魚場を支援したり、風力発電設備を導入しようとしている[14]。

今のところ、グレンサンダ鉱山は、観光業、ダイビング、釣りなどと、共存している。反対派は砕石の代替案として景観の保全以外は出せないようだ。グレンサンダのような環境調和型産業を呼び込むとは、人口減が問題となっているハイランド地方にとって、魅力的な選択肢である。

グレンサンダから一二〇〇〇マイルのかなた、南太平洋の珊瑚海には、ジェームズ・クック船長ゆかりの島がある。スコットランド人の船長が島に初めてやってきたのは一七七四年だが、故郷の松に似た針葉樹があるのが印象深かったためか、島をニューカレドニアと名付けている。この島は世界で最も固有種の割合が高く、島内にいる動物の九割は、他では見つからない。『生命の多様性』を書いたナチュラリストのE・O・ウィルソンはニューカレドニアを「好きな場所だ」と本の中で言っている[15]。しかし、この島の魅力は、動植物の珍しさだけではない。金属資源であるニッケルが賦存しており、しかも、世界の三大産地に入るくらい量が多い（残りの二つはカナダのサドベリーとロシアのノリリスク）。フランスの植民地になった一八五三年から、このかたずっと、ニッケルはこの国の経済を支える主役である。

島民の四五％くらいは先住民のメラネシア人でカナックとも呼ばれる。あと三五％はヨーロッパ系、一〇％がポリネシア人、残りの一〇％はベトナムや中国、その他アジア系の混血だ。

ニューカレドニアでは、環境管理は、ほぼ地方政府の仕事になっている。外地扱いなので、フランスの法律は適用されないが、地方政府はフランスの環境法を全部あるいは部分的に適用していいことになっている。ただし実行されたことはなく、一五年前まで規制は皆無だったため、ニッケルも長い間採り放題だった。採掘と伐採で地表は荒れはて、河川には汚泥が沈積した。海に流れ込んだ泥は世界第二の大きさを誇るサンゴ礁をむしばみ始めた。[16]

ニューカレドニア全土の回復計画はいまだ存在しない。しかし、産業界と地元民の寄付を元手に取り組みを始めたNGOの例はいくつかある。たとえば、WWFとして知られる世界自然保護基金は、フランスのラファージュ社と組んで、森林の再生プログラムを開始した。これは地元でも好意的に迎えられた。ラファージュ社はWWFと協定を結んでおり、これ以外にもさまざまなプログラムに協力、合計すると、毎年一一〇万ドルの拠出をしている。因みに、WWFカナダは、カナダでニッケルを採掘するインコ社と似たような協力をしようとしたが、景観の回復に巨額の拠出をする話にもかかわらず、会社の姿勢に疑問を持つ地元住民の反発を買った。[17]

景観の回復

人間にはすばらしい適応能力がある。このおかげで、我々は、極寒の地であろうと酷暑の地であろうと、住み続ける事ができた。不平をいったり、祝ったりしながら周囲の環境に自分を合わせ、定住している。長くいると土地に愛着がわく。そしてその景観は特別なものになる。したがって、景観を変えるような事業は、過去に認められた事例があったとしても、慎重に交渉を進め、そこに長く住む人の気持ちに配慮すべきである。

コーンウォール地方にある古い粘土鉱山が、このような考えを取り入れて、再生に成功した。事業はエデン計画という。実は、金属、粘土そして骨材の採掘が何世紀も続いたコーンウォールのダメージはひどいものだった。二一世紀になってやっと修復の話が出てきたのだ。採掘跡には粘土を取った跡である窪みとズリ山があちこちにある。ズリ山ときたらコーンウォールのアルプスと呼ばれるほどの大きさだ。[18] エデン計画では、伝統ある鉱業を記念する博物館を建設する一方で、持続可能な未来像を描こうとしている。計画を立ち上げたティム・スミットはここで生産性と収益性の高い企業を育てたいという。彼は二〇〇〇年にイギリスが開催したミレニアム委員会の行事でも貢献している。二〇〇三年に倒産したミレニアムドームと違って、エデン計画は成功し、交通渋滞とごったがえす客の多さに不満が出るほどになっている。

プロジェクトでは一二エーカーもある目障りな窪みがデザイナーの仕事場となった。金属鉱山や炭鉱では、酸性の排水が出たり、重金属汚染が見つかったりするが、ここには、そうした問題はない。なので最も簡単な修復方法は植樹だ。周囲に樹木を茂らせ一番低い部分が池というイメージだ。カナダのヴィクトリアにあるブッチャートの町には、有名な庭園があるが、そこも、もともと、採石場だった。コーンウォールにも似たようなやり方をした所がある。そこでは採掘跡が「ヘリガンの失われた庭園」という名所になっている。エデン計画でもボディヴァ鉱山跡を庭園にするはずだった。再生が重要なテーマで樹種の選定が大切なポイントになった。

図21　イギリス、コーンウォール地域のエデン計画の様子（ブリストルのクリスチャン・メイナード氏撮影。本人の許可を得て掲載）

しかし、大きな観光収入につなげるためには単純なガーデニングでは駄目だ。彼らはどうしたか。植物学と工学が融合すれば温室だと言わんばかりに採掘場の穴を世界最大級の温室にしてしまったのだ。現地には五角形や六角形のパネルを組み合わせたドームが並んでいる。その光景は、まるで、鉱山から卵が産まれたみたいだ（図21）。この温室はバックミンスター・フラーのドームに似ている。バックミンスターは、資源が限られる中で人類はどう生き残れるか、どのような技術が環境に優しいかを追求し、多彩な仕事を残した人物である。環境運動を象徴する言葉「宇宙船地球号」は彼が作ったものだ。[19] 一九六七年のモントリオール万博でアメリカ館を作ったのも彼だが、この建物は、現在、カナダ環境省が所有する温室博物館になっている。

外来植物を温室で育て研究する事は環境修復を進める上で重要だ。汚染物質にもよるが、往々にして、コケやバクテリアが浄化に一役買っている。ブラジル産のシンドスコルスなどは金属を好み、ニッケルを取り込むという。[20] 採掘跡の修復に使うなど、明確な目標を立てて、こうした植物を実験室で育てれば、エデン計画のような修復作業で役立つし、事業は発展することだろう。

建設したドームを安全に保つためには、窪みの周囲にそびえる残壁を安定化しなければならないが、デザイナーたちは、そのプランを練るのに二年かけた。また、温室で必要になる八五〇〇〇トンの土を地元でまかなおうと、土壌学者と組み、採掘後の残土を利用する方法を開発した。こうして、彼らは、環境に貢献したばかりでなく、生産と輸送のコストを大幅にダウンさせることに成功した。このプロジェクトでは自然の模倣も試行された。建築家であるニコラス・グリムシャウは、何度も挑戦し、最後は、銅ぶきの屋根を持つコアという建物を思いついた。この建物のデザインは葉序の原理に基づいている。生物の模倣をしたこのデザインは、ヒマワリの花の渦巻き、パイナップルの形、松ぼっくりの構造など、植物成長にみられる規則的な配列を参考にするものだ。屋根に使われた銅は、プロジェクトの要求に従って環境と社会に配慮した採掘をした鉱山のみから供給された。

エデン計画とほぼ同じ時期に、環境修復をした中で、かなり異色な例を紹介しよう。エデン計画から北へ数百マイルの場所にラーゾという名前の石材鉱山がある。ここは、なんと、あちこちに割れ目がある石切り場を、ロッククライマー用に整備した。今では世界最大の室内型ロッククライミングセンターになっている。ロッククライミングに適さない部分もあるが、採掘跡に残されたくぼみは設備を作るのに最適で、オーナーは五〇〇〇万ドルかけて整備した。建築家デイヴィッド・テイラーが指揮するデザイナーたちは石切り場と娯楽施設の融合に張り切ったが話はそう簡単ではなかった。センターは客を引き付ける要素に乏しく、オープンから二年後には赤字になった。鉱山というのは地質学的条件だけで立地が決まる。このため、センターはエディンバラから遠く、行くのが不便だったのだ。結局、エディンバラ市のテコ入れがあり、営業にも力を入れてセンターは持ち直し、二〇一二年のオリンピックでは、いくつかのイベントを引き受ける事ができた。[21]

廃坑の場合、生々しい採掘跡がのこるので、一般市民の生活感覚に合うよう作業することが、環境修復の重要なポイントになる。インドのラジャスタン州では古代に稼行した鉱山跡地が、そのように再生されそうだ。その一帯には「カディン」と呼ばれるかんがいの伝統がある。これは、小さな峡谷に水門を作って水を溜め、必要に応じて農地に給水するしくみだ。計画では跡地に水を溜め地元民がカディンと同じ感覚で使えるようにするそうだ。近くにあるサリスカ虎保護区も修復計画に組み込まれている。保護区で植生が回復すれば、居住エリアを確保できた虎が落ち着き、人里に出没する回数が減ると、期待されている。[22]

「鉱山跡を何度も使えば、最後は鉱山に囚われる」と皮肉を言う人もいる。アメリカのコネチカット州東グランビーにあるシムズベリー銅山はそんな場所かもしれない。一七〇五年に採掘が始まった古い鉱山だ。開山から二年後、鉱山主は牧師たちと契約を結び、精錬と延べ棒作りを始めた。得られた収益の一／一〇は地元へ還元され（そのうちの二／三はシムズベリーの校長へ、一／三はエール大学へ）残りの九／一〇は、鉱山主と労働者に均等に分配された。一七〇九年には、利益に応じて鉱業関係の事案を管理する権利が、有力な鉱山主に与えられた。このグループは一七七三年まで鉱石の粉砕事業も行った。[23] 一七七三年以降、鉱山は刑務所になったが、しばらくは採掘も続け、囚人を使役した。

大規模な採掘が長年続く場所では、景観の変化が生活に大きな影響を与える。特に、鉱量が多く採掘期間が長くなりがちな炭鉱の跡地を修復するには、技術面でも社会面でも、大きな支援が必要になる。アメリカでは、一九七七年に制定された露天掘管理修復法が、炭鉱における環境修復について定めている。また、事業を推進する機関として露天掘管理修復機構が設立されている。当時、炭坑問題は重要な政治的課題であり、ジェラルド・フォード大統領は、この法律制定のために奔走したし、ジミー・カーターは、選挙戦でこの法律推進を公約に掲げ、当選後は速やかに実行した。露天掘管理修復機構にとって最も重要な使命は法律制定前に操業を止めた炭坑の環境修復だ。こうした鉱山跡における除染の資金を捻出するため廃鉱基金も制定された。原資は炭坑にかかった税金である。税額は、露天掘りの石炭一トンあたり三五セント、坑内ぼりの石炭なら一五セント、亜炭は一〇セントだ。

景観を修復するなら鉱山以外の事業が可能になるよう配慮すべきだ。地元がまず思いつくのは観光業だが、他のビジネスについても考えると良い。アパラチア地方では朝鮮人参の栽培が検討されている。アメリカのハーブ市場では朝鮮人参の需要があるし、気候が適しているので、閉山後のビジネスとして期待される選択枝だ。国や地方の政府が栽培方法について助言してくれる可能性もある。しかし、アパラチア地方に自生する朝鮮人参は、鉱業の影響のためか、減っているという。[24] これから解るのは、環境修復は単純な植生回復であってはならず、土地の生産性の回復に繋がらなければならないという事だ。特に集水域の回復は重要で、生態系がバランスよく機能しているかどうかを確認する場所となる。[25] こうした要素を考慮しつつ、環境を修復するには資金が必要だ。しかし、鉱業は斜陽産業だし、浄化で利益が出るわけではないので、法律で強制する外、資金確保の手段はないであろう。

資金の準備

オーストラリアに住むアボリジニは資源採掘の作法を口伝えに守ってきた。メルボルン博物館には、ニューサウスウェールズ州にあるウイラミムリングという丘について、聞き取りをした記録が残っている。この丘では、ウォウウルング族が斧を作るために、緑色岩を採っていた。記録によると、採掘の権利は、ビリベラリーという長老が一八四六年に死ぬまで持ち続けたが、周囲の部族はみなそれを認めていたそうだ。ヨーロッパから来たウイリアム・バラックという記録家は一八八二年に「周囲の部族は斧作りの石が必要になるとビリベラリーに使者を遣わした。ポサムの敷物一枚あたり三袋の石が渡された」と書いている。[26] 豪州では至るところで似たような物々交換が行われていた。狩猟や採集と同じように採掘にもコストがかかる事を人々は理解していたのだ。

右のように、小規模に採掘している間は、自然環境は自ずと元に戻ってゆくが、大規模な開発になると、人の手が必要になってくる。しかし修復に十分な手立てをそろえるのは難しい。特に僻地でインセンティブの乏しい場合は。西オーストラリアのブルームとクルムナラを六〇〇マイルにわたって結ぶアスファルト道路は無法地帯の映画に出てくるような趣を持っている。道沿いにカンガルーの死骸が転がり、鉱山への道案内があちこちに出ている。パトカーもほとんどいない。裁判沙汰がしょっちゅうあるこの辺りはニコール・キッドマン出演の映画で一九世紀の田舎ぐらしを描いた「オーストラリア」のロケ地でもある。轍のついた道路が採掘場へ通じているが、バオバブと赤土のマウンド以外、目につくものは何もない。アボリジニたちはバオバブをラーカーディ、赤土のマウンドをジルカーと呼ぶ。この二つは彼らにとって聖なる意味があるので、政府は一九七二年アボリジニ遺産法を制定し、保護している。

この地域はキンバリーとも呼ばれている。ダイヤモンドの産地である南アフリカのキンバリーにちなんだ呼び名だ。その名の通り、ここでは、三つのアボリジニの部族（ミリュウング、ジジャ、マルニン）が所有する土地からダイヤモンドが取れる。採掘はアーガイルという世界第三位の鉱山会社が行っている。アボリジニは土地とのつながりが強く、先祖からの伝承、伝統や特殊な生態系を気にする。当初は「良き隣人」と認めた者としか採掘の契約を結ばなかった。しかし、時代が進んで採掘の規模が大きくなり、いろいろな問題が出てくるに従って、閉山後の取り決めなど、細かい契約が必要となってきた。そこで、アーガイル鉱山は、まず、謝罪を行った。かつてアボリジニとの信頼関係を損ねる行為があったためだ。また、バラムンディギャップという重要な場所を冒涜した事に対する賠償金として、一〇〇万ドルを地主に支払った。二〇〇三年のことだ[27]（図22）。

二〇〇五年には先住民を代表するキンバリー土地委員会と会社の間で話し合いが持たれた。交渉の結果、「アーガイル参加合意」が締結され、会社側は、牧草地を稼行期間中はずっとリースし、最終的には先住民側に引き渡すことを承諾した。この合意により、先住民は、牧草地に対する先祖代々の権利を主張できるようになった。今のところ、どの区画を修復するにしても、アボリジニ側に相談があり、かつ、もとから自生する植物が利用されている。この合意は、鉱山会社が自発的に進めた点で画期的だが、コストの負担については明確でない。環境修復の資金は、責任を多少感じている鉱山にとっても、おいそれとは応じられない問題なのだ。先進国では、環境修復のための信託基金や保証証券が要求されるが、

図22　バラムンディギャップの方向から見た西オーストラリアのアーガイルダイヤモンド鉱山のピット。

必要額の計算方法には改良の余地がある。たとえば、ロイヤルティの使われ方やキャッシュフローに与える影響について検証した世銀の研究では、環境修復に必要な資金の大部分が、モデル計算から排除されている。報告書の著者は「はじめの頃ロイヤルティの収入が基金の積み立てに使われた例はない。（中略）これは経済的に本質的な問題ではなかろうか」と認めている[28]。ただし、アーガイルダイヤモンド社は、地元との交渉プロセスに、土地の管理や修復についての研修を組み込んでいる。鉱山には飛行場も設営されている。すぐ隣はアーガイル村だ。したがって、地主たちは、閉山後もこの状況を活かすビジネスプランを立てる事ができるだろう[29]。

環境修復保証証券にいたっては先進国でも不十分なままだ。カナダのイエローナイフにあるジャイアント鉱山を例にあげよう。鉱山を経営していたロイヤルオークコーポレーションが破産した時、負債額二億九千三百万ドルに対し、証券の出せる金額はわずかに四〇万ドルしかなく[30]、結局、負債は先住民問題・北方開発省が負担した。新しいプロジェクト立案にあたっては、環境修復のコストを余裕を持って見積もり、ビジネスプランの中に組み込んでおくべきだ。簡単に拠点を移せる他の企業と違って、鉱山会社は、その立地を鉱石の賦存場所に縛られてしまうので、こうしたコストを逃れることはできないし、先進国では「底辺への競争」が起きる可能性も低い[31]。一方で、開発を優先し、環境修復のコストは最小限にとどめたい資源国もある。今のところ、環境に責任を持つ鉱業を求める国際的基準は、自主的に決まったものか、世銀のような資金を持つ組織が介入した事例がほとんどだ。しかし、環境を守るためには、スタンスの異なる国同士が話し合い協調することが必要だ。

鉱業に頼る地域で、環境と社会の修復を行う十分な資源を確保するためには、他の事業を手がける人たちが投資したくなるインセンティブが必要だ。脱鉱業も一つの選択肢だ。他の産業を選ぶことで、新たなイノベーションが生まれるかもしれないし、地域が持続的に発展して行く道筋が見えるかもしれない。しかし、地域社会が生計手段を変えたとしても、自然の保護をどうするかは、依然、宿題となる。

アメリカのアリゾナ州、メキシコとの国境まで七マイルのところに、ビスビーという町がある。コッパークイーン鉱山のお膝元にある鉱山町だ。一八八〇年にできたこの町では一九〇二年まで二万人が暮らしていた。セントルイスとロサンゼルスのあいだに限って言えばこれは最大の人口だった。ビスビーには複数の鉱山があったが、合計すると、七〇年間で、銅は八〇億ポンド、銀は一億二百万オンス、金は二八〇〇万オンスが、回収されている。採掘は一九七四年に終了し人口は三〇〇〇人にまで減った。どうやって町を維持するか？　まず「国境に近い利点を生かせないか」という話が出た。メキシコに設備を持つ会社を呼び込めるかもしれないし、そうなれば、メキシコに通勤する人の下宿をビスビー側で営めるかもしれないからだ。ただし、違法に越境する移民の問題は投資家にとってリスクだ。ほどほどの人口があるトゥーソンとの関係構築も一つの可能性だったが、距離が九〇マイル上あり、通うのは楽ではないので、無理そうという結論になった。

生き残りをかけたビスビーは、次に、鉱業に頼らない計画を立てた。まず、やらなければならなかったのは、税収の確保だった。税収がなければ住民サービスが提供できないし自立できない。鉱業以外に投資したい人を惹きつけるインセンティブを盛り込んだ入念な計画が必要となったが、ビスビーの場合は、アリゾナ・エンタプライズ・ゾーン・プログラムという制度が役に立った。これは貧困と失業が著しい地域の活性化を目指すもので一九八九年に制定された。これによると、小売以外の事業で雇用を創出できるものは、所得税控除を受けられる。さらに、一九九三年には、小売を含む認定事業に対して固定資産税控除が、一九九九年には保険に対する助成金が、それぞれ認められている。これを活用した結果、現在のビスビーには、一七軒の骨董店、二〇軒のレストラン、三軒の博物館、一三の公園、一八のゴルフコース、そして、多数の中小企業が存在するまでになった。人口は二〇一〇年まで年率一・四％で増えている。失業率も改善し、一九九六年には一〇％だったのが、二〇〇七年には四％強になっている。コッパークイーンズ鉱山の採掘跡は完全に修復されたとは言えないがビスビーの市街は経済的に蘇ったと言ってよい[32]。

鉱山町の環境を修復する資金を調達するには、プロジェクトを始める段階で、プランがしっかりしていなければならない。また、突然の閉山を避けるとともに十分な環境浄化資金を準備するため、定期的に経営状態を確認する必要がある。鉱石の価格変動が理由であれ、政情が理由であれ、突然の閉山が地元に及ぼす影響は大きい。たとえばフィジーにあったヴァタコウラ金山の場合、七〇年以上稼動していたのに、オーストラリアにある親会社の政治的判断で、二〇〇七年の一月、突然閉山となった。七〇〇人の労働者には一週間前になっても通知がなく、彼らと家族は収入源を絶たれたまま、放置された[33]。

鉱山を突然やめてはならない。地元の事情に配慮して慎重に事業終了の計画を立てるべきだ。『閉山になったら』という本を出版したセシリー・ネイルらは「閉山は再生不可能な資源を採掘した当然の帰結だ。変に問題視されるべきではない」と述べている[34]。しかし、自然に関しても、社会に関しても、十分に修復できる資源を用意しない限り、どこでも閉山は騒動になるであろう。

進化する方法論

プレートテクトニクス、太陽サイクル、隕石の衝突など、自然のプロセスによって、地球の形状は変化し続けている。山岳は侵食される。火山噴火でクレーターができる。天変地異によって種が絶滅する。しかし、人為的な変化は、ある程度、制御が可能だし、監視されるべきだ。我々は明確な方針を持って地球を扱うべきだし、どんな資源を採るにしても、生命を育む自然界の機能を保全しなければならない。人の手で地形が変わってしまうとしても、目に見えない所で進行している生物や地球の化学的作用は、守らなければならない。我々の子孫の生活も、我々と共存する生物のサバイバルも、こうした生態系に依存するからだ。

最近、「再生」という概念を鍵として、生態学の一分野（再生生態学）が勃興している。[35]「人間の力は自然の能力に及ばない。再生とはレプリカづくりにすぎない」という批判はあるが、再生生態学が目指すゴールは、単純な再生ではなく、自然が元の状態を回復するために必要とするメカニズムや構造を提供することだ。したがって、ここで言う再生技術とは、自然が持つ再生メカニズムを手助けする触媒のような技術である。再生生態学の専門家はよく構造と機能という言葉を使う。前者は生物の多様性を意味し、後者は生物が持つ再生産メカニズムの化学的側面（栄養とか化学的バランス）を意味する。以上の意味での再生を実現するにはいくつかの概念を理解しなければならない。

どこかの自然の再生をしたいなら、まず、集水域という概念が重要になる。地表を流れる河川と支流は周辺の生物に必要な養分をいろいろな形で届ける、言わば血管のようなものだ。このため、河川は水質再生がうまくいくかどうかを決める鍵となる。再生に際しては、何はともあれ、地表水と地下水から着手すべきだ。鉱山は化学物質を使用するので周囲の水質を変えてしまう事が多いが、その場しのぎの対応はだめである。だいたいにおいて、行政は水源よりも蛇口から流れる水の質を気にする。しかし、汚染の根本原因は何かを意識して行動しなければ、水質再生はできない。

水質再生には工学的手法を導入すべきだろうか。これについては議論が続いているが、採掘によって大きく様変わりした地表で生態系の機能を回復させるためには、どうしても技術による介入が必要である。掘り残した斜面の安定化、水路の建設、場合によっては地下水の凍結が必要となってくる。こうしたやり方を成功させ、長く続けるためには、地元民に参加してもらうとともに、彼らに学んでもらうことが大切と言われている。[36]

たいていの場合、再生にあたっては、「専門家」が召集される。しかし、地元が納得しないと、再生計画は成功しない。では、地元民は何を気にするのだろうか？　第一は安心が得られるかどうかだ。次に、どんな仕事が事業後に可能となるか、また、その仕事が長年の生活を保証してくれるかどうかだ。鉱山周辺の再生プロジェクトは、それ自身が新たな雇用創出の場となり、重層的かつ長期的になる事が多い。この雇用はあくまでも再生が終わるまでの一時的なものだが、地域の雇用を増大させる契機としなければならない。

良い再生プロジェクトにはモニタリングの仕組みが備わっているが、モニタリングを後押しする経済的インセンティブは少ない。したがって、定期的に環境基準が達成されているかどうかを監視する必要があるが、こういう場面で、工学が役に立つ。たとえば地下水の監視にはリモートセンシングが有効だ。得られたデータは地元と利害関係のない専門家が解析する。学術機関と連携すれば、データ入力などで、学生たちが助けてくれるので、仕事は非常にスムーズになる。

資源採掘は長期間にわたって地元に影響を与える。特に露天掘りの場合は、へたをすると数千年もの間、何らかの影響が続くと思われる。採掘による負荷は、自然の力で、ある程度は、減衰するだろうし、動植物も強靭な生命力をもっている。だからといって、種の絶滅を招く事態が来ないとは限らない。鉱山によって劣化した環境の修復は長期間に渡る課題となるが、同時に、生態系の復元ができる良い機会だ。丁寧かつ創造的な作業にしたいものだ。

第九章　うまくつきあう方法

現在知られているような知識をもたらした、地殻の物質や地球を取り巻く空気・水に関する研究は、たくさんの偉大な旅よりも冒険的なものだ……「世界が尽きるまで尽きない海」に関する未知の世界に科学者たちは乗り出し、これまで地球から得てきたすべての金や宝石をもしのぐ宝を持ち帰ったのだ。

――ロバート・E・ローズ『化学工業の基礎』（一九二四）

北米のスペリオル湖のほとりにツイン・ハーバーという集落がある。ここは、一九〇二年に、五人の実業家（ヘンリー・ブリアン、ヘルマン・W・ケイブル、ジョン・ドワン、ウイリアム・A・マクゴナグルおよび博士号を持つJ・ダンリー・バッド）が、コランダムの採掘を始めた場所だ。鉱物学的に言うと、コランダムはルビーやサファイアと同じものだが、輝きがなく、宝石として扱えない。実業家たちも、宝石として売るのではなく、硬くて強い物性を利用すべく、最初は、紙やすりや研磨剤の原料として出荷した。しかし、現場で採れるコランダムの量は多くはなく、じきに、商品価値のない斜長岩ばかりが出るようになった。彼らは何とかしてくれと、地元の投資家ルシアス・オードウェイに泣きつき、会社はミネソタ鉱業製造会社として存続する事になった。

新会社は原料探しや製品開発で苦闘を続けたが、やがて、鉱業以外の分野に進出、社名を3Mコーポレーションと改め、やがて、軽量中綿素材からポストイットまで手がける事になる。鉱山会社が化学工業に転進したわけだが、成功の秘訣は、従業員が出したアイデアだった。会社は、他の製品の売上を圧迫する可能性があっても、良い提案は却下せず、検討した。たとえば、ポストイットの場合、使い勝手がよく、使う素材の量も少なくてすむのであれば、スコッチテープとうまく競合させればいいという判断をした。[1]

3Mは創立から一世紀ちょっとになるが、化学工業を中心に事業を展開、七万種以上の製品を二〇〇カ国以上に送り出している。環境対策についても熱心だ。ミネソタ州のコテージグローヴで土壌汚染をおこすなど、問題がなかった訳ではないが、すでに一九七五年頃から、生産と環境修復を両立させるよう努めている。従業員が主役になって実行する3P（Pollution Prevention Pays）はその例だ。これにより、有害物質二六億ポンド分の汚染が防止でき、一〇億ドルの対策費が節約されたといわれている。[2] この会社は、環境面のイノベーションを重視する技術陣を抱え、短い目で見るとそうでもなくても長い目で見ると良さそうな化学物質を探求している。面白い例をあげよう。揮発性有機化合物（VOC）に代わる物質の開発だ。VOCは接着剤としては良いものだが、生態系や健康に悪影響を与える。予定よ

り三年長くかかり、一〇〇億ドルの損失があったが、粘着性に優れ、環境にやさしいポストイットが市場に出たのだった。(3)

［3Mの取り組みは結構なことだが］一つの会社だけが物質社会を変革するロールモデルになるのではないから、似たような事例をあれこれ参考にしたいものだ。ごまかしだと批判される取り組みもあるだろう。方針を誤って失敗する事も多いだろう。それでも、問題を解決したいのなら、材料、鉱物資源、化学物質が社会から切り離せないという認識を広めなければならない。鉱業で得られた富は経済を活性化することもしない事もあるが、利益を得た者は社会に対する責任を負わねばならない。資源を利用するなら、得られた利益をどうやって社会全体に還元するか、考えなければならない。

偉大な社会活動家たち

二〇〇五年に、一〇億ドルという、かつてない巨額の寄付が公表された。この時、人々を驚かせたのは、寄付を受けたのがアメリカの有名な学術機関ではなく、寄付した人もビル・ゲイツやウォーレン・バフェットのような有名人ではなかった事だ。寄付したのはアニル・アガルワルという鉱山主で、寄付の目的は、予算が乏しいインドのオリッサ州に大学を建てる事だった。今のヴェダンタ大学である。ビハール州パトナで生まれたアガルワルはあまり豊かではない家庭に育った。事業の才能はあるが、教育には恵まれず、英語もおぼつかないこの人物は、小さな銅ケーブルの会社から身を起こした。銅は二〇世紀を通じて価格の変動が激しい商品だったが、材料調達の段階から自分で管理する姿勢を持っていた彼は、タイミングを見計らって、インドとアフリカで銅山を買収し、ヴェダンタリソーシズ社を設立した。時あたかもインドで事業の民営化が行われた時期だ。会社は軌道に乗り、飛行場を買収するなど、鉱山以外にも手を伸ばすまでになった。その結果、彼の会社は、インド最大の納税者となり、二〇世紀が終わる頃には、彼自身も世界に名を知られる富豪となっていた。[4]

鉱山以外のビジネス、たとえばコンピュータでも、富を築く事はできる。しかし、発展途上国でどん底から這い上がり、社会奉仕する人には、資源関係者が多い。これは何も新しい話ではない。歴史上、名前を残した社会活動家を見ると、彼らが何らかの形で資源にかかわり、財を成したことが確認できよう。実際、ドイツにおける冶金学の父であるゲオルグ・アグリコラは、すでに一六世紀に、「蓄財の正当な方法として鉱業に勝るものはない」と書いている。[5]

オランダのハーグにある国際司法裁判所も加盟国の寄付によって作られたものではない。部屋に掲げられている銘板を見ると、この「平和の殿堂」を作ったのは、鉄鋼王と呼ばれたスコットランド系アメリカ人、アンドリュー・カーネギーである事がわかる。一九〇三年に彼は建設費として一三〇億ドルを寄付した。叩き上げの事業家であるカーネギーは、社会の不平等な現実、特に、鉱山労働者と資本家のギャップを気にかけていた。彼のメモに次のような言葉が残されている。

金銭に執着するほど哀れな事はない。金銭はそれより価値のある何かを得る道具に過ぎないのに、往々にして、怪物として膨らんでゆく。私はそのような世界から飛び立ちたい。心と魂の喜びにつながる事に金銭を使いたい。汗水たらして働くピッツバーグの人たちにしあわせをもたらすような使い方がしたい。[6]

社会活動家の顔を持つカーネギーやロックフェラーの財産を他の富裕層と比べてみよう（表1）。現代の富裕層は産業革命の頃に及ばない事がわかる。物質主義、消費主義を代表するウォルマートの創業者サム・ウォルトンですら一七位だ。産業革命期に財を成したカーネギーとロックフェラーに太刀打ちできる者はいない[7]。政治力という点でも同じだろう。

資源（特に石油）で財をなした人は、いろいろな分野で、進んで社会奉仕をしている。無一文から身を起こした人は、持たざる者に分け与えることを、自らの義務と思うようだ。資源から得られる富は一点に集中し、不平等が生まれる。これは能力差による結果として単純に片付けられない。資源によって巨利を得た人達には分け与えようとする良心が疼くようだ。

ロックフェラーが巨万の富をなしえた理由の一つは、当時、独占禁止法がなかった事である。しかも、石油は輸送しやすく、エネルギー需要に応えられる商品だった。ともあれ、自分の力をどう使うか考えた末、ロックフェラーは教育を中心にすえることにした[8]。その活動は幅広く、一八八四年にアフリカ系のアメリカ人女性を対象としたスペルマンカレッジを設立したかと思うと、一九一四年には中国医療局を設立している。ビル・ゲイツのように国際的な健康キャンペーンも手がけている。例えば、黄熱病のワクチン開発は、ロックフェラー財団の研究成果である[9]。

資源によって巨万の富を築いた人物が博愛の精神を持っていた事はアメリカ以外でも知られている。南アフリカでは、「ランド貴族」たちが、世の中の不平等を何とかしようとしていた[10]。そのうちの一人がデビアスの創始者セシル・ローズだ。植民地主義と大英帝国の優越を信奉してはいたが、彼がオックスフォード大学に遺した巨額の奨学金は、世界中に知られている。ビル・クリントンをはじめ多くの政治家がその恩恵にあずかった。ローズ奨学生は世界に影響力を持つ人たちの中でも一目置かれる存在だ。

雑誌「フォーブズ」は、毎年春に、富豪約一一〇〇人のリストを発表する。ビル・ゲイツのような大物が登場するが、人々が首を長くして待っているのは、富豪がどうやって財をなしたかという紹介記事だ。二〇〇八年の資産総額は四兆三千億ドル、つまり、世界中の援助資金総額一千億ドルをはるかに上回っていた。しかし、その大部分は、貧困層救済には使われていない。資源の利用で得られた利得は公平に行き渡らない傾向がある。これをいかに分配するべきかが問われている。

個人の慈善事業は満足は得られるが、社会政策的にはリスクのある行為である。そのせいか、最近の富豪は、国宝級の絵画を購入するなど、お金を自分のために使う、あるいは、自分の好みを反映させるらしい。たとえば、ロシアとウズベキスタンの資源ビジネスで成功したアリシェル・ウスマノフだが、出身地が困窮しているのに、ロシアの美術品やマンションを購入し、自分だけのものにしている。有名な大富豪の例があるにせよ、チャリティに関する研究によると、富裕層の寄付するお金の割合は中産階級やそれ以下の階層よりも少ないという[11]。したがって、政治的・社会的な運動のために富裕層の資金をあてにするのは、やめた方がいい。

リスクを取る姿勢には、明らかに遺伝的要素がある。これは高等動物でも観察されている事実だ。二〇〇五年に公表されたマカク猿の研究ではハイリスクでも果汁がたくさん取れる選択をすることがわかっている[12]。ギャンブルが太古の昔から存在した事が示すように、人類の体にも、一攫千金を求める欲望が埋め込まれている。リスクを取るからこそ、大きな利益を得る事ができる。しかし、だからといっ

名前	最大の収入があった時の年齢	2008年換算の資産（単位10億ドル）	出身地	所有会社又は資金源
ジョン・D・ロックフェラー	74	318.3	アメリカ	スタンダード石油
アンドリュー・カーネギー	68	298.3	スコットランド	カーネギー製鋼
ニコライ二世（ロシア）	49	253.5	ロシア	ロマノフ家
ウイリアム・ヘンリー・ヴァンダービルト	64	231.6	アメリカ	シカゴ、バーリントン、クインシー鉄道
ウスマーン・アリ ハーン	50	210.8	ハイデラバード	領地
アンドリュー・W・メロン	80	188.8	アメリカ	ガルフ石油
ヘンリー・フォード	57	188.1	アメリカ	フォードモーター
マルクス・リシニウス・クラスス	62	169.8	ローマ	議員
バジル二世	67	169.4	ビザンチン帝国	領地
コルネリウス・ヴァンダービルト	82	167.4	アメリカ	ニューヨーク・ハーレム鉄道運輸
アラナス・ルフス	49	166.9	イギリス	投資
アメノフィス三世	50	155.2	古代エジプト	ファラオ
サリー伯ウィリアム・ウォーレン	38	153.6	イギリス	サリー伯爵位
ウイリアム二世	44	151.7	イギリス	領地
エリザベス一世	69	142.9	イギリス	チューダー家
J. D. ロックフェラー, Jr	54	141.4	アメリカ	スタンダード石油
サム・ウォルトン	74	128.0	アメリカ	ウォルマート
ジョン・ジェイコブ・アスター	84	115.0	ドイツ	アメリカ毛皮社
バイユーのオド	61	110.2	イギリス	領地
ビル・ゲイツ	44	101.0	アメリカ	マイクロソフト

表1　二〇世紀の富豪一覧

て、利益を手にした者が、飢えた何百万人を放置する事は許されない。

ノーベル賞を受賞したムハマド・ユヌスは未来の博物館を構想している。その博物館には、貧困を展示するコーナーがあり、それを見た来訪者が「資源が十分にあるのに［当時の人々は］なぜ貧しい同胞を救えなかったのだろう？」と考えるという。スタートレック生みの親ジーン・ロッデンベリーはもう一歩先を行っており、経済や政治より人類愛が優先される未来を語っている。スタートレックでは、地球は豊かさに満ちた惑星で、現代社会では必要なお金が無用な存在だ。[13] フェレンギ人がお金を使う唯一の存在だが、彼らは倫理観のない邪悪な存在として描かれている。こうした世界が想像のままで終わるのかどうかは判らない。少なくとも、今やらなければならないのは、資源の供給と分配の方法を改善し、公平にする事である。

地域社会への信託基金、社会的セーフティネット、鉱業界が出す開発資金、あるいは慈善活動によって、理想が実現できるだろうか。何を選ぶにせよ、資源の分配に与れなかった人たちの視点を忘れてはならない。能力や運の良し悪しはともかく、すべての人が基本的ニーズを満たせる方法を見つけなければならない。そして、そのためには、我々の欲求を、倫理や道徳、そして社会の仕組みによって、コントロールしなければならない。

偏在する資源を持続させられるか？

資源を利用するには、基本的資本（自然、経済、社会的）は再生でき、将来の世代がニーズを満たす事の出来るプロセス、つまり、持続可能なプロセスが、必要である。持続可能性を担保するには、将来何が必要になるか予想する事が必要だが、それには、可採鉱量だけでなく、技術の進歩を視野に入れるべきだ。そして、社会レベルとコミュニティレベルの両方で、市場経済について考察すべきだ。実践も大切だ。ただ、評判の良いプロジェクトでも、物理的に見ると、持続性はないものが多い。技術が進歩しても乗り越えられない物理的な制約があるからだ。しかし、物理的制約を社会面での工夫で乗り越えようとする動きがあり、教育、訓練あるいは経済手法の学習により、人々は見方を変えつつある。プロジェクトの限界に気づき問題意識を持つ事が重要だ。はたして、資源産業は、持続可能な発展を実現し、長期的な安全を保障できるのだろうか？　この問題を考える時のポイントは二つだ。

まず、第一は負の側面を直視する事だ。現在の技術では、採掘による環境への負荷は避けられないし、鉱石の選鉱・製錬による化学的な影響も否定できない。鉱業は地表の景観をどんどん変えてしまうので「開発計画がきちんとしていれば地元のコミュニティには迷惑がかからない」というのも嘘だ。「鉱業は持続的な発展を保証しない」という声があがるのも一理ある。しかし、景観が変わるにせよ、開発計画が適切ならば、地元の発展は阻害されない。継続して負荷を受け入れる覚悟が地元にあるなら、資源業界は、持続可能な発展を実現する先駆的存在になれるだろう。その暁には、鉱工業やサービスに立脚する経済をもっと安定させ、維持する事が肝心だ。国の内外で安全保障を確保するには経済面での多様化、具体的にはエネルギー源の多様化や産業への投資が必要だ。資源と戦争の関係を研究する専門家たちは、アメリカが安全保障のために石油と天然ガスの供給源を多様化しているという見方で、だいたい意見が一致している。アメリカが必要とする石油の半分は国内、残りはカナダやメキシコから賄えるので、中東の石油に依存すべきでないとも考えている。従って、石油確保のために、米軍が膨大な人員を動員して、中東を攻撃するなど考えられない。

第二のポイントは、「『資源があると戦争になる』という運命論があまりあてにならない」と言う事だ。実は、何らかの依存関係があると、紛争より協力関係が生じやすい事がわかっている。たとえば、水資源の場合、一触即発の事態が多くあったにもかかわらず、戦争になった例はほとんどない[14]。また、二〇〇一年九月一一日より前の話だが、タリバンが、テキサスにある天然ガス会社の重役と会った事がある。資源を求める人々が、お互いに全く異なる文化に属するにもかかわらず、陰謀をめぐらすのではなく、協力をする気になった好例だろう[15]。この時、もしも、天然ガスを開発する技術について、何らかの取引が成立していたら、対立の根は解消されただろうか？ 良い成果を得られるかどうかは、産出国における資源の扱い方と、利点と難点のバランスを取るための国際的な仕組みにかかっている。教育も重要だが、棚ぼた式の開発が行われる場所では、学校や職能訓練校が、開発の主体から独立していなければならない。そして、鉱山など、時間とともに業務内容が変化する開発では、偶発的事態に対応できるプランが必須となる。

どんなに魅力的な計画であろうと、リスクがあるなら、代替案を準備すべきだ。また、開発を進める側は自分のシナリオ以外眼中にないので、代替案作成を支援する法的根拠を整備しなければならない。ただし、地域によって、代替案の中身は異なるので、ルールは融通が利くように定めなければならない。一国あるいは国際間の安全保障と資源産業の関係について扱う学説を、成功例と失敗例をもとに、検証しなければならない。これらの学説には次の五つの柱がある。（一）利害関係者の参加方法（交渉か指導かなど）、プロセスの透明性（二）鉱物資源供給チェーンの管理（三）汚染防止とリスクマネジメント（四）閉山後の環境修復と地域の持続（五）相互に依存する事業の協力関係。事業が効率よく進むためには、利害関係者の参加や組織の規定、あるいは、実際の運用がきちんとしていなければならない。また、開発計画を練る際は、鉱業のみを導入すべきではない（周囲に何もない真空状態に鉱業を置くべきでない）。むしろ事業全体の潤滑油的存在と位置づけると良い。

昔に比べると、鉱業はずいぶん安全になり、かつ、責任感のある産業に成長したが、採鉱・製錬や鉱産物の利用面で、不安が残る。たとえば、二〇〇六年の一月、アリゾナのモハベ火力発電所が閉鎖に追い込まれたが、これは、大気の環境基準を順守しなかったためだ。この発電所は、ブラックメサとケイエンタ炭坑から買った石炭で発電し、アリゾナ、ネヴァダ、カリフォルニアの一五〇万世帯に送電していた。発電所閉鎖のあおりを受けて二つの炭坑も閉山となったが、これらはナヴァホ族やホピ族の居住地域内にあったため、彼らの生活を脅かすことになった。ウラン採掘には反対するアメリカ先住民たちだが、炭坑は受け入れ、収入源としていたのだ。

ここでは、石炭はスラリー状にして二五〇マイル先まで運搬されたが、これによって水脈がやせ細っていった。このため、地元は、過去三〇年間、石炭に頼る発電の賛否で揺れてきた。炭坑による収入として、ナヴァホ族で年に八五〇〇万ドル、ホピ族で一〇〇〇万ドル以上あったが、天然資源の管理が適正ではないという声はたびたびあった。すでに、ホピ族は、採水禁止場所を指定するとともに、枯渇の恐れがない水源を使うよう求めている。結局、環境を軽視した炭坑は閉山したが、同時に、アメリカ先住民の生活手段が奪われる事になった。ただし、ロイヤルティ収入を管理してきたナヴァホ族は、数百万ドルもの基金を積み立てている。したがって、新たにクリエイティブな産業が生まれ、閉山後の経済が立ち直る可能性はある。
資源産業を内包する社会が持続性を確保するには限られた時間の中でライフスタイルとイノベーションが競い合う仕組みを必要とする。うまく行けば、技術が進歩し、代替物が発見されるペースは、資源が抽出・利用されるペースに追いつける。しかし、イノベーションに遅れが生ずると、危ない場面が何度も登場する事だろう。危機を招かないためには、新たな鉱床の確保、自然保護、物質利用の効率化、リサイクル、探査、代替物質の研究などが重要だ。ジュリアン・サイモンなど、コルヌコピア派はイノベーションに楽観的だ。一方、パウル・エールリッヒらカッサンドラ派は悲観的すぎるように思える。[16]
資源の持続的利用を望むなら楽観的あるいは悲観的な極論に走るべきではない。生態系が持つ能力の限界と技術の進歩を視野に入れて現実的な路線を進むべきだ。我々は資源、特に非燃料資源の賦存量予測に失敗してきた。失敗に学び予測方法を高度化しなければならない。[17]同時に、素材の使い方を、持続性という明瞭な観点をもって、見直すべきだろう。長年マテリアルフローの仕事をしているトーマス・グレーデルとロバート・クレーは「持続性について危機感を持つべきだ」と社会に警告し次の四つの政治的介入を提唱している。（一）必要な資源の供給の確保（二）毎年の市場動向に応じた資源の割り当て（三）「再生可能資源」の確保（四）利用可能量の計算と現実の使用量の比較およびその結果に基づいた流通量の調整。[18]
地下資源だろうが、バイオマスだろうが、化学合成品だろうが、必要な素材を適切に使う方法は、探求しなければならない。資源とエネルギーに関する問題を解決するうまい手はないものだろうか？　決定版ではないが一考に値するものがある。海洋掘削だ。石油やダイヤモンドの一部は洋上で掘削されるものの、ほとんどの場合、鉱物資源の探査は陸上で行われる。しかし、深海で採掘できるようになれば、非再生資源の寿命は延びるかもしれない。深部で水中掘削をする技術を持つ会社、たとえばノーチラス社などには、すでに、投資家が接近している。海洋法に関する国際連合条約ができたことで、国際法的にも、水中掘削の可能性は認知されている。深海の権益について調整する国際海底機構も設立済みだ。一九七〇年代には海底に眠るマンガン団塊に期待が集まり七〇〇億ドルが投資されたが、技術が追いつかなかった。しかし、その後の技術の進歩により、有力な鉱山会社が水中鉱山の実現を目指して投資を始めるようになった。特にパプアニューギニアの海が狙われている。[19] 一部の環境活動家は洋上での採鉱は将来の方法として良いと言っている。たとえば、シルヴィア・アールのような人は、資源採掘が洋上に移れば環境や健康への影響が減ると信じている。

長持ちする資源やエネルギーが見つかるまでは、洋上採掘以外にも、さまざまな技術が暫定的な解決法として必要だ。海藻から石油やハイドレートに匹敵するエネルギーが採れるかもしれない。生物起源のメタンが次世代エネルギー源の候補かもしれない。期待が膨らむが、この二つには、まだ課題が多く残っている。宇宙に突発的現象が起きない限り、人類は、物質を利用するための新たな方法を探りながら、前進する事だろう。

贅沢品を作る業界は「ニーズに応じて」製品を多様化し消費を拡大させようとしている。資源採掘もこの理屈で正当化される事がある。二〇〇七年のデータで言うと、生産された金のうち、電子機器や歯科など、産業に回されたのはわずか一〇%で、六〇%は宝飾品、残りは投資の対象として取引された。これは人間の欲が需要を掘り起こすことを意味してはいないだろうか。金を扱う業界は、エアコン、消防士のマスク、抗癌剤などに、新しい需要を期待している。研究によると、金を含む化合物にはミトコンドリアに選択的に作用するものがあるそうだ。ミトコンドリアはエネルギーを作るが、癌細胞と通常の細胞では性質が異なる。今、使われている薬は、DNAをターゲットにし、細胞を傷つける。南アで金を生産する会社が出資したアウテックプロジェクトでは、金を触媒として、空気中の一酸化炭素を除去する技術が、商業化の一歩手前まで行った。プロジェクトリーダーであるエルマ・ファン・デル・リンゲンは「金は美しいだけではない。有用なのだ。私は人々の認識を変えたい[20]」と語っている。

将来へ向けたシナリオ

グレゴリオ暦二〇〇〇年が終わろうとする頃、世界には、積極的な姿勢と消極的な姿勢とが、混在していた。たとえば、国連は、貧困削減のために、具体的な内容を持つミレニアム開発目標を立てて、次の二〇年に備えた。多くの政府はミレニアム生態系アセスメントを行い、地球の健康状態を知るために予算を投入した。一方、コンピュータを扱うエンジニアたちは、一〇〇〇年の間続いた数字の桁を修正するのをためらい、不測の事態を恐れていた。Y2Kについて、仮説やら予測があれこれ出たが、社会全体の利益にはなったと言えるだろう。我々は時間というものについて、産業革命にも匹敵するレベルで、理解を深めたからだ。一〇〇〇年前に生きていた我々の先祖は、二〇〇〇年問題について何の計画も持っていなかったが、我々は数千年後のために、少なくとも、計画を立案することはできる。

新世紀を迎えるに際して、鉱業を含む産業界は、過去の経験を顧みるとともに、持続可能な発展にどう貢献したかについて、確認作業を行っている。二〇〇二年のサミットを控えたタイミングにあわせて、業界は自己点検をし、検証をしたと言えよう。一九九九年には、鉱業大手一〇社が出資をしてMining, Minerals, and Sustainable Development（MMSD）というイニシアティブを開始している。MMSDはハイレベルな専門家を結集し、さまざまな意見を集約して、持続可能な発展というコンテクストの中で、非再生資源を扱う業界がいかに位置づけられるかという点について、報告書をまとめようとした。ここで中心となったのは、素材と資金の流れを把握し、インフラ向上につなぐとともに、再生可能資源を扱う業界を鉱業とつなごうという考えだった。

五大陸に広がったMMSDは環境管理や学術の専門家にとって大きな情報源となった。北米ではカナダのマニトバにある持続可能な開発のための国際研究所が業務調整を行った。この研究所はシナリオ分析を行い鉱物資源が将来に及ぼす影響を検討した。第二次大戦後に考案された戦略策定方法に範を取るこの分析では三日間のワークショップが必要となる。集まったさまざまな分野（学術、産業、市民グループ、政府関係者など）の参加者は、鉱物資源の価格を左右する変数は何か考えるよう、課題を与えられる。私もこれに参加したが、最初は「このワークショップは、持続性について深く考えもしないで、短絡的な手段を語ることで終わるのではないか」と疑った。しかし、実際はレベルが高く、例えば、鉱山の閉鎖計画については、技師、設計担当者、経済担当者らが語り合っていた。出てきた成果は、鉱業の経済性と人々の価値感という二つの変数からなる直交座標系で表現できる四種類のシナリオだった（図23）。

この座標系では右の二変数が重要な役割を果たす。たとえば、右上の領域は、二つの変数がうまく働いた場合、つまりウィンウィンになった状態を示す。人々の価値観が多様性を持ち、異なる人々がお互いに敬意を払う世の中の到来が表現されると同時に、利益が見込める価格の実現、鉱業の成長、生産性の向上などによって、健全な経済が実現するという予想を描いている。このワークショップでは、参加者は活発に交流し、望ましいシナリオに近づいてゆくには、どんなプロセスがありうるか、そして、それぞれのプロセスごとではどんな行動が可能かを検討した。また、時間を遡った考察をして、計画段階でコントロールできる因子は何か、予測できないが心すべきリスクは何かを解明していった。

以下は、座標軸に表現される四つの領域、つまり四つのシナリオの、主なポイントである。[21]

1 **新しい世界が生まれる領域**：鉱業は成長を持続し、投資額が増えてゆく。大きな会社は環境や社会に係る問題を重視し、予算、研修、その他のプログラムに反映させる。小さな企業も同様の姿勢を示す。鉱山各社が連合して作る団体は、持続可能な発展という考え方が具体的な課題となるよう、リーダーシップを発揮する。そして、探査から精錬にいたるさまざまなプロセスにおいて、小さな会社であっても実行可能な形を提示する。同時にリサイクルされる物質の量が増え、鉱山会社は自分たちが単なる採掘業ではなく、素材産業である事を意識し始める。石油会社の場合はエネルギー関連のサービス業に変わってゆく。技術の進歩により環境保全にも貢献する。

2 **鉱業がよみがえる領域**：最初は社会が鉱業を追い詰める。経済成長は低く需要は伸びない。金属や鉱物の価格は下落する。鉱業は社会と環境にマイナスという価値観が一般的。NGOが世

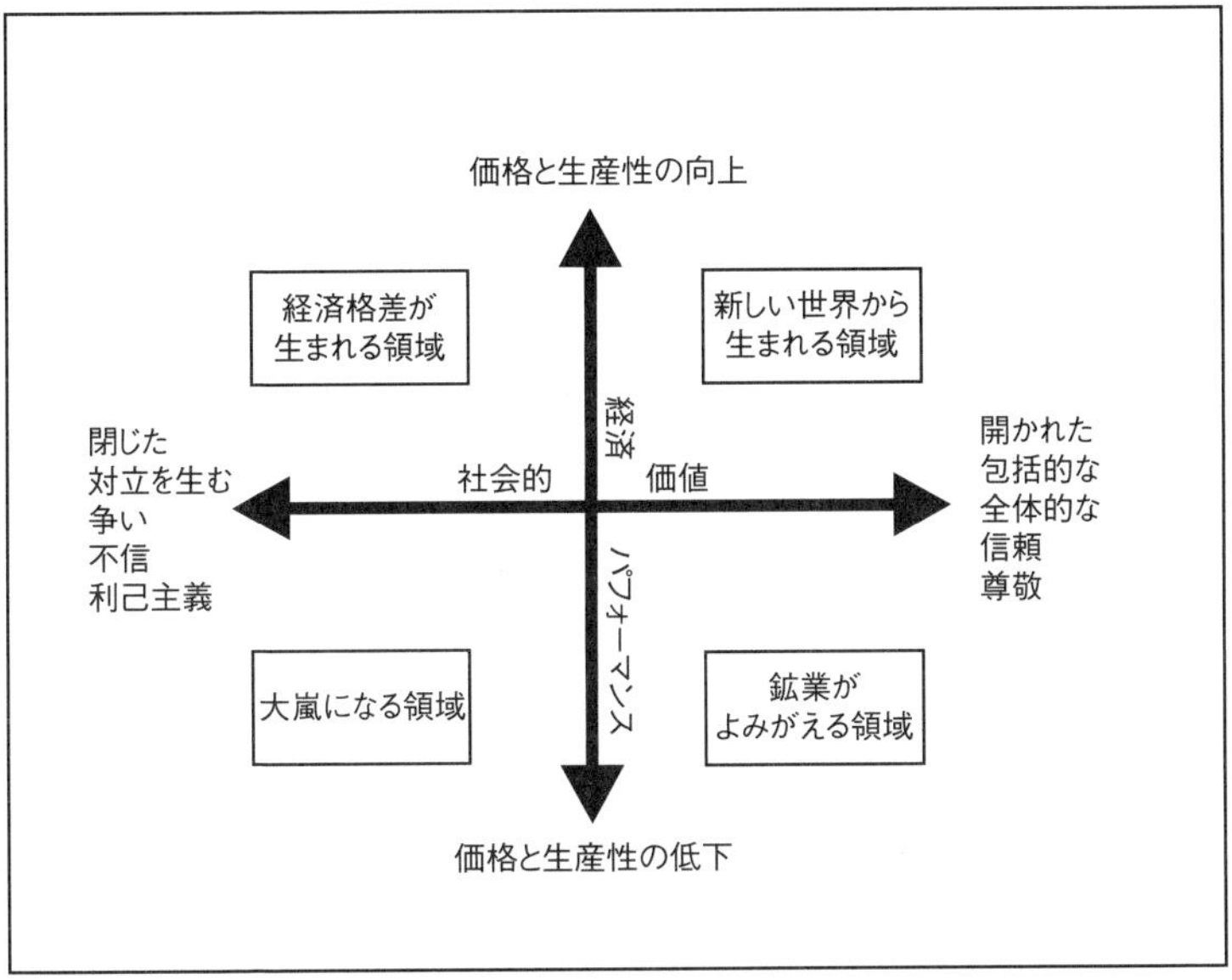

図 23　鉱山開発のシナリオ。2002 年に MMSD の北米担当グループが出した Learning from the Future (発行地：マニトバ州ウィニペグ) から引用」

論に影響力を持つ。時が経つにつれ変化を求める声が強くなり、イノベーションが生まれる。地域社会、NGO、その他のグループと対話が始まり、新しい世代の管理職が、壁を取り払おうとする。二〇一五年までに鉱業界は自己変革を遂げる。責任を伴う事業、イノベーション、新技術によって、コストが下がり、効率は上がる。そして、新規に鉱山を始めるチャンスが生まれる。一八七二年制定の鉱業法を改定しようとしているアメリカはこのシナリオに相当するかもしれない[22]。

3　**大嵐になる領域**：新世紀初頭の鉱業は、二〇世紀最後の二〇年間と同様、供給過剰による価格下落に悩まされる。経済成長は鈍く、かつて資源ブームに沸いた中国やインドでも、金属や鉱物の需要は伸びない。投資家は鉱業に興味がなく、鉱業による利益は少ない。石油や天然ガスは思ったほど簡単には見つからずエネルギー確保のためのコストが増大する。投資機関は鉱業アナリストを解雇する。証券市場から鉱業は締め出される。環境破壊も社会の反感を買う。代替資源は見つからず、世界は不況の真っただ中にある。消費パターンが一元化せざるを得ない。飛行機による旅行や自家用車購入はエリートだけの物になる「危機的状況が長く続く[23]」。

4

経済格差が生まれる領域：経済が発展し、物価も上昇、北米の鉱山会社は利益をあげる。株価が上昇して、企業の重役たちは必要以上に自信を強める。企業の合弁や取得でキャッシュフローは大きくなり、お金で何でも解決できるという風潮が生まれる。探査、研究開発、自動化技術に改めて資金が流れる。労働市場も拡大する。ストライキがあっても賃上げで解決できる。重役のボーナスは跳ね上がり、新たに得られた利益や楽観的な見通しによって、挑戦的なリーダーシップを発揮する幹部が出現する。経済が上向き、蓄財できるようになると、国レベルでも、個人のレベルでも、セキュリティに対する意識が高まる。所得格差は増大する。グローバル化に反対する勢力が大きくなるとともに洗練されてゆく。大規模な多国籍企業が見せる暴力的な姿勢に注目が集まる。会社が繁栄する中で、このような状態がしばらく続くが、長続きはしない。市場における負のスパイラルは避けられない。将来、紛争が起きる可能性があり、大嵐の前兆もみられる。

実際に起こりうるシナリオの予想、あるいは、複数のシナリオの並行は、どんな規模でやるにしても、相当に厄介な仕事だ。しかし、地質学的な情報を集め、コンピュータでモデル計算をすれば、それぞれの領域の検証ができるかもしれない。失敗するかもしれないが、生態系が脅かされる今、我々は、資源の開発や利用を制限する状況を、よりよく理解しなければならないのだ。

資源開発を意図するなら、先ほどの座標軸に描かれた「新しい世界が生まれる領域」が実現するよう、心がける必要がある。MMSDに参加した人たちは、開発に先立って注意すべき七つのポイントを挙げている。

1　**地域とのかかわり**：交渉相手として地域社会を認識しているか？

2　**人**：客観的な基準に照らし合わせた場合、地域住民の生活は劣化しないか？　向上するか？

3　**環境**：長い目で見た時、環境は保全されると保証できるか？

4　**経済性**：予定するプロジェクトやビジネスは経済的に成り立つか？　長い目で見て、地域社会の発展が見込めるか？

5　**市場経済の範疇に入らない習慣や伝統**：狩猟などの生活手段をプロジェクトが破壊することはないか？

6　**制度**：プロジェクトやビジネスを管理するためのルール、インセンティブ、プログラム、人材は準備されているか？

7　**考察と学習**：プロジェクト全体を眺めた時に良い成果が出ると思えるか？プロジェクトの期間中に行う定期的な監査で良い成果が出る見込みを再確認できるか？

ヨハネスブルクのサミットに報告書が提出された一年後、右の七つのポイントは、経験則として、さまざまな検討会で利用された。たとえば、ブリティッシュ・コロンビア州北部に住むアサバスカ族タルタン／ナハニーグループのリーダーは、前項で紹介したワークショップに参加したので、地元で鉱山開発の話が出た時、これらを議題とした四日間のシンポを開き、将来の見通しを立てた。参加者は選択肢を検討し、受け入れ可能な鉱山のイメージを頭に描いた。(24) 鉱業は受け入れ可能だが、適切な管理ルールが必要で、地元の同意なしに強引にビジネスを進めることは認めないというのが彼らの結論である。(25)

ところで、鉱山開発が予定された地域の人々に拒否権を持たせる事は妥当だろうか？　地質構造によって位置が決まる鉱体を掘る鉱山会社は、反対されても、他の工場のように、簡単に移転することはできない。したがって、拒否権は、計画を立案する側にとってやっかいな問題だ。多分、経済効率も低下させるであろう。また、「包括的な合理性」[26]という概念による理想論と意思決定の間に、軋轢が生じる事が、すでにわかっている。我々はこの点を、もう一度、考えるべき時なのかもしれない。「成功のための強引な方法」を検討する事は倫理にかなうのだろうか？　そして良い成果につながるだろうか？　民主的な社会で、創造性が刺激されるのは、消費者に複数の選択肢がある時だという。同様の効果を開発案件で期待するなら、どんな計画であれ、望ましくない結果について考慮するとともに、地域感情の変化に柔軟に対応できるよう準備する必要がある。そして、その際、鍵となる選択肢は環境への配慮であろう。そうすれば、我々は創造性を高めることができるし、おそらく「鉱業がよみがえる」領域には近づく事だろう。

環境保護派は、経済の専門家が推奨するベンチャービジネスが、環境面では脆いと警戒している。従来型の専門家は経済成長を第一に考えるが、環境を気にする新しい専門家はそうではない。ここに対立の原因がある。多くの経済学者は創造性と経済成長には相関があると考えている。一方で、環境配慮型の学者たちは「定常型」経済学に惹かれている。[27]これはメリーランド大学のハーマン・デイリーが考えだしたものだ。しかしながら、我々は、経済成長が開発を推進する原動力である事を、経験的に知っている。経済成長なくして国民の幸福を実現した国はない。[28]この観察を基に、ベンジャミン・フリードマンら経済学者は、経済成長にまつわる道徳的な問題を論じてきた。しかし、最新の基準を超えようと頑張り、発展を遂げたとしても、その後、従来の基準による運営に堕してしまうと、国の発展は持続性を失い、夜明け前に戻ってしまう可能性がある。

残念ながら、ウイリアム・イースタリーのような従来型の経済学者は、成長モデルに疑問を投げかけたり、その批判をする場合、環境因子の多くを無視してきた。こうした議論になると、新旧双方の学派が正当性を主張するので、収拾がつかない。[29] グローバル化に関する議論も、誤解されがちな自由化を持ちだすことで（世界社会フォーラムのように）、関係者を混乱させ、また、援助機関の方向性を狂わせた。ビル・マッキベンのように確固たる信念を持った活動家たちは、地域にある複数の経済倫理を組み合わせ、「ディープエコノミー」[30]という、やや内向きのビジョンを作りだした。地域社会のネットワーク作りは生態系に対する害悪を軽減する意味で大切だが、地球規模かつ現実的な目線で環境問題の解決をしたいなら、貧困削減を核心の課題として取り上げるべきだ。

不公平にあえぐ人々は座礁の危機に瀕した船のようなものだが、我々は、高潮を待って、すべての船が浮き上がるまで待つべきなのだろうか。有名なクズネッツ曲線はこのような考えに基づく。つまり、資本主義経済の発展は社会の不平等を広げるが、その差はやがて自然に縮小され、不平等が是正されるというのだ。[31] 環境問題についても似たような論理がある。生態系が蒙る被害は開発の当初は大きいが、のちに自浄作用が働き、環境は再生するという。しかしながら、我々の経験は、環境破壊や不平等の是正が口で言うほど簡単ではないことを教えている。[32] 研究が進んだ結果、生態系維持能力などの環境因子についてもっと注意を払う事と、多様な生態系の基盤が蒙る被害を食い止める必要性とが、叫ばれるようになった。新華社が公表した二〇〇六年の研究によると、中国西部は、環境破壊で二〇〇億ドルの損失を被っている。これはこの地域の総生産の一三％に相当する。[33]

不平等、環境、生活を包括的に扱う手はないものだろうか？　お金がすべてを解決するのだろうか？　収入以外に良い指標はないだろうか？　サミュエル・ボウエルス率いるサンタフェ研究所は、新風を吹き込んでいるが、彼らが提唱する研究からは希望が見えてくる。[34] その成果によると、グローバル化で人々は平等を意識するようになったが、富める国から貧しい国へ富を移したいなら、地球規模の貿易が必要だ。なお、残念ながら、平等な社会という言葉から、今でも経済学者たちは共産主義やマルクスの顔を連想する。[35]

不平等が問題だと感じる人はインセンティブに興味を持つかもしれない。資本主義社会ではおなじみの政策だ。しかし、ここで、企業の重役の給与を考えて見よう。彼らの収入は一般社員の数百倍、何千万ドルにものぼる。解雇されても、九九%の一般社員とは異なる贅沢な生活ができる彼らが、業績向上のために頑張るだろうか？ こんなインセンティブで、業績が向上したり、建設的な議論が進むとは思えない。健康な競争と成長、イノベーションで、ある程度差がつくのは、当然なことだ。しかし、差が大きくなりすぎて、健全な競争を妨げる富裕層が出現したら、問題ではないか。では、どの程度の差なら、許されるのだろう？ ボーナスを、単なる報酬として与えるのではなく、社会奉仕基金として積み立て、選ばれた人の裁量で運営する仕組みができないだろうか。資産隠しを防ぐためにもグローバルな規模でこうした仕組みが必要ではないだろうか。理想論かもしれないが、これには経済的に効果が見込めるし、人間の安全保障を進める意味もあるはずだ。

世界銀行は、国際社会の不平等な現実、あるいは公正な取引や貿易など、さまざまなドラマを見つめ、経済的なパフォーマンスを上げるインセンティブの検討を行ってきた。ハイソな経済学者であるジョゼフ・スティグリッツとケネス・ロゴフの激しい論争はその例だ。[36] スティグリッツ、イースタリー、ハーマン・デイリーら世銀のスタッフは、世間の批判をものともせず、仕事を続けている。また、セバステ

ィアン　マラビーらは、世銀が主導権を放棄すべきではないと声高に主張している。[37]物質への依存の程度や開発の方向性を考える時、まず扱うべきは不平等な現実だが、世銀肯定派、否定派、ともに分析能力が不足しているため、論争は決着していない。

グローブスキャンが二〇〇七年にアフリカで行った研究を紹介しよう。同社は、一〇か国から一万人を抽出し、各国政府のトッププライオリティは何かを明らかにしようとした。結果は貧しいこの大陸の厳しい生活を反映したものとなった（図24）。雇用がトップで環境関係は最下位だったのだ（両者は切り離せない関係なのだが）。しかし、武器や薬物関連など有害な雇用もあるから、単純に雇用のデータに依存した調査内容には問題があると思われる。必要なのは、複数の開発シナリオを想定し、職種ごとに、機会費用を検討することではないだろうか。私は、長期にわたって生活の手段が得られるように、関係者が注力しなければならないと思う。

再生可能資源の生産や代替物の技術開発を失速させないためにモノの生産量を減らせと主張する学者がいる。[38]たしかに、社会を持続させるには、モノの消費をほどほどに抑える必要があるが、この主張が通って「生産減」になったとしても、人間の活動は活発だから、問題の解決にはならないだろう。人間の活動を抑える必要はない。適切なインセンティブを与えれば業界は必要な物資のニーズを満たすために創造的な方法を見出す事だろう。消費のペースを落としても、問題の解決にはならない。むしろ、必要な物を見極め、これまでに得たノウハウをうまく使う事が大切だ。また、このような考えを実現するには、もっと多くの大卒者が材料科学や地球科学の知識を深め、環境関連のキャリアを積むことが必要になる。そして、このような方向に知識階級を導くのは、政府の役割だ。[39]開発を計画する時は、雇用と

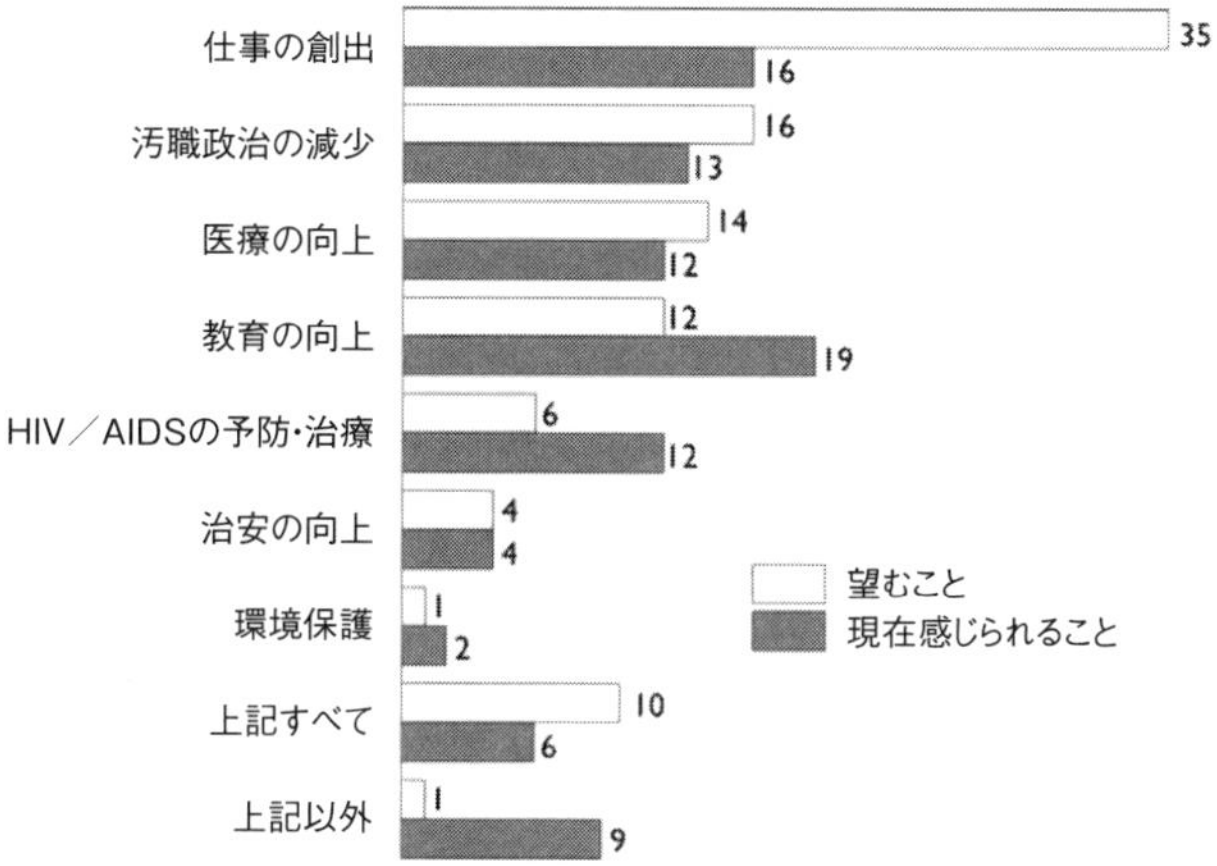

図24　アフリカ人の優先順位。グローブスキャンによる10ケ国の1万人の調査より（コミッション・フォー・アフリカ　2007）

環境が対立せず、生態系に与える影響が最小になるよう、配慮しなければならない。開発のプロセスでは天然資源が重要な役割を果たすが我々はその消費をうまくコントロールしたいものだ。鉱山会社が社会や環境に責任を持つ事が一つの選択肢だが、老朽化したインフラからの資源回収とか、エネルギー消費に関する伝統的な知恵の採用もありうるだろう。

　エコで経済的にも見合った枠組みを強化しようとしても、関係者を縛る規制が残っていると、うまく行かないかもしれない。企業が社会に責任を持つのには市場の構造から来る限界がある。デービッド・ボーゲルは『企業の社会的責任（CSR）の徹底研究』の中で「市場における企業の善行を促すのは市場自身だ[40]」と述べている。仮に、生態系維持のためにお金を払う法律、たとえば、企業にコストを負担させメリットも与えるしくみができたとしよう。環境保護という公益を得ようとすると個々の自由度が下がるなど政治的なコストが発生する。しかしながら、かつて管理に抵抗し自由度を守ろうとした人たちは、国の安全保障のためならと、最近は規制を受け入れるようになっている。同様に、人間の社会を支え保つ環境の能力にも、物理的な限界がある事を考慮に入れなければならない。元上院議員のニュート・ギングリッチなど指導的立場にある人々は「地球と契約せよ」と述べている[41]。

自由度を考慮しながら、環境セキュリティに関する事がらに規制をかけるにしても、杓子定規な運用は避け、基本的な自由を保証しなければならない。たとえば、出産の意思決定に関する規制は、新マルサス主義を信奉する人にとって資源の枯渇を避け、環境を守るための最重要課題だが、もはや政策オプションにはなりえない。二人以上の子を持つ家庭に行政サービスを提供しない中国の一人っ子政策には人権団体の批判が集中している[42]。貧者や高齢者を軽視し「宇宙船地球号[43]」を守るために人口抑制をしようとする「救命ボートの倫理」は、ギャレット・ハーディンらが唱えたものだが、すでに影響力を失っている。安易な人口抑制には倫理面で問題がある事ため、抑制論者も態度を軟化させている。かくして、環境論は人間重視の姿勢を強くしてきたが、同時に、限りある資源をどう扱うかという難問には答えを与えないでいる。

偉大な思想家にして経済学者のアマルティア・センは、数十年前に書いたエッセイ「パレート派リベラルの不可能性定理[44]」の中で、効率と「最適な」人間活動を調和させるのはむづかしいと指摘し、自由でパレート的な最適化を志向するシステムの中で対立が生じた時に顔を出す人間の闘争本能を心配している。一九世紀のイタリアで活躍したヴィルフレード・パレートの名前に因んだこの状態は、論理的に言うと、ある動きが、ある場所から他の場所へ移る時、ある個人に益があり、かつ、他の個人に不利益がない時に、達成される。子供を持つか持たないか、何を着るか、何を食べるかなど、行動に制限のない場合、人間は最適な社会を実現しようとしない事をセンは示した。投票の行動を調べたケネス・アローも、似たような考えに至っている。その内容は、不可能性定理として知られるが、社会全体が望む順位と個人の望む順位を一致させる投票制度は作りえないというものだ。[45] 消費と環境に関しても我々はこのような問題に挑戦しなければならない。そして、そのためには、インセンティブを持たせた規制にすると同時に、技術革新を進める、あるいは識字率を向上させて人々の行動を変えるなど、複合的なアプローチが必要だ。

すべてが終わる時

我々はストーリーに始まりと終わりがないと落ち着かない。また、終わりを見届けるにしても、終焉へいたる道筋が気になるものだ。この大宇宙の中で、無力な人間は、自分をちっぽけと感じ、運命を避けられないものとしてとらえがちだ。我々を取り巻く現象には、たとえば生と死のように、始まりと終わりがあり、我々の心にも、物事には始まりと終わりがあるという感覚が備わっている。未知の領域が多かった数十年前に比べると、科学技術は格段に進歩したのに、我々は、依然、運命論に惹かれている。科学者の目で見ると、物理学や天文学の法則のように、人間が超えられない部分がたしかにある。しかしながら、そのような制約があっても、産業には無限に発展の可能性がある。その様子は「幾何学で使われる有限の直線の中に無限のポイントをいくらでも入れる事ができる」という譬えで表せるかもしれない。[46]

ベテラン科学ジャーナリストのジョン・ホーガンは、一九九六年に、「重要な発見は出尽くした。これからは発見を人間のために使うべきだ。科学は完成間近だ」と断定した。欲深い我々が、物質を探し求め、需要に応じて化学合成するのは、今だけなのかもしれない。たしかに科学のパラメータ類は確定しているし、原子レベルで検証できるので、知識がひっくり返ることもない。したがってホーガンは正しいのかもしれない。しかしパラメータの研究はまだまだ続くのだ。たとえば、オーブリー・デ・グレイという人は、老化の問題に取り組み、進行抑制や若返りの研究をしている。[47] これは環境派にとってはマルサス的な悪夢かもしれないが、治療を受けた本人が満足して生活するのであれば、倫理面でとやかく言う事はできない。

　自然の消滅、信仰の崩壊、さらには歴史の終焉を描いた作家たちもいる。こうした話のもとになる現象はあるかもしれないが、地球の持つポテンシャルや人類の能力が測りつくされたわけではない。未来学者のレイモンド・カーツワイルは、文明の発展によって人間性が転換点に達しつつあるという。なくなるのではなく、生物的な部分と機械的な部分の融合が起きているという。[48] 彼はこの現象が宇宙の創成と同じくらい人間にとって重要だと主張し、「シンギュラリティ」と呼ぶ。そして、ナノテクノロジーや生物コンピュータの登場で、物質と人間の関係や文明の発展の様式が新しい時代に突入したという。ここで「みんなが教育を受けるようになって博士号を取るようになったら『単純労働』はどうなるのだろう?」という疑問がわく。日常の単調な仕事は、これまで以上に、機械がやる事になるだろう。

『環境の科学と技術』を編集したジェラルド・シュノアは、技術には限界があるとして、カーツワイルら未来学者に次のような警告を出している。「アメリカ人は技術が人間をいつでも牽引すると信じている。マンハッタンプロジェクトから緑の革命、月面着陸まで、技術はいつも救世主だった。化石燃料への依存をやめるためにも技術は必要だ。しかし、地球を救うためには、自分自身をどう管理するかという人間的な側面こそが、山積する課題の中で最も重要だ。アメリカは状況を変えるために、リーダーシップを発揮し、インスピレーションを与え、奮励努力しなければならない。このためには、考えを変えるだけでは駄目だ。ハートが必要なのだ」[49]。もっともだと思う。環境に配慮した行動を広めるためにはこうした点を良く考えるべきだ。リスクを避けがちな社会には、どんな議論が必要だろうか？　パスカルの賭け（真実であるなら神を信じる）を彷彿とさせるが、保障に関する議論は、意味があると思われる。ただし探求心や冒険心を阻害するような論法は避けるべきだ。なぜならこうした気持ちが地球を守る活動の下地となるからだ。どんなに節約しても、人口抑制は倫理上難しいし、尊厳ある生活を放棄する事はできないから、資源が十分という事は金輪際ないのだ。ここで書いた事は、ジョン・デューイらが一世紀前に唱えたプラグマティズムに近いと言えよう[50]。しかし、政治的な分裂を招いた環境修正主義者、たとえばビョルン・ロンボルグの論理とは違うものだ。彼らはグローバルな問題を個別に論じ、問題の相互関係を考察しない。

技術革新が進むと人間の物欲はどうなるだろうか？　これを考える良いヒントがある。スティーヴン・ジェイ・グールドという有名な古生物学者による「タイヤからサンダルへ」が世に広めた外適応という概念だ。このエッセイは不用品を利用する途上国のイノベーションを紹介している[51]。具体的には、廃棄タイヤがサンダルや家の断熱材あるいはボート用救命胴衣になるさまが描かれている。もし、製造者と消費者双方が、技術革新を意識してモノを造り、想定される利用目的以外にも配慮して使ったなら、上の例と同じように、物質はもっといい形で世の中を循環するはずだ。外適応とは、進化の過程で、新しいものを欲しがる人間の欲が、より強い形に変化した結果かもしれない。

素材の外適応をベストな形で進めるには知識ベースを持つ必要がある。ピークオイルの論客ケネス・デッフィーズは、学生や有識者が悩む環境の問題や人間の消費行動について、何が問題なのか解っているようだ。「環境における相互作用を読み解くには、技術、化学、物理、計算機科学について、高度な理解が必要だ。残念ながら環境系の学生はこうした分野に明るくない[52]」。技術系のエリート意識が鼻につくかもしれないが、この言葉は間違ってはいない。環境評価や消費動向分析には客観性が重視されるから科学技術が必要なのだ。

こうして見ると、あらゆる選択肢を準備し、情報も十分に整備して、多方面に働きかけない限り、飽くなき人間の欲望が消える兆しは出て来ないようだ。基礎科学が明らかにした生態系の制約や急激な進歩を遂げる新技術の話が教育現場で中心になるよう望みたい。教育自体がどんどん新しくなっているのだから。

望ましい消費行動の実現という点から見ると、今の世界は、まだ不十分、もっと世界は変わるべきだ。生活環境はより快適、物質循環はよりスムーズ、健康管理や情報解析はより簡単にできる、そんな社会を私は待っている。この本で私が言いたかったのは、人口、非再生資源の消費、そして環境について、我々はもっと広い視野をもって（貧困削減、人間の開発、究極の目標である人類のサバイバルなど）議論すべきという事だ。地下資源に対する欲を人間が持ったからこそ、良くも悪くも、文明が発達し、歴史が生まれた。環境の危機を論ずる時、我々は、物欲を物質主義のシンボルとして軽視しがちだが、直面する問題の全体像をつかもうとするなら、このような態度は軽率と言わざるを得ない。

我々は、個人的な好みや感情によって歴史や科学を理解し、それに基づいて単純な考えに傾きがちだ。従って、百家争鳴の民主主義やひどく不平等な社会において環境に取り組む場合、結果は最適ではなく、ほどほどになる可能性がある。一方、功利主義的な消費を徹底すると、味気なく進取の気性に乏しい社会が出現することだろう。物欲を認めるところから出発しよう。そして地球を構成する要素や原料物質の複雑な関係を理解しようではないか。そうすれば人間が世界を滅ぼす自業自得な結果にはならないであろう。

エピローグ：挑戦は続く

未来にはいくつかの属性がある
虚弱な者には不可能で
臆病者には知られない
しかし、思慮深く勇敢な者には、未来は理想となる

――ヴィクトル・ユーゴー『レ・ミゼラブル』（一八六二）

この話を書き始めた頃、当時一〇歳と七歳だった子供たちが、映画に行きたいと何度もせがんだが、時間がなくてつきあってやれなかった。本ができあがったら彼らに献呈したいと思っている。

その映画は資源が枯渇し汚染だらけになった地球を描いたもので、「ウォーリー」という。私の仕事を理解していた上の子シャミールは「環境の話だから、パパは好きだと思うよ」と言った。「ウォーリー」では、わがままな人類がやりたい放題やった後、一台のロボットを置き去りにして地球を脱出する。

そして、ロボットが、滅茶苦茶になった地球の後始末をする。誇張されたストーリーだが、観客からは建設的な意見が寄せられている。映画が持つエコなメッセージに共感した環境派や自由主義者は「人間の心と体のみならず、地球の健康を守る責任について」[1]世に問いかけたと賞賛している。右派の中には、この映画はマルサスのように不安をあおると非難した人もいたが、「アメリカン・コンサバティブ」誌のパトリック・フォードは、「大量消費の元凶は単純な大量生産ではなく、政府と結託した大量生産制度である。政府と生産者が癒着し、政府が必要なものを国民にあまねく供給する社会は、生物の多様性を損ない、地球を崩壊させる。ウォーリーはそのさまを描いた」[2]とコメントし、さらに「この映画は珠玉の作品だ」と述べている。

この映画のお得意様は世界中の子どもたちだが、彼らは、ストーリーを楽しむ一方で、表には出ていないメッセージ、「環境管理がいまだ発展途上にあること」を感じとったに違いない。私も似たような意図でこの本を書いた。私は、拙著が異分野の懸け橋となるとともに、人間活動と資源の関係や社会のあり方について、読者が立場をこえて、考えるきっかけになればいいと思う。

どのような枯渇モデルを想定しようと、きちんとした計画を作らなければならない。また、個人の行動だけでなく、社会全体の制度を変えてゆく必要がある。この本の執筆が終わろうとする二〇〇九年の二月、私はアメリカ科学推進協会の年会で、地質学者スーザン・キーファーの講演を聴いた。この人は、科学者であると同時にフューチャリストだが、聴衆に、資源の枯渇や突発災害に備えるだけでなく「地球について知ろう」と呼びかけた。彼女は、七万五千年前にスマトラで噴火し、当時の人口を激減させたトバ火山の例を挙げた。生き残った人間が五〇〇〇人にすぎないと言われるこの事例を紹介しながら、キーファーは、生態系を脅かす事態に対処し、人類の発展を阻害する問題を解決する組織が必要だと述べた。また、科学者と政治家が協力して、自然科学的なアプローチと人類学的なアプローチを併せて進めるべきだと主張し、具体案として、地球災害コントロールセンター（CDCPE）の設立を提示した。このような制度上の工夫は、気候変動など個別の課題に限らず、天然資源の総合的な利用など、もっと一般的な問題についても、グローバルなスケールで必要になろう。

グローバルな変化を考察する論理は、あるとしたら、どのようなものだろうか？　問題の解決が必要だと声高に叫ぶだけではだめだ。消費と環境の関係を考える助けとなるポイントを押さえなければならない。

1　資源利用の効率を上げるとともに、消費を減速させない環境保全計画を義務付け、既存の枠組みの中で、優先順位づけをする事。

2　生活の保障や福利厚生のセーフティネットについて、統合的なアプローチをして、発展を続ける上で必要となりそうな課題を抽出する事。

3　希望的観測はせず資源の有限性を認める事。さまざまなライフスタイルを可能にする素材管理を実施すべく環境政策を見直す事。

4　伝統的な非再生資源については、鉱山の操業年数、採掘期間および環境修復にかかる時間や規模に配慮した上で、曖昧さのない管理方法を定める事。鉱産地帯の生態系を重視する事。

5　汚染物質の除去や生化学を応用した燃料合成などを環境教育のテーマとして取り入れ、内容を充実させて、創造性を持つ科学者を育てる事。

右の五項目は、それぞれが一冊の本になるほどなので、一度に実現することはできない。この本では、基本材である鉱物資源のみを取り上げて記述を進めた。これが、きっかけとなって、異なるアイデアを持つ人々が協調し、消費と環境の問題を考える新しい流れができれば幸いだ。人間の気質、信条、文化はさまざまだが、その多様性ゆえに、環境問題に対して多面的に対応できると、私は信じている。

環境に最大のインパクトを与えるのは人口だ。抑制の努力は続けられているが、一方で「不老不死」に近づこうとする心理があり、技術の進歩を促した。その結果、寿命は延び、より多くの資源が必要となっている。物質の利用により社会は進歩してきたが、これからの時代には、物欲と向き合う姿勢が必要になってくる。

地球上の資源が枯渇しつつある以上、我々は、物質合成の技術も育てていかなければならない。この技術育成のためには、おそらく、エネルギー源の変更も必要になるが、相当の労力を見込まなければならない。すでに鉱物合成は始まっているので、その技術は、燃料合成に応用できる可能性があるし、そうなれば、信頼性の高い燃料からエネルギーを調達する日が来るかもしれない。これに関連して子どもの読み物に載せられそうな逸話を紹介しよう。ニューヨークにあるゼネラル・エレクトリック社の研究所に勤めていたロバート・ウェントーフ・ジュニアという人は、スナックが好きで、いつもピーナッツバターとクラッカーを机の中にしまっていた。ある時、ダイヤモンド合成の仕事をすることになった彼は、興味本位で、好きなブランドのピーナッツバターを予備実験の材料にしてみた。ダイヤモンドの原料である炭素が含まれるからだ。なんと、ピーナッツバターは、緑色のダイヤモンドになったという！

これは窒素による効果だった。友人のハーブ　ストロングは、この結果に大笑いし、次のように言ったそうだ。「ダイヤモンドをピーナッツバターに変える方が君には大切だろう！」[(3)]。これは冗談だが、いつか、そうできる日が来るかもしれない。

新エネルギーで合成した物質が主流になると、その社会は、現代とはずいぶん違う姿になるだろう。リドリー・スコットの「ブレードランナー」やジーン・ロッデンベリーの「スタートレック」が描くような世界だろうか？　それとも「ウォーリー」のようになるだろうか？　どんなになろうと、そこは、依然として、人間の生きる世界だ。物欲があいかわらず蠢くだろうが、同時に、利用効率を上げる努力や創造性の探求も続き、人間社会のあり方が問い続けられているにちがいない。

付録：主要な鉱種と用途

骨材	コンクリート、ビル、道路、橋、排水、水路。
アルミニウム	飛行機や自動車の部品（エンジン、シリンダーヘッド、熱交換器、トランスミッション、ホイール）、電車、船舶、包装材（ホイル、缶、調理用）、ビル（壁、窓、天窓、腐食防止、ドア、スクリーン、樋、竪樋、金物、天蓋、屋根板）、電気製品（空中送電線、ワイヤ、ケーブル）、製薬関係（制酸剤、発汗抑制剤）。
アンチモン	合金、バッテリー、プラスチック、セラミクス、ガラス、赤外検出装置、ダイオード、ケーブル被覆合金、小火器、塗料、薬剤。
砒素	ガラス製品、半導体、木材保存剤、殺虫剤、ブロンズ処理、花火、レーザー機器。
アスベスト	セメント材料（屋根、金属被覆、パイプ）、断熱材、防音材、防火加工。
ベリリウム	高性能航空機の構造材、ミサイル、宇宙船、通信衛星、自動車部品、コンピュータ、レーザー機器、X線検出窓、セラミクス、原子産業。
ビスマス	可鍛鋳鉄、熱電対、原子炉燃料輸送容器、低温火災探知機、消火システム、アクリルファイバー、薬、化粧品。
ホウ酸塩	肥料、消毒薬、洗剤、硬水軟化装置、腐食抑制剤、不凍液、ろう付けフラックス、セラミクス、塗料、コート紙、エナメル、耐熱ガラス（パイレックス）、薬剤、食品用防腐剤。
カドミウム	電気めっき、原子炉用部品、テレビ蛍光体、電池。
クロム	金属めっき、合金、塗料、腐食剤、ガラス、セラミクス、触媒、酸化剤、アルマイト、タンニンなめし、耐火物。
粘土	レンガ、セラミクス、栄養添加剤、コンクリート、臼。
石炭	発電、製鋼、化学工業、液化燃料、プラスチック、ポリマー。
コバルト	超合金（ジェットエンジンやガスタービンエンジン）、磁石、ステンレス、電気めっき、電池、硬質合金、ダイヤモンド用具、触媒、塗料、放射線治療。
銅	建設（ワイヤ、ケーブル、鉛管工事、ガスチューブ、屋根、空調制御システム）、飛行機用部品（着陸装置、エンジン用ベアリング、ディスプレイ、ヘリコプターの回転翼心棒、）、自動車部品（ワイヤ、スターターのモーター、ベアリング、ギア、バルブガイド）、産業用、機械向け用途（道具、歯車、ベアリング、タービンブレード）、家具、硬貨、工芸品、衣服、宝飾品、芸術

作品、楽器。

ドロマイト 石材、栄養添加剤。

長石 ガラス、セラミクス、エナメル、タイルの釉薬、アルカリ・アルミナ釉薬原料、塗料、プラスチック、マイルド研磨剤、溶接用電極。

蛍石 製鋼、アルミニウム、フッ化炭素（冷媒、発泡剤、溶剤、エアゾール、滅菌剤、消火剤）。

ガリウム 携帯電話用半導体、ガラス、鏡面コーティング、トランジスタ。

ゲルマニウム 半導体、赤外画像検出システム、光ファイバー、蛍光灯用蛍光物質、触媒、放射能探知器、レーザー・光検出器、医療、生物用途。

金 宝飾品、電子機器、歯科治療、高級装身具、時計、ペン、鉛筆、望遠鏡、浴室内装、陶器・ガラスの絵付け、財産。

グラファイト 高温用潤滑剤、電気モーター用ブラシ、ブレーキ・摩擦ライニング、電池、燃料電池、鉛筆の芯、ガスケット・シール、ケーブル絶縁体、帯電防止プラスチック・ゴム、熱交換器、電極、化学工業用装置とライニング。

ジプサム 建設（プラスターボード、プラスター、セメント）、農業、ガラス、化学薬品。

鉄 製鋼、合金。

カオリン 紙用フィラー、ゴム、プラスチック、塗料、接着剤、耐火物、セラミクス、ファイバーグラス、セメント、石油精製用触媒。

鉛 バッテリー、ケーブル用鞘、クリスタルグラス、はんだ、放射線防護、アンチノック剤、鉛管、弾薬。

石灰石 骨材、セメント、肥料、土壌改良剤、鉄用フラックス、塗料、プラスチック、家畜用餌。

リチウム 潤滑剤、ガラス、セラミクス、炭酸リチウム（アルミ還元剤、電池、薬剤）、航空機用高性能合金、宇宙船用二酸化炭素吸収材、原子力関係。

マグネサイト 肥料、耐火レンガ、プラスチック・塗料用フィラー、原子炉、ロケットエンジン用ノズル、エポソム塩製造、マグネシア、化粧品、絶縁材、消毒剤、難燃材。

マグネシウム 航空機用合金、機関ケーシング、ミサイル、耐火物、農業（餌、肥料）、紙用フィラー、塗料、プラスチック、自動車、機械、セラミクス、難燃剤、花火類、塩類から金属をとる還元剤、ウラン製造用還元剤。

マンガン 製鋼、合金、電池、着色剤、塗料、フェライト、溶接フラックス、農業、水処理、湿式製錬、燃料添加剤、酸化剤、デオドラント、触媒、密封剤、金属コーティング、配電盤。

水銀 温度計、圧力計、拡散ポンプ、電子機器、電極、電池、クロリン・

水酸化ナトリウム製造、照明、農薬、歯科治療。

モリブデン 合金、石油精製用触媒、発熱体、潤滑剤、原子力エネルギー関係、ミサイル・航空機部品、電気関係。

ニッケル ステンレス、耐食合金、ガスタービン、ロケットエンジン、めっき、硬貨、触媒、貴重品保管庫、電池。

ニオブ 合金、ステンレス、先進技術システム（宇宙プログラム）、原子力産業、電気製品、宝飾品。

パラジウム 宝飾品、時計、手術用具、触媒、歯科治療（被せ物）、電気接点、水素ガス精製。

リン鉱石 肥料、洗剤、難燃剤、食品、飲料、餌、金属加工、水処理、パルプ、紙、ガラス、セラミクス、衣料、化繊、プラスチック、ゴム、医薬品、化粧品、石油製造、石油製品、建設、農薬、歯磨き粉、鉱業、皮革、塗料、燃料電池。

リン 安全マッチ、花火、焼夷弾、発煙筒、曳光弾、ガラス、リン酸カルシウム（高級瀬戸物）、製鋼、クリーニング、水軟化剤、農薬。

プラチナ 宝飾品、硬貨、自動車用触媒、エレクトロニクス、ガラス、歯科治療、化学・電気化学用触媒、石油、実験装置、自動車用公害防止装置、投資材料、抗がん剤、インプラント（ペースメーカー、人工弁）。

プルトニウム 核燃料、核兵器、ペースメーカー。

カリ 肥料、石鹸、洗剤、ガラス、セラミクス、染色剤、薬、食物、飲料。

軽石 建材、布のストーンウォッシュ加工、ガラス・金属研磨、歯科用品、歯磨き粉、農業、スポーツ・レジャー施設、化粧品。

ロジウム 合金（炉巻線、熱電対、グラスファイバー製造用ブッシング、航空機用プラグの電極、実験室用坩堝）、電気接点材、光学機器、宝飾品、工業触媒、触媒コンバータ。

砂利 コンクリート、レンガ、道路、建材。

セレン 光受容体（コピー機、レーザープリンター用）、電気関係、ガラス、顔料、合金、生物関係、ゴム、潤滑剤、触媒。

シリカ ガラス（瓶や入れ物）。

銀 写真（医療、歯科、工業用X線撮影）、宝飾品、電気関係、電池、はんだ、銀蝋、食器類、鏡、ガラス、硬貨。

ソーダ灰 ガラス、洗剤、薬品、水処理、脱硫、パルプ、紙。

硫黄 硫酸、弾薬、防カビ剤、天然ゴムの加硫。

タルク 紙、プラスチック、塗料、セラミクス、耐火物、屋根材、ゴム、化粧品、医薬品、農薬、餌、セメント、グラスファイバー。

タンタル コンデンサー、合金（航空機、ミサイル用）、化学および原子炉用ライナー、ワイヤ、手術（縫合線、頭蓋修復用プレート）、カ

	メラ。
錫	ブリキ、合金、はんだ、しろめ、化学薬品、パネル照明、フロントガラス凍結防止シート。
チタン	軽量合金、飛行機用部品（ジェットエンジン、機体）、自動車用部品、口金（電球、ソケット）、塗料、時計、化学処理用機器、海洋関係（海水にさらされるリグなど）、パルプ、紙、パイプ、宝飾品。
タングステン	合金（電球のフィラメント、電子管、テレビのブラウン管、金属蒸着）、弾薬、化学工業、なめし業、塗料、X線ターゲット。
ウラン	核燃料、核兵器、X線ターゲット、写真のトナー。
バナジン	合金（特にスチール用）、触媒、セラミクスおよびガラス用顔料、電池、医療用化合物、医薬品、エレクトロニクス。
亜鉛	めっき、合金、真鍮、電池、屋根材、水質浄化剤、硬貨、酸化亜鉛（塗料製造用）、ゴム製品、化粧品、敷物、プラスチック、印刷用インク、石鹸、繊維製品、電気製品、軟膏、硫化亜鉛（時計用夜光塗料、X線スクリーン、テレビスクリーン、塗料、蛍光体）。
ジルコン	セラミクス、耐火物、鋳物砂、ガラス、過酷な環境下での配管工事、核反応炉、合金硬度増加用添加物、熱交換器、写真用フラッシュ、手術用具。

出典：International Institute for Environment and Development, *Breaking New Ground: Mining, Minerals, and Sustainable Development* (London: Earthscan, 2003)

注記

序章

1　レッドビルの人々が遺産を守り、町の経済を復活させた成功の物語は、Gillian Kluckas, Leadville: The Struggle to Revive an American Town (Washington, D.C.: Island, 2004) に描かれている。

2　一九世紀のレッドビルにおける生活は Beth Sanstetter and Bill sanstetter, The Mining Camp Speaks (Denver, Colo.: Benchmark, 1998) から引用した。

3　元素を変える実験については Richard Morris, The Last Sourcers: From Alchemy to the Periodic Table (New York: Joseph Henry, 2005) を参照されたい。また、次の文献が参考になる。Trevor Levere, Transforming Matter: A History of Chemistry from Alchemy to the Buckyball (Baltimore: Johns Hopkins University Press, 2001)

4　周期表に関する歴史を最も良く記述したと思われるのは Eric Scerri, The Periodic Table: Its History and Significance (New York: Oxford University Press, 2006)。

5　次の論文がこの問題を学術的に分析している。R. B. Gordon, et al., "Metal Stocks and Sustainability", Proceedings of the National Academy of Sciences 103, no.5 (2006)

6　Eve Curie, Madame Curie: A Biography (New York: Da Capo, 2001), 156.

7　L. D. Anderson, "Geopolitics and the Cold War Environment: The Case of Chromium," GeoJournal 37, no. 2 (October 1, 1995): 209–214.

8　さまざまな普及書をもとにアメリカ化学学会が推定した結果である。元素や化合物を日用品作りに利用する人間の能力については、次の書籍が、時系列的に、巧みな説明をしている。Ivan Amato, Stuff: The Materials the World Is Made Of (New York: Basic, 1997)

9　Charles Moore, "Trashed: Across the Pacific Ocean, Plastics, Plastics Everywhere," Natural History, November 2003.

10　Gecia Matos and Lorie Wagner, Consumption of Materials in the United States, 1900–1995 (Washington, D.C.: U.S. Geological Survey, 1997).

11　Gary Gardner, Mind over Matter: Recasting the Role of Materials in Our Lives (Washington, D.C.: Worldwatch Paper no. 144, 1998).

第1章

1　葬礼の歴史や背景については次の書籍を参照されたい。Penny Coleman, Corpses, Coffins, and Crypts: A History of Burial (New York: Henry Holt, 1997)

2　この概念については次の二冊に詳しい説明がある。Steven Johnson, Emergence: The Connected Lives of Ants, Brains, Cities and Software (New York: Scribner, 2002) と Stuart A. Kauffman, The origins of Order: Self-Organization and Selection in Evolution (New York: Oxford University Press, 1993)

3　James P. Ferris, "Montmorillonite- Catalyzed Formation of RNA Oligomers: The Possible Role of Catalysis in the Origins of Life," Philosophical Transactions of the Royal Society B 361 (2006): 1777–1786.

4　Madeline Vargas et al., "Microbiological Evidence for Fe(III)

Reduction on Early Earth," Nature 395 (1998): 65–67.
5 C. Boesch and H. Boesch, "Mental Map in Wild Chimpanzees: An Analysis of Hammer Transports for Nut Cracking," Primates 25 (1984): 160–170. For a more integrative study see William McGrew, Chimpanzee Material Culture (Cambridge: Cambridge University Press, 1992).
6 Gad Saad, The Evolutionary Bases of Consumption (Mahwah, N.J.: Lawrence Erlbaum, 2007).
7 環境破壊と社会の崩壊の因果関係、特にイースター島については、近年、論争がある。しかし、資源の過剰な利用が原因だろうと外来種の侵入がきっかけだろうと、環境の劣化があって、社会の崩壊に一役買ったことは間違いない。イースター島の論争については次の論文を参照されたい。Jared Diamond, "Easter Island Revisited," Science 317 (2007): 1692-1694.
8 このセミナーは考古学者のパトリシア・マカニーと人類学者のノーマン・ヨッフェーが主催した。その内容については次の報告を参照されたい。George Johnson, "A Question of Blame when Societies Fall," New York Times, December 25, 2007. また、文明の崩壊に関して、少し異なる見方で論述をした書籍として次を挙げておく。Joseph Tainter, The Collapse of Complex Societies (Cambridge: Cambridge University Press, 1990)
9 スワジランドの洞窟発見と以降の研究は次の論文に詳しい。R. A. Dart and P. Beaumont, "Amazing Antiquity of Mining in Southern Africa," Nature 216 (1967) : 407-408. また、採掘初期の状況については次の研究を参照されたい。P. M. Vermeersch and E. Paulissen, "The Oldest Quarries Known: Stone Age Miners in Egypt," Episodes 12, no.1 (March 1989): 35-36; Alan Walker and Pat Shipman, The Wisdom of the Bones (New York: Alfred Knopf, 1996).
10 Cyril Stanley Smith, "Into the Smelting Pot," a review of R. F. Tylecote's A History of Metallurgy, Times Literary Supplement, November 4, 1977, 1301.
11 Mark Aldenderfer, Nathan M. Craig, Robert J. Speakman, and Rachel Popelka-Filcoff, "Four- Thousand- Year- Old Gold Artifacts from the Lake Titicaca Basin, Southern Peru," Proceedings of the National Academy of Sciences, March 31, 2008.10.
12 Richard Rudgeley, The Lost Civilizations of the Stone Age (New York: Free Press, 2000).
13 各金属の時代については多数の歴史書が出版されている。古典的なものは次の通りである。Theodore A. Wertime, The Coming of the Age of Steel (Chicago: University of Chicago Press, 1962); Theodore A. Wertime and James D. Muhly, The Coming of the Age of Iron (New Haven: Yale University Press, 1980); Kristian Kristiansen and Thomas B. Larsson, The Rise of Bronze Age Society: Travels, Transmissions, and Transformations (Cambridge: Cambridge University Press, 2006).
14 F. L. Koucky and A. Steinberg, "Ancient Mining and Mineral Dressing on Cyprus," in Early Pyrotechnology, edited by T. Wertime and S. Wertime (Washington, D.C.: Smithsonian Institution Press, 1982).
15 Eugenia W. Herbert, Iron, Gender, and Power (Bloomington: Indiana University Press, 1993) から引用。もとはフランス語だが著者が英訳して紹介している。
16 Bade Ajuwon, "Ogun's Iremoje: A Philosophy of Living and

Dying," in Africa's Ogun, edited by Sandra Barnes (Bloomington: Indiana University Press, 1997).

17 Eugenia Herbert, Red Gold of Africa (Madison: University of Wisconsin Press, 1984).

18 この時代の詳細については次を参照されたい。D. H. Fischer, The Great Wave: Price Revolutions and the Rhythm of History (New York: Oxford University Press, 1999)。また、Daniel Roche, A History of Everyday Things: The Birth of Consumption in France, translated by Brian Pearce (Cambridge: Cambridge University Press, 2000)も参考になる。

19 インディアナ・ジョーンズ関係の実話に関する解説や社会における宗教の重要さについては次を参照されたい。Steven Sora, Treasures from Heaven: Relics from Noah's Ark to the Shroud of Turin (New York: John Wiley and Sons, 2005).

20 Kathryn Taylor Morse, The Nature of Gold: An Environmental History of the Klondike Gold Rush (Seattle: University of Washington Press, 2003), 194-195から引用。Frederick Jackson Turner, Rereading Frederick Jackson Turner: "The Significance of the Frontier in American History" and Other Essays (New Haven: Yale University Press, 1999)にも同様の記述がある。

21 Peter Bernstein, The Power of Gold: The History of an Obsession (New York: John Wiley and Sons, 2000), 73.

22 塩の歴史については次が興味深い。Mark Kurlansky, Salt: A World History (New York: Penguin, 2004).

23 トーマス・ジェファーソンは一八世紀後半のアメリカにおけるやり方についても考察している。淡水化の歴史は次の本に紹介されている。Girogio Nebbia, A Short History of Water Desalination (Rome: Azienda Grafica Italiana, 1966). 次のウェブサイトも参照されたい。Encyclopedia of Desalination and Water Resources: www.desware.net/.

24 Madeline Zelin, The Merchants of Zigong: Industrial Entrepreneurship in Early Modern China (New York: Columbia University Press, 2008).

25 Marq de Villiers and Sheila Hirtle, Timbuktu: The Sahara's Fabled City of Gold (New York: Walker, 2007). For East African salt trade see Paul E. Lovejoy, Salt of the Desert Sun: A History of Salt Production and Trade in the Central Sudan (Cambridge: Cambridge University Press,

26 Kurlansky, Salt, 164.

27 Stanley Wolpert, India (Berkeley: University of California Press), 204から引用。

28 Tahir Shah, In Search of King Solomon's Mines (London: Arcade, 2003), 9から引用。この本はアフリカの角を回る紀行で、内容が面白く、情報量も豊富である。昨今の金鉱業に関する秘話も掲載している。

29 Ranjit S. Dighe, The Historian's Wizard of Oz (Westport, Conn.: Greenwood, 2002).

30 結晶は物質やエネルギーを吸収できるユニークな構造を持ち(往々にして雪片のように美しい形態を示す)また、分子の付着により成長する能力を有する。このため結晶は生命に匹敵する特性を持つとの主張がある。もちろん、有機体のように生きてはいないが、分子の融合が命の誕生に結び付いた可能性について理解するため、結晶に関する研究が続いている。生命の起源についてさまざまな仮説を複眼的に紹介したヒストリーチャンネルの特別プログラム"How Life Began (2008)"も紹介しておきたい。この番組は次の研究に基づいている。Robert Hazen, Genesis: The Scientific Quest for Life's Origins (Washington, D. C.: Joseph Henry Press of the U. S. National Academies of Sciences, 2005).

31　Flora Peschek- Bohmer and Gisela Screiber, Healing Crystals and Gemstones (Old Saybrook, Conn.: Konecky and Konecky, 2002).

32　シナの翡翠に関する歴史や一九世紀シナ、ビルマ、ヨーロッパにおける流向を知るには次の本が良い。Adrian Levy and Cathy Scott-Clark, The Stone of Heaven: Unearthing the Secret History of Imperial Green Jade (Boston: Back Bay, 2003).

33　味の基になる石を1個だけ準備して、一人につき一種類の材料を持ち寄るように仕向ける「石のスープ」という寓話は、あちこちで伝承されている。ポルトガルのアルメリムはこの話発祥の地と自認しており町中のレストランで元祖ソパ・デ・ペドラというスープを食べることができる。

34　過去三〇〇年の消費文化に関する学術研究については次を参照されたい。John Benson and Laura Ugolini, Cultures of Selling: Perspectives on Consumption and Society Since 1700 (Burlington, Vt.: Ashgate, 2006). Peter Stearns, Consumption in World History: The Global Transformation of Desire (London: Routledge, 2006) も参考になる。

第2章

1　この大発見については次の本が時系列でまとめている。J. Garcia-Guinea and J. M. Calaforra, "Mineral Collectors and the Geological Heritage: Protection of a Huge Geode in Spain," European Geologist Magazine 1 (2001): 4-7.

2　世界のがまの魅力については Brad Lee Cross and June Culp Zeitner, Geodes: Nature's Treasures (San Diego: Gem Guides, 2006) を参照されたい。

3　スーパーマンの誕生や能力に象徴されるように鉱物の持つ力は漫画の世界で大きな地位を占めている。彼の出身地であるクリプトンは宝石のような結晶が出すエネルギーの複雑なバランスで維持されるクリスタルな要塞として描かれている。このヒーローは生命を生み出すバリアーに覆われた宇宙船で地球にやってくる。北極にある彼の基地もいろいろな結晶でできており、それらを介して、彼の運命が明らかになってゆく。邪悪なパワーもクリプトナイトという緑色で恐ろしい鉱物を通して発せられる。この話はフィクションだが作家にインスピレーションを与えたクリプトンという元素は実在する。これは不活性ガスだが映画に出てくるクリプトナイトは「ナトリウム、リチウム、ホウ素、珪酸を含む水酸化物」である。二〇〇七年にこの組成を持つ鉱物がセルビアのジャダー近郊にある鉱山で発見された。ただし不活性で、緑ではなく、白色だった。クリプトンから来た男の話は次の本で楽しめる。Les Daniels, Superman: The Complete History (New York: Chronicle, 2004).

4　結晶成長に関する研究や現場から得られた技術的データは次の論文に掲載されている。J. Garcia-Guinea et al., "Formation of Gigantic Gypsum Crystals," Journal of the Geological Society, London 159 (2002): 347-350.

5　インダラ網は三世紀の大方広仏華厳経に遡るが、現在は、大乗仏教で一般的な概念になっている。中国の華厳宗が比喩的に使った事で世に広まった。ただし、インダラはリグ・ヴェーダ（紀元前一七〇〇～一一〇〇年）に出てくる神なので、インダラ網のルーツがヒンズー教にある事は否定できない。この素晴らしい比喩については次の書籍を参照されたい。Francis Cook, Hua-Yen Buddhism: The Jeweled Net of Indra (College Park: Pennsylvania State University Press, 1977).

6　Gem and Jewelry Export Promotional Council of India, statistics quoted in a promotional video produced by the group in 2004.

7　Nickel Robins, The Corporation that Changed the World: How the East India Company Shaped the Modern Multinational (London: Pluto, 2006). 宝石探査については次のような本がある。Kevin Rushby, Chasing the Mountain of Light (London: Robinson, 2004); Omar Khalidi, Romance of the Golconda Diamonds (New York: Mapin, 2006); Bernhard Graf, Gems: The World's Greatest Treasures and Their Stories (Prestel, 2001).

8　旧ポルトガル領インドに住んでいたフリア・ベルナルド・ダ・フォンセカが一七二七年にリオデジャネイロの北で見つけたダイヤモンドがブラジルにおける発端である。その場所はディアマンティアと命名された。会社組織によらない何千もの採掘者（現地ではガリンペイロという）が一帯に集まった結果、一八世紀末までに、ブラジルはインドの四倍のダイヤモンドを産する国になった。ブラジルの採掘人（ダイヤモンドの奴隷と呼ばれた）の初期の様子については次の二編が最良である。Richard Burton, Explorations of the Highlands of Brazil, with a Full Account of the Gold and Diamond Mines, vol. 1 (New York: Greenwood, 1969 [reprint]) および John Mawe, Travels Through the Diamond District of Brazil (London: Longman Hurst, 1812).

9　George E. Harlow, ed., The Nature of Diamonds (Cambridge: Cambridge University Press, 1998).

10　Quoted in Kevin Krajick, Barren Lands: An Epic Search for Diamonds in the North American Arctic (New York: Times, 2001).

11　World Diamond Council data: www .diamondfacts .org (accessed February 1, 2008).

12　たとえば次を参照されたい。Matthew Hart, Diamond: The History of a Cold- Blooded Love Affair (New York: Plume, 2001).

13　アフリカのダイヤモンドと紛争に関する地理学的な考察は次の論文が優れている。Philippe LeBillon, "Diamond Wars? Conflict Diamonds and Geographies of Resource Wars," Annals of the Association of American Geographers 98 (2008): 345-372. 次の文献も参照されたい。Richard Snyder and Ravi Bhavnani, "Diamonds, Blood, and Taxes: A Revenue-Centered Framework for Explaining Political Order," Journal of Conflict Resolution 49, no.4 (August 1, 2005): 563-597.

14　ダイヤモンド、紛争、社会不正については、多数の書籍が発効されているが憶測と事実を注意深く区別して読む必要がある。ダイヤモンドと紛争について関係者が憂慮している事は確かだが、扇動的な記事に引きずられると、ダイヤモンドに伴う発展というもっと大きな議論が見えなくなってしまう。この業界に対する痛烈な批判は次の書物に見ることができる。Janine Roberts, Glitter and Greed: The Secret World of the Diamond Empire (New York: Disinformation, 2007); Tom Zoellner, The Heartless Stone: A Journey Through the World of Diamonds, Deceit, and Desire (New York: Macmillan, 2006). また Leo P.

Kendall, Diamonds Famous and Fatal: The History, Mystery, and Lore of the World's Most famous Gem (New York: Barricade, 2001) も参照されたい。

15 アフリカの資源と紛争については、国連安全保障理事会による委託調査がなされ、専門家パネルから数本の報告書が出ている。コロンビア大学国際機関センターのウェブサイトからダウンロード可能：www.securitycouncilreport.org.

16 Douglas Farah, Blood from Stones: The Secret Financial Network of Terror (New York: Broadway, 2004). Since the publication of this book Farah has shifted his interest to studying the arms trade and the role played by the notorious Russian arms trader Viktor Bout, in Douglas Farah and Stephen Braun, Merchant of Death: Money, Guns, Planes, and the Man Who Makes War Possible (New York: Wiley, 2008).

17 Ibrahim Warde, The Price of Fear: The Truth Behind the Financial War on Terror (Berkeley: University of California Press, 2007).

18 National Commission on Terrorist Attacks, The 9/11 Commission Report: Final Report of the National Commission on Terrorist Attacks upon the United States (New York: W. W. Norton, 2004), 171.

19 Data on Botswana from CIA World Factbook, 2008, online at https:// www .cia.gov/ library/ publications/ the -world-factbook/ geos/ bc.html#Intro.

20 Data on unemployment in Botswana are somewhat unreliable. This figure is based on the CIA World Factbook estimates from 2004.16.

21 John D. Holm, Diamonds and Distorted Development in Botswana (Washington, D.C.: Center for Strategic and International Studies, Africa Policy Forum, January 8, 2007).

22 The Ecologist 34 (2004): 14–15.

23 J. Clark Leith, Why Botswana Prospered (Montreal: McGill-Queen's University Press, 2006).

24 Census of India data acces17.

25 レバノン人の宝石取引、ユダヤ教徒やジャイナ教徒の研磨・加工、パルシー教徒、ゾロアスター教徒の商売など、「少数派による市場の支配」という現象は、次の研究に詳しい。Amy Chua, World on Fire (New York: Anchor, 2003). 彼女の分析では、グローバル化が商業に関心ある少数派のネットワーク形成に有利に働いたため、周囲の反感を買い、紛争の原因になっている。本の前半では、フィリピンにおける華人など少数派を扱った議論があり、興味深い。ただし、「ロシアのユダヤ人」という章は、なぜ支配が可能となったかという基本的な問いに答えようとしていないため、やや、説得力に欠ける。激しい差別がある中でユダヤ人はロシア社会の頂点に登りつめている（これは彼女が紹介する他の少数派には見られない）。一方で、彼女が、著書の後半で提唱するいくつかの改革案、たとえば、貧困層が直接的な分配を受ける平等な社会は、一考に値する。しかしながら、これは、法の支配の下で、民主化の実現を目指しつつ、弁証法的に扱うべきであろう。たとえば、ルワンダの虐殺が起きた第1の原因は、国内の対処でも、国際間の対応でも、法律が十分に生かされなかった事だ。［法律をきちんと施行すれば］チュアが言うように、そして、タイの例が示すように、市場経済と民主主義への移行は武力なしに可能なはずだ。

26 Quoted in Hart, Diamond, 233.

27 Geshe Michael Roach, The Diamond Cutter: The Buddha on

Managing Your Business and Your Life (New York: Doubleday, 2003), 29. ミカエル・ローチはゲシェー（高位の司祭に相当）として叙階されたが、仏教の僧侶に求められる質素な生活をせず、髪も切らないため、ダライ・ラマから叱責を受けている。彼は5万ドルの投資をしてアンディン・インターナショナルという宝石小売会社を立ち上げたが、後にこれを売却、ダイヤモンド・マウンテン大学をアリゾナ設立するなど、社会活動を行っている。同大学は瞑想を目的としており本人もここに住んでいる。

28 「カラット」という言葉には次のような語源がある。ギリシャ語のkeration、アラビア語のqirat、イタリア語のcarato。また、その重量は、カラットという別名を持つイナゴマメに起源を持つ。その種子一粒の重さはだいたい5分の1グラムである。

29 スーラトの児童労働については次の文献に詳しい。Kiran Desai and Nikhil Raj, Child Labour in Diamond Industry of Surat (Noida, India: V. V. Giri National labour Institute, 2001).

30 Nicholas D. Kristof, “Wretched of the Earth,” New York Review of Books 54, no. 9 (May 31, 2007).

31 琥珀を化石とみなさない研究者もいる。化石は鉱物が有機物を置き替えた物だが琥珀は重合し硬化した有機物（主にテルペン）のためである。

32 David A. Grimaldi, Amber: Window to the Past (Washington, D.C.: Smithsonian, 2003).

33 Michael Wines, “Yantarny Journal: Rus sians Awaken to a Forgotten SS Atrocity,” New York Times, January 31, 2000.

34 R. J. Cano, Gatesy DeSalle, W. Wheeler, and D. Grimaldi. “DNA Sequences from a Fossil Termite in Oligo- Miocene Amber and Their Phyloge ne tic Implications,” Science 257 (1992): 1933–1936.35. R. J. Carlo and M. K. Borucki, “Revival and Identification of Bacterial Spores in 25- to 40-Million-Year-Old Dominican Amber,” Science 268 (1995): 1060-1064. 塩の結晶中に眠るバクテリアを5年後に他のチームが分離したという話もあった。Russel H. Vreeland, William D. Rosenweig, and Dennis W. Powers, “Isolation of a 250-Million-Year-Old Halotolerant Bacterium from a Primary Salt Crystal,” Nature 407, no. 6806 (October 19, 2000): 897-900.

36 Neil H. Landman and Paula Mikkelsen, Pearls: A Natural History (New York: Harry N. Abrams, 2001).

37 Surah 22, verse 23 of the Quran reads: “Allah will admit those who believe and work righ teous deeds, to Gardens beneath which rivers flow: they shall be adorned therein with bracelets of gold and pearls; and their garments there will be of silk.”

38 このような真珠の例として、牡蠣の殻に癒着した物を、シカゴのフィールド博物館で見ることができる。

39 Hughes Edwards, Port of Pearls (Kalamunda, Western Australia: Tangee, 1984).

40 M. J. Hibbard, Mineralogy: A Geologist’s Point of View (New York: McGraw- Hill, 2002), 116.

41 James Shigley, Gemological Institute of America, Carlsbad, California, personal communication, February 25, 2008.

42 ダイヤモンド合成の科学と産業については次の本が面白い。Robert M. Hazen, The Diamond Makers, rev. ed. (Cambridge: Cambridge University Press, 1999).

43 Joshua Davis, “The Diamond Wars Have Begun,” Wired,

September 2003.

44　著者の助手であるメリー・アクレイが入手したデータ。ディアヴィクでは一カラットあたりの燃料消費をリットルで表示しているので、一リットルあたり８５０グラムの密度をディーゼル油の平均値として使用、換算した。

45　デビアスが公表したデータは報告書によって単位が異なるため著者が換算した：0.289 gigajoules per carat は kilowatt-hours per carat として計算した。他の会社のデータは直接の引用である。

46　会社の詳細はライフージェムのウェブサイトへ。www.lifegem.com. 創立者グレッグ・ヘッロにナショナル・パブリック・ラジオがインタビューした二〇〇二年一一月九日の記事（Weekend Edition）はオンラインで閲覧可能。www.npr.org/tenplates/story/story.php?storyId=837580.

第3章

1　Paul Bairoch, Cities and Economic Development: From the Dawn of History to the Present (Chicago: University of Chicago Press, 1991).

2　Jane Jacobs, The Economy of Cities (New York: Vintage, 1970).

3　Jacobs, Economy of Cities, 23.

4　Vere Gordon Childe, The Dawn of Eu ro pe an Civilization (New York: Random House, 1958).

5　植民地化以前のサブサハラにおける都市については Catherine Coquery-Vidrovitch, The History of African Cities South of the Sahara: from Origins to Colonization (Princeton: Markus Weiner, 2005) を参照されたい。

6　次から引用。Mary Jo Ignoffo, Gold Rush Politics: California's First Legislature (Sacramento: California State Capitol Publications, 1999), 47. The rush of Silicon Valley entrepreneurs has also been analogized to the gold rush of Argonauts from Greek mythology who searched tirelessly for the Golden Fleece, in AnnaLee Saxenian, The New Argonauts: Regional Advantage in a Global Economy (Cambridge: Harvard University Press, 2007).

7　James Stanley, Digger: The Tragic Fate of California's Indians from the Missions to the Gold Rush (New York: Crown, 1997), 62.

8　次から引用。Robert V. Hine and John Mack

9　Hine and Faragher, The American West, 241.

10　Leonard L. Richards, The California Gold Rush and the Coming of the Civil War (New York: Knopf, 2007).

11　次から引用。H. W. Brands, The Age of Gold: The California Gold Rush and the New American Dream (New York: Anchor, 2002), 23.

12　次から引用。Rebecca Solnit, "Winged Mercury and the Golden Calf: Two Elements, One Economic Theory, and a Cascading Torrent of Collateral Damage," Orion (September–October 2006), 17.

13　Paul David and Gavin Wright, "Increasing Returns and the Genesis of American Resource Abundance," Industrial and Corporate Change 6, no. 2 (1998): 223.

14　スカンジナビアの産業革命については次の発行物に質の高い議論が掲載されている。Magnus Blomstrom and Ari Kokko, "From Natural Resources to High-Tech Production: The

Evolution of Industrial Competitiveness in Sweden and Finland," in Natural Resources, Neither Curse Nor Destiny, ed. Daniel Lederman and William F. Maloney (Washington, D. C.: World Bank Publications, 2006).

15　Tony Crago, Gold: Australia (Newton, New South Wales, Australia: Woollahra, 2004).

16　Gavin Bridge, "Global Production Networks and the Extractive Sector: Governing Resource- Based Development, Journal of Economic Geography 8 (2008).

17　Dror Goldberg, "Famous Myths of Fiat Money," Journal of Money, Credit, and Banking (2005): 957–967.

18　J. B. De MacEdo, ed., Currency Convertibility: The Gold Standard and Beyond (New York: Routledge, 1996).

19　C. Murphy, "Is BP Beyond Petroleum? Hardly," Fortune, September 30, 2002.

20　国際労働機関がアフリカ、アジア、南米の非合法採掘について調べた情報に基づいてCommunities and Small Scale Miningの事務局が推計。

21　Gavin Hilson, ed., The Socioeconomic Impacts of Artisanal and Small- Scale Mining in Developing Countries (Rotterdam: A. Balkema, 2005).

22　Payal Sampat, "Scrapping Mining Dependence," in State of the World 2003 (New York: Norton, 2003).

23　Peter Bernstein, The Power of Gold: The History of an Obsession (New York: John Wiley & Sons, 2000).

24　Bernstein, The Power of Gold, 230.

25　United Nations Industrial Development Organiza tion (UNIDO), Artisanal mining and mercury usage project, funded by the Global Environmental Facility (under the Japanese Trust Fund of the World Bank), 2001–2004.

26　T. Green, The World of Gold (New York: Rosendale, 1993).

27　Geoffrey Wheatcroft, The Randlords: The Exploits and Exploitations of South Africa's Mining Magnates (New York: Atheneum, 1986).

28　R. Ally, Gold and Empire: The Bank of En gland and South Africa's Gold Producers (Johannesburg: Witwatersrand University Press, 1994).

29　H. Bhattacharya, "Deregulation of Gold in India" (London: World Gold Council Research Study No. 27, 2002).

30　V. Oldenburg, Dowry Murder: The Imperial Origins of a Cultural Crime (New York: Oxford University Press, 2002).

31　次から引用。Richard Manning, One Round River: The Curse of Gold and the Fight for the Big Blackfoot (New York: Henry Holt, 1998), 140.

32　人の社会が火を使ってきた歴史については次の書籍を参照されたい。概論だが中身は濃い。Stephen J. Pyne, Fire: A Brief History (Seattle: University of Washington Press, 2001).

33　Si Posen, an expert at the China Coal Information Institute, quoted in Wang Ying and Winnie Shu, "Around the Markets: Future for Coal Is Brighter," International Herald Tribune, April 16, 2007.

34　Kenneth Pomeranz, The Great Divergence: Eu rope, China, and the Making of the Modern World Economy (Princeton: Princeton University Press, 2000).

35　一九世紀における捕鯨の隆盛と衰退については、技術革新による生産性の変化という、経済史的な観点から、詳細に研究されている。Lance, E. Davis, Robert E. Gallman, and Karin Gleiter, In Pursuit of Leviathan: Technology, Institutions, Productivity, and Profits in American Whaling, 1816-1906 (Chicago: University of Chicago Press, 1997). 鯨油以外で需要が高かったのは香料の成分となる体内の分泌物である。鯨肉も人気があった（なお、バスク地方は、アメリカより何世紀も前に捕鯨の技を確立していた。このため、特にさえずりは、ヨーロッパ中で賞翫されたものだ）。

36 Sven Wunder, Oil Wealth and the Fate of the Forest (London: Routledge, 2003).

37 James Howard Kunstler, The Long Emergency: Surviving the End of Oil, Climate Change, and Other Converging Catastrophes of the Twenty- First Century (New York: Grove, 2006); Peter W. Huber and Mark P. Mills, The Bottomless Well: The Twilight of Fuel, the Virtue of Waste, and Why We Will Never Run Out of Energy (New York: Basic,2006).

38 こうした考えを持つ二人は、ジェレミー・レフキンが書いたThe End of Workという本を攻撃し、彼を「技術失調患者」と非難、「人間の創造性は新しい仕事を生むから『機械化が大量の失業につながる』という予想は当たらない」と主張した。

39 この訪問がきっかけとなって面白い本が何冊か出版された。たとえばSheila McNulty, “Green Leaves, Black Gold,” Financial Times Magazine, December 15-16, 2007やElizabeth Kolbert, “Unconventional Crude,” New Yorker, November 12, 2007など。

40 Katherine Bourzac, “Dirty Oil,” Technology Review, January 2006.

41 カール・A・クラークが一九二〇年から一九四九年にかけて残したオイルサンドの技術情報はアルバータ大学が保管している。同大学はこれらをまとめ注釈をつけて書籍として出版した。Mary Clark Sheppard, Oil Sands Scientist, The Letters of Karl A. Clark, 1920-1949 (Edmonton: University of Alberta Press, 1989).

第4章

1 ドーパミンの特性は、スウェーデンの化学者であるアーヴィッド・カールソンが、一九五一年に明らかにした。彼はこの業績が認められ二〇〇〇年にノーベル医学賞を受賞した。神経科学におけるドーパミンの重要性については次を参照されたい。Alison Abbott, “Neuroscience: The Molecular Wake-Up Call,” Nature 447 (2007): 368-370. 人間の嗜好については次の書籍が優れている。Ronald A. Ruden, The Craving Brain (New York: Harper Paperbacks, 2000).

2 GABAは、四個の炭素原子と、一個の酸素ペア、一個の窒素、九個の水素原子からなる、実に単純な分子である。

3 Anne Becker, “Green Tea on the Brain,” Psychology Today, June 10, 2003. For a review of the technical literature on tea's beneficial impact, see J. Bryan, “Psychological Effects of Dietary Components of Tea: Caffeine and L-Theanine,” Nutrition Reviews 66, no. 2 (February 2008): 82-90.

4 嗜癖は病理だが、程度の差はあれ、何かのきっかけで常軌を逸する行動を取る可能性は、誰にでもある。Diagnostic and Statistical Manual of Mental Disorders (4th edition, or DSM-IV) という解説書には「衝動制御障害」という項目がある。

5 「ミーム」という言葉はギリシャ語のmemosから作られた。これは模写という意味である。遺伝子（gene）に語感が似ている事からドーキンスはこの言葉を創造した。

6 ミメティクスについては次の書物が質の高いレビューを行っている。Robert Aunger, Darwinizing Culture: The Status of Memetics as a Science (Oxford: Oxford University Press, 2001).

7 Richard Brodie, Virus of the Mind: The New Science of the Meme (San Francisco: Integral, 2004), 14.

8 John de Graaf, David Wann, and Thomas H. Naylor, Affluenza: The All-Consuming Epidemic (New York: Berrett-Koehler, 2005).

9 Jeremy Prestholdt, Domesticating the World: African Consumerism and the Genealogies of Globalization (Berkeley: University of California Press, 2008), 43. Concern over gluttony as well as avarice as "sins" is found in numerous cultural traditions, including in Christianity (as they are among the seven deadly sins).

10 Mihaly Csikszentmihalyi and Eugene Halton, The Meaning of Things: Domestic Symbols and the Self (New York: Cambridge University Press, 1981); Mihaly Csikszentmihalyi,"The Costs and Benefits of Consuming," Journal of Consumer Research 27 (2000): 267–272.

11 James Gleick, Chaos: Making a New Science (New York: Penguin, 1988), 304.

12 William M. Schaffer, "Chaos in Ecological Systems: The Coals that Newcastle Forgot," Trends in Ecological Systems 1 (1986): 63.

13 William M. Schaffer and Mark Kot, "Do Strange Attractors Govern Ecological Systems," BioScience 35 (1985): 349.

14 J. S. Metcalfe, "Consumption, Preferences, and the Evolutionary Agenda," Journal of Evolutionary Economics 11 (2001): 37–58.

15 Staffan B. Linder, The Harried Leisure Class (New York: Columbia University Press, 1970). 16. 商品の選択とそれが人間の行動に及ぼす影響については次の本が詳しく分析している。Barry Schwartz, The paradox of Choice: Why More Is Less (New York: harper Perennial, 2005). 人類学者のマーシャル・サーリンスは人間の消費を研究し、「資本主義という文化」が、ヒューロン族インデアンなどいくつかの部族には、かつてなかった事を明らかにした。彼らは物欲を病気と考え、欲張りな者は隔離した上、本人がうんざりするまで、これでもかと大量に物を与えていた。Marshall Sahlins, "The Sadness of Sweetness: The Native Anthropology of Western Cosmology," Current Anthropology 37, no.3 (June, 1996): 395-428.

17 Mihaly Csikszentmihalyi and Barbara Schneider, Becoming Adult: How Teenagers Prepare for the World Of Work (New York: Basic, 2001).

18 Thomas Friedman, The Lexus and the Olive Tree: Understanding Globalization (New York: Farrar, Straus and Giroux, 2000). For an excellent review of the social research surrounding the McDonald's phenomenon that is often termed "glocalization," and is considered a safe response to a risk-averse society, see Bryan S. Turner, "Mc-Donaldization: Linearity and Liquidity in Consumer Cultures," American Behavioral Scientist 47 (2003): 137–153.

19 Victoria de Grazia, Irresistible Empire: America's Advance Through Twentieth- Century Europe (Cambridge: Belknap

Press of Harvard University Press, 2006).

20 Gary S. Becker and Kevin Murphy, "A Theory of Rational Addiction," Journal of Political Economy 96 (1988): 675–700.

21.

22 このような非合理的な行動をいくつか扱った最近の書物としては次が挙げられる。Dan Ariely, Predictably Irrational: The Hidden Forces That Shape Our Decisions (New York: HarperCollins, 2008). また、同時期にその誤謬を正したバランスの良い書籍として Tim Harford, The Logic of Life: The Rational Economics of an Irrational World (New York: Random House, 2008) がある。

23 Andrew Szasz, Shopping Our Way to Safety: How We Changed from Protecting the Environment to Protecting Ourselves (Minneapolis: University of Minnesota Press, 2007).

24 Images of Jordan's art are viewable online at his Web site, www .chrisjordan .com .

25 「ナイロン戦争」はのちにアンソロジーに掲載された。David Riesman, Abundance for What? And Other Essays (Garden City, N. J.: Doubleday, 1961). アメリカの消費プロパガンダ史については次を参照されたい。Greg Castillo, "Domesticating the Cold War: Household Consumption as a Propaganda in Marshall Plan Germany," Journal of Contemporary History 40 (2005): 261-288.

26 このような言い回しはナチスの宣伝大臣ヨーゼフ・ゲッベルスの演説にも見られる。彼は一九三六年に「バターなしでもいいが武器を捨ててはならない。たとえ平和を愛する気持ちがあったとしても。バターは撃てないが銃は撃つことができる」と言っている。

27 この紛争については次の書物が詳しい。William F. Sater, Andean Tragedy: Fighting the War of the Pacific, 1879–1884 (Lincoln: University of Nebraska Press, 2007). Also refer to Bruce W. Farcau, The Ten Cents War: Chile, Peru, and Bolivia in the War of the Pacific, 1879–1884 (New York: Praeger, 2000).

28 近代社会構築にハーバー‐ボッシュ法が果たした役割の重要性については次を参照されたい。

29 David Riesman, Nathan Glazer, and Reuel Denney, The Lonely Crowd: A Study of the Changing American Character (New Haven: Yale University Press, 1950; rev. ed., 2001); the cover story in Time about Riesman's work was published on September 27, 1954; Charles McGrath, "The Big Thinkster," New York Times Magazine, December 29, 2002; Robert D. Putnam, Bowling Alone: The Collapse and Revival of American Community (New York: Simon & Schuster, 2001).

30 シェリーの詩「ひばり」より。人が悲しみに見出す意味については Erick G. Wilson, Against Happiness: In Praise of Melancholy (New York: Farrar, Straus and Giroux, 2008) と Allan V. Horwitz and Jerome C. Wakefield, The Loss of Sadness: How Psychiatry Transformed Normal Sorrow into Depressive Disorder (New York: Oxford University Press, 2007) を参照。ただし、これらの書籍は、悲しみを、当時の空気を反映した一過性のものととらえており、かつ、これまでの文芸作品を紹介するだけで、読者が経験に照らして納得する証拠を提示していない。

感情に関する研究のこうした姿勢を批判したものとしては Stefan Klein, The Science of Happiness: How Our Brains Make

Us Happy – and What We Can Do to Get Happier (New York: Da Capo, 206)が挙げられる。

31 James B. Twitchell, Lead Us into Temptation (New York: Columbia University Press, 2000).

32 次から引用。Daniel Horowitz, Anxieties of Affluence: Critques of American Consumer Culture, 1939–1979 (Boston: University of Massachusetts Press, 2005), 255.

33 Daniel Miller, "The Poverty of Morality," Journal of Consumer Culture 1, no. 2 (November 1, 2001): 225–243.

34 Elizabeth W. Dunn, Lara B. Aknin, and Michael I. Norton. "Spending Money on Others Promotes Happiness," Science 319 (2008): 1687–1688.

35 次から引用。Herbert Gintis et al., Moral Sentiments and Material Interests: The Foundations of Cooperation in Economic Life (Cambridge: MIT Press, 2006), 3.

36 この分野全体を理解したいなら次の書籍を参照されたい。Marc Hauser, Moral Minds: How Nature Designed Our Universal Sense of Right and Wrong (New York: Ecco, 2006). 神経経済学からの見方を書いた作品としてはPaul J. Zak, Moral Markets: The Critical Role of Values in the Economy (Princeton: Princeton University Press, 2008)がある。また、多様な視点を紹介した仕事としては、次の書籍がある。Michael Shermer, The Mind of the Market: Compassionate Apes, Competitive Humans, and Other Tails from Evolutionary Economics (New York: Times, 2007).

37 Sonja Lyubomirsky, The How of Happiness: A Scientific Approach to Getting the Life You Want (Penguin, 2007).

38 Daniel Kahneman, Alan B. Krueger, David Schkade, Nobert Schwarz, and Arthur A. Stone, "Would You Be Happier if You Were Richer? A Focusing Illusion," Science 312, no.5782 (June 30, 2006): 1908-1910. ノーベル賞委員会によるとカーネマンの受賞は「あいまいさがある人間の判断や意思決定に焦点を定めて研究し、心理学的から経済学にいたる成果を統合したことによる」。

39 P. Brickman and D. T. Campbell, "Hedonic Relativism and Planning the Good Society," in Adaptation- Level Theory, ed. Mortimer H. Appley (New York: Academic, 1971), 289.

40 幸福について理解をするためには研究の方法論を向上させることが必要である。ソニア・リュボミルスキーは、最近のインタビューで、「調査結果の中には直観にあわないものがあってストレスを感じる」と述べている。たとえば、子供（色々な年齢）がいる人は、いない人に比べて、幸せを感じないという結果が出ている。子供が欲しいのに授からないカップルはこの結果に納得しないはずだ。妊娠と幸せが結び付かない事は我々の文明にとって有害である。リュボミルスキーは、こうした問題をもっときちんと分析できる変数を発見し、方法論を改良しなければならないと信じている。このインタビューは次のサイトからダウンロードできる。Sonja Lyubomirsky, radio interview, On Point, national Public Radio, February 18, 2008, transcript available at www.onpointradio.org.

41 二〇〇五年の八月、ヴァーモント大学は、幸福に関する主観と客観的データをすりあわせる学際シンポを開催、私を含む教授陣が参加した。参加者は次の論文を共著で出している。R. B. Costanza, B. Fisher, S. Ali, C. Beer, L. Bond, R. Boumans, et al.,"Quality of Life: An Approach Integrating Opportunities, Human Needs, and Subjective Well- Being," Ecological

Economics 61 (2007): 267–276.
42 Thomas Princen, The Logic of Sufficiency (Cambridge: MIT Press, 2005).
43 Juliet B. Schor, The Overspent American: Why We Want What We Don't Need (New York: Harper Paperbacks, 1999).
44 次から引用。Benjamin Wallace Wells, "Mourning Has Broken: How Bush Privatized September 11," Washington Monthly, October 2003.
45 Benjamin M. Friedman, The Moral Consequences of Economic Growth (New York: Vintage, 2006).
46 Lewis Mumford, Faith for Living (New York: Harcourt Brace, 1940), 313.

第5章

1 次からデータを引用。the United Nations Mission for the Demo cratic Republic of Congo (MONUC), www .monuc.org.
2 モブツ時代の悪しきリーダーシップならびに冷戦がコンゴに与えた影響については次の刊行物が慎重かつ手堅くまとめている。Michela Wrong, In Footsteps of Mr. Kurtz: Living on the Brink of disaster in Mobutu's Congo (Herper Perennial, 2002).
　モブツは亡命先のモロッコで一九九八年に死亡した。驚くべき事だが、私腹を肥やす政治を行った彼の時代を、安定していたとなつかしむ人もいる。息子のンザンガ・モブツは、2007年に、選挙で国会議員になり、農業大臣を務めた。彼は自分のウェブサイトを開設している。www.nzanga.com. モブツ時代が安定していたという意見にはミケラ・ロング(二一五)が次のように反論している。「自国の歴史に学ぶ機会を奪われたザイール人は陰湿な植民地的政策によって幼児のような存在になっていた。人々は戦争に振り回され、国土が破壊された。戦後は復興となるべきところ、アメリカ、フランス、ベルギー、世銀、IMFが介入し、その結果、経済は停滞し、崩壊寸前になった。一九六〇年代は、表現の自由がなく、進展もなく、人々の心も冷めていた。そして、国のリーダーシップは、古ぼけたイデオロギーの前で立ち往生していた」。
3 国際赤十字委員会の推計を次から引用。Simon Robinson and Vivienne Walt, "The Deadliest War in the World," Time, May 28, 2008.
4 このテーマに関する最近のベストセラーは Paul Collier, The Bottom Billion: Why the Poorest Countries Are Failing and What Can Be Done About It (Oxford: oxford University press, 2008)。「欲望と不満」の関係については国際平和アカデミーが出した次の二冊が参考になる。Karen Ballentine and Jake Sherman, eds., The Political Economy of Armed Conflict: Beyond Greed and Grievance (Boulder: Lynne Rienner, 2003); Mats R. Berdal and David M. Malone, eds., Greed and Grievance: Economic Agendas in Civil Wars (Boulder: Lynne Rienner, 2000). ベネズエラの資源の呪いについて良く引用されるのは Terry Lynn Karl, The Paradox of Plenty: Oil Booms and Petro-States (Berkeley: University of California Press, 1997). ザンビアの歴史については次の本が良い。J. B. Gewald, M. Hinfelaar, and G. Macola, One Zambia, Many Historians: Towards a History of Post-Colonial Zambia (Leiden: Brill, 2008). 植民地の歴史の比較や独立後の政策については、次の書籍が、挑発的ではあるが、丁寧な記述をしている。Jeffrey Herbst, States and Power in Africa (Princeton: Princeton University Press, 2000).

5　二〇〇二年、ベルギー政府は、パトリス・ルムンバの暗殺（一九六一年）に加担した事を公式に認めて謝罪した。また、三〇〇万ドルを拠出し、彼を記念する財団を設立した。さらに、ベルギーの委員会は、アメリカのＣＩＡが暗殺の支援をしたと公表した。ベルギーの植民地として辛酸をなめた歴史や、ヨーロッパやアメリカがレオポルドの苛政を止めようとした話は、次の書物に記録されている。Adam Hochschild, King Leopold's Ghost: A Story of Greed, Terror, and Heroism in Colonial Africa (Boston: Mariner, 1999). 著名な政治学者であるロバート・プトナムは、多様性について研究した結果、色々な社会で、もっと高次元の紛争が起きている事を明らかにした。しかし、これは、さまざまな部族からなる不均質な社会から、もっと均質な文化を持つグローバルな社会へと、世界が変化する時代に、我々が生きているからかもしれない。Robert D. Putnam, "E Pluribus Unum: Diversity and Community in the Twenty- First Century, the 2006 Johan Skytte Prize Lecture," Scandinavian Political Studies 30, no. 2 (June 2007): 137–174.

6　資源が奪取される可能性を論ずる仮説としては次の本で展開されている内容が極めて重要である。Michael L. Ross, "A Closer Look at Oil, Diamonds, and Civil War," Annual Review of Political Science 9 (2006): 265–300.

7　「国同士の駆け引き」とは中央アジアの資源をめぐってイギリスとロシアが繰り広げた争奪戦を指す。この言葉を初めて使ったのは東インド会社の職員たちだが、作家のラドヤード・キプリングが「少年キム」という小説を書いた事でイギリスに広まった。この時代については次の書を薦めたい。Peter Hopkirk, The Great Game: The Struggle for Empire in Central Asia (New York: Kodansha International, 1992).

8　Lord William Thompson of Kelvin, Lecture to the Institution of Civil Engineers, May 3, 1883, quoted at Today in Science History, www.todayinsci.com/K/Kelvin Lord/Kelvin Lord.htm (accessed June 10, 2008).

9　Richard A. Berk, Regression Analysis: A Constructive Critique (Thousand Oaks, Calif.: Sage, 2003). Also see Xavier Sala- i-martin, "I Just Ran Two Million Regressions," American Economic Review 87 (1997): 178–183.

10　William Easterly, Diego Comin, and Erick Gong, "Was the Wealth of Nations Determined in 1000 B.C.?" Brookings Institution Global Economy and Development Working Paper, 10, 2008.

11　David A. Freedman, "Statistical Models and Shoe Leather," Sociological Methodology 21 (1991): 291–313.

12　次から引用。Daniel Lederman and William F. Maloney, eds., Natural Resources, Neither Curse Nor Destiny (Washington, D.C.: World Bank Publications, 2006), xv.

13　Mark Kurlansky, Salt: A World History (New York: Penguin, 2004), 225.

14　オーティの最近の考えをまとめた刊行物がある。Richard M. Auty, ed., Resources Abundance and Economic Development (Oxford: oxford University Press, 2001); Jeffery D. Sachs and Andrew M. Warner, "Natural resources and Economic Development: The Curse of Natural resources," European Economic Review 45 (2001): 827-838.　このテーマを扱ったコリエーの学術的著作は次にまとめられている。Paul Collier, Breaking the Conflict Trap: Civil War and Development Policy (Washington, D. C.: World Bank Publications, 2003).

15 Paul Collier and Anke Hoeffler, "On the Economic Causes of Civil War," Oxford Economic Papers 50 (1998), 563–573.

16 Indra De Soysa, "Ecoviolence: Shrinking Pie or Honeypot," Global Enviromental Politics 2 (2002): 1–36.

17 Michael Renner, The Anatomy of Resource Wars (Washington, D.C.: Worldwatch Institute, 2002).

18 S. Stedman, Implementing Peace Agreements in Civil Wars: Lessons and Recommendations for Policymakers, International Peace Academy Policy Paper, 2001, available online at www .ipacademy .org/ PDF Reports/ Pdf Report Implementing .pdf; M. Doyle and N. Sambanis, "International Peacebuilding: A Theoretical and Quantitative Analysis," American Poliical Science Review 94 (2000): 779–802.

19 James Fearon, Kimuli Kasara, and David Laitin, "Ethnicity, Insurgency, and Civil War," American Po liti cal Science Review 97, no. 1 (2003): 75–90.

20 James Fearon, "Primary Commodity Exports and Civil War," Journal of Conflict Resolution 49 (2005): 483–507.

21 Michael Ross, "What Do We Know About Natural Resources and Civil War," Journal of Peace Research 41 (2004): 337–356.

22 Macartan Humphreys, "Natural Resources, Conflict, and Conflict Resolution: Uncovering the Mechanisms," Journal of Conflict Resolution 49 (2005): 508–537. Also see J. Isham, M. Woolcock, L. Pritchett, and G. Busby, "The Varieties of Resource Experience: Natural Resource Export Structures and the Po liti cal Economy of Economic Growth," World Bank Economic Review (2006).

23 この言葉の初出は"The Dutch Disease", The Economist, November 26, 1977, 82-83である。その後、次の研究で分析がなされた。W. M. Gorden, "Boom Sector and Dutch Disease Economics: Survey and Consolidation," Oxford Economic Papers 36 (1984): 362.

24 Graham Davis, "Learning to Love the Dutch Disease: Evidence from the Mineral Economies," World Development 23 (1995): 1765–1779.

25 Hussein Mahdavy, "The Patterns and Problems of Economic Development in Rentier States: The Case of Iran," in Studies in Economic History of the Middle East, ed. M. A. Cook (London: Oxford University Press, 1970).

26 Thomas Friedman, "The First Law of Petropolitics," Foreign Policy, May–June, 2006.

27 Michael Ross, "Oil, Islam, and Women," American Po liti cal Science Review 102 (2008): 107–123.

28 Shankar Vedantam, "Oil Wealth Harms Women," Washington Post, March 10, 2008.

29 CNN Web site, www .cnn.com/ 2008/ WORLD/ africa/ 02/ 03/ chad.explainer/.

30 石油と紛争に関する状況は絶望的という観測を記述したのはMichael T. Klare, Blood and Oil: The Dangers and Consequences of America's Growing Dependency on Imported Petroleum (Holt Paperbacks, 2005); Stephen Pelletiere, America's Oil Wars (Praeger, 2004); and John Ghazvinian, Untapped: The Scramble for Africa's Oil (Harvest, 2008).

31 次から引用。Daniel Yergin, The Prize: The Epic Quest for Oil, Money, and Power (New York: Free Press, 1993).

32 Mario J. Azevedo, Roots of Violence: A History of War in

Chad (London: Routledge, 1998).

33 Jose Puppim de Oliveira and Saleem H. Ali, "New Oil in Africa: Can Corporate Behavior Transform Equatorial Guinea and Angola?" in Corporate Citizenship in Africa, ed. Wayne Visser et al. (Sheffield, En gland: Greenleaf, 2006).

34 "NYC Comptroller Wants Chevron to Review Environmental Practices," International Herald Tribune, December 17, 2007.

35 次から引用。Christian Nelleman, ed., The Powers of Global Change (Lillehammer, Norway: UNEPGRID Centre, 2003), 59.

36 ナイジェリアで石油ブームが起きた時、初期に見られた構造的なミスや、収入の管理に失敗した話については、次の文献が学術的に記録している。Thomas J. Biersteker, Multinationals, the State, and Control of the Nigerian Economy (Princeton: Princeton University Press, 1987).

37 David Arora, Mushrooms Demystified (Berkeley: Ten Speed, 1986).

38 この論文は、オレゴンで二〇〇三年に見つかった菌糸（生えたキノコを地中で支えている生命体）が、域内で最も多い種だとも述べている。これは約二〇〇〇エーカーの土地に八〇〇〇年以上生きているそうだ。

39 Japan Times, October 26, 2007, accessed online at http://search.japantimes.co.jp/cgi-bin/nn20071026a3.html.

40 Olivier Cadot, Laurie Dutoit, and Jaime de Melo, "The Elimination of Madagascar's Vanilla Marketing Board" (Washington, D.C.: World Bank Policy Paper 3979).

41 二〇〇五年一一月にマダガスカルを訪問した際、複数の開発機関から（クロスチェックのため）私的にデータを集め、筆者が推計。

42 See various reports published by the United Nations Security Council's special panel on Liberia; details at www.securitycouncilreport.org/site/c.glKWLeMTIsG/b.2400717/.

43 C. N. Brunnschweiler and E. H. Bulte, "Linking Natural Resources to Slow Growth and More Conflict," Science 320, no. 5876 (May 2, 2008): 616–617.

44 Macartan Humphreys, Jeffrey D. Sachs, and Joseph E. Stiglitz, Escaping the Resource Curse (New York: Columbia University Press, 2007).

45 Andrew Manson and Bernard Mbenga, " 'The Richest Tribe in Africa': Platinum-Mining and the Bafokeng in South Africa's North West Province, 1965–1999," Journal of Southern African Studies 29 (2003).

46 鉱山会社が社会的責任を果たすために作りあげた仕組みと他のイニシアティブを比較した考察については次を参照されたい。Sanjeev Khagram and Saleem Ali, "Transnational Transformation: From Government-centric Interstate Regimes to Cross-sectoral Multi-level Networks of Global Governance," in The Crisis of Global Environmental Governance: Towards a New Po li ti cal Economy of Sustainability, ed. Jack Park, Ken Conca, and Matthias Finger (London: Routledge, 2008).

47 Erika Weinthal and Pauline Jones Luong, "Combating the Resource Curse: An Alternative Solution to Managing Mineral Wealth," Perspectives on Politics 4 (2006): 35–53.

48 所有権やロイヤルティ改革の詳細な経緯については次を参照されたい。Craig Andrews et al., Mining Royalties: A Global Study of Their Impact on Investors, Government, and Civil Society (Washington, D.C.: World Bank Publications, 2006).

第6章

1　事故当時及びその後を記載した全体像は次を参照されたい。John Keeble, Out of the Channel: The Exxon Valdez Oil Spill in Prince William Sound, 2nd ed. (Eastern Washington University Press, 1999).

2　こうした動きについては学術界に身を置く活動家が多数の著述をしている。

Roger Moody, Rocks and Hard Places: The Globalisation of Mining (London: Zed, 2007), and Al Gedicks, Resource Rebels (Boston: South End, 2001).

3　Winona LaDuke, All Our Relations: Native Struggles for Land and Life (Boston: South End, 1999) から。また、先住民の活動家による著述集が自費出版されている。Tebtebba Foundation, Extracting Promises: Indigenous Peoples, Extractive Industries, and the World Bank (Baguio City, Philippines: Tebtebba Foundation, 2003). 環境派と先住民の連帯については次を参照されたい。Saleem H. Ali, Mining, the Environment, and Indigenous Development Conflicts (Tuscon: University of Arizona Press, 2003).

4　ウラン鉱山・選鉱場での勤務やウラン鉱石運搬の経験がある人、核実験場の風下側に居住した人、核実験の場に居合わせた人には、放射線によって癌その他の病気になった場合、放射線暴露補償プログラムに定める規定により、定額支給を受ける権利がある。約2万件の申請のうち半分以上は風下側に居住した人から出ている。また、約四五〇〇件が、鉱山の元従業員からである。この制度による補償申請の約7割は受理されている。データは米国司法省放射線暴露補償プログラムのウェブサイトから引用。www.usdoj.gov/civil/torts/const/reca/about.htm.

5　"Navajo Nation Pushes for Uranium Cleanup", Morning Edition, May 30, 2008, National Public Radio, トランスクリプトは www.npr.org/templates/story/story.php?storyId=90959034 で閲覧可能。ナヴァホのウラン鉱山については豊富な資料があるが攻撃的な内容のものが多い。最も学術的な記述として Doug Brugger et al., The Navajo People and Uranium Mining (Albuquerque: University of New Mexico Press, 2007) を挙げておく。

6　次から引用。Mark Cocker, Rivers of Blood, Rivers of Gold: Eu rope's Conflict with Tribal Peoples (London: Jonathan Cape, 1998), 288.

7　次から引用。Geoffrey Wheatcroft, The Randlords (Weidenfeld and Nicolson History, 1993), 64.

8　次から引用。Richard Manning, One Round River: The Curse of Gold and the Fight for the Big Blackfoot (New York: Henry Holt, 1998), 123.

9　Georgius Agricola, De Re Metallica (New York: Dover, 1950), 8, translated by Herbert Clark Hoover and his wife Lou Henry Hoover in 1913; original German version published in 1556.

10　次から引用。Rebecca Solnit, "Winged Mercury and the Golden Calf: Two Elements, One Economic Theory, and a Cascading Torrent of Collateral Damage," Orion, September–October 2006, 19.

11　次から引用。Quoted in Duane A. Smith, Mining America: The Industry and the Environment, 1800–1980 (Lawrence: University Press of Kansas, 1986), 47.

12　Sierra Club Canada press release, www .sierraclub .ca/

national/ media/ inthenews/item.shtml?x = 2777 .

13 次に示すのはアパラチア山脈の住民が置かれた状況について社会学的にまとめた古典的な研究である。John Gaventa, Power and Powerlessness: Quiescence and Rebellion in an Appalachian Valley (Urbana: University of Illinois Press, 1982). See also Cynthia M. Duncan, Worlds Apart: Why Poverty Persists in Rural America (New Haven: Yale University Press,2000).

14 ジュディ・ボンズおよび彼女の周囲にいた人々については次の書物を参照されたい。Michael Shnayerson, Coal River (New York: Farrar, Straus and Giroux, 2008).

15 Stuart Kirsch, Reverse Anthropology: Indigenous Analysis of Social and Environmental Relations in New Guinea (Stanford: Stanford University Press, 2006). ニューギニアにおける環境運動が、このような経緯をたどって、どうガバナンスに影響したかについては次の分析を参照されたい。Paige West, Conservation Is Our Government Now: The Politics of Ecol ogy in Papua New Guinea (Durham: Duke University Press, 2006).

16 ブーゲンビルの紛争に関する分析は次の書籍が優れている。引用文献も充実している。Chris Ballard and Glenn Banks, "The Anthropology of Mining," Annual Review of Anthropology 32 (2003): 287-313. 会社側の視点は次を参照されたい。20年間現地に駐在した鉱山のマネージャーが著した物である。Paul Quodling, Bougainville: The Mine and the People (Auckland: Centre for In de pen dent Studies, 1991).

17 June Nash, We Eat the Mines and the Mines Eat Us (New York: Columbia University Press, 1993), ix. For more recent work on Bolivian artisanal mining, see Eduardo Quiroga, "The Case of Artisanal Mining in Bolivia: Local Participator Development and Mining Investment Opportunities," Natural Resources Forum 26 (2002): 127–139.

18 Friedrich Engels, The Conditions of the Working Class of En gland in 1844, text online at www .marxists.org/ archive/ marx/ works/ 1845/ condition-working-class/ ch11.htm.

19 "Coal Mine Canaries Made Redundant," BBC news site, http:// news .bbc .co .uk/ onthisday/ hi/ dates/ stories/ december/ 30/ newsid_2547000/ 2547587.stm.

20 次から引用。Barbara Freese, Coal: A Human History (London: Penguin, 2002), 84.

21 鉱業に関連したジェンダーの問題は次に記述がある。Kuntala Lahiri- dutt, Women Miners in Developing Countries: Pit Women and Others (Burlington, Vt.: Ashgate, 2006).

22 Allan Gallop, Children of the Dark: Life and Death Underground in Victoria's England (London: Sutton, 2003). 炭坑における健康被害は今も世界中で起きている。問題のレビューをした物として次を挙げておく。M. H. Ross and J. Murray, "Occupational Respiratory Disease in Mining," Occupational Medicine 54 (2004): 304-310. 石炭の採掘による影響は、肺がんや肺気腫など肺関係から、炭層に含まれる不純物に起因するフッ素症、腎症、ヒ素中毒など、広範囲に及ぶ可能性がある。Robert B. Finkelman et al., "Health Impacts of Coal and Coal Use: Possible Solutions," International Journal of Coal Geology 50 (2002): 425–443.

23 Jean- Paul Richalet et al., "Chilean Miners Commuting from Sea Level to 4500m: A Prospective Study," High Altitude Medicine and Biology 3, no. 2 (2002).

24 "Ghana Gold Workers Paid in Condoms," BBC online news story, February 19, 2003.

25 C. Campbell et al., "Is Social Capital a Useful Conceptual Tool for Exploring Community Level Influences on HIV Infection?" AIDS Care 14 (2002): 41-54.

26 ヴェネズエラで実例が報告されているが、鉱山では、薬が効かないマラリアが蔓延する事がある。A. Ache et al., "In Vivo Drug Resistance of Falciparum Malaria in Mining Areas of Venezuera", Tropical Medicine and International Health 7 (2002): 737-743. 小規模採掘に関連した健康と安全の問題については次を参照されたい。Gavin M. Hilson, Small-Scale Mining, Rural Subsistence, and Poverty in West Africa (London: Practical Action, 2008).

27 F. B. Pyatt and J. P. Grattan, "Some Consequences of Ancient Mining Activities on Health of Ancient and Modern Human Populations," Journal of Public Health Medicine 23 (2001): 235-236.

28 ドイツのボーフムにある鉱業博物館が所蔵するローマ時代初期の木簡でローマの鉱業法が確認された。イベリア半島における採掘が記録された物もあった（二〇〇八年五月に訪問）。

29 Richard J. Davies et al., "The East Java Mud Volcano: An Earthquake or Drilling Trigger?" Earth and Planetary Science Letters, published online, June 5, 2008.

30 これらの事故は、議事録（Congressional Record）に記録されており、それ以降の報告書でも言及されている。また Charleston Gazette はサゴの悲劇について収集した情報をウェブで公開している。http://wvgazette.com/News/The+Sago+Mine+Disaster.

31 ホアン・パブロ・ペレス・アルフォンソはＯＰＥＣ創立メンバーの一人で一九七九年に死亡した。この言葉はよく引用されているが、彼がどこで最初に使ったのかは、確認できなかった。

32 Roy Bates, Chinese Dragons (New York: Oxford University Press, 2002).

33 Judith Shapiro, Mao's War Against Nature: Politics and the Environment in Revolutionary China (New York: Cambridge University Press, 2001).

34 高炉に粗鉱を入れコークスで加熱すると銑鉄 (pig iron) が最初に得られる。昔、インゴットを作るのに使った鋳型は、作業場の中央を走る湯道にそってずらりと並んでいた。その様子が、乳を飲む子豚に似ているところから、このような滑稽な名前になったそうだ。

35 "Angling for Iron Ore in China's Streams," Reuters News Service, October 23, 2007.

36 この推定は二〇〇五年のデータによる。他の年と比較する事が望ましい。Michael Moser, "Coal Mine Safety in the U.S. and China," pre sen ta tion at Resources for the Future, Washington, D.C., February 1, 2006.37.

38 UNDP China のウェブサイトにプロジェクトの詳細あり。www.undp.org.cn/

39 "China Coal Mining Fatalities Drop 20 Percent in 2007," Forbes, January 13, 2008, www .forbes.com/ afxnewslimited/ feeds/ afx/ 2008/ 01/ 13/ afx4524639.html.

40 R. Q. Li, M. Dong, Y. Zhao, L. L. Zhang, Q. G. Cui, and W. M. He, "Assessment of Water Quality and Identification of Pollution Sources of Plateau Lakes in Yunnan (China)," Journal of Environmental Quality 36 (2007): 291-297.

41 D. G. Streets et al., "Anthropogenic Mercury Emissions in China," Atmospheric Environment 39 (2005): 7789–7806.

42 "Nine Die as China House Collapses in Cyanide," Reuters News ser vice, September 28, 2007.

43 シアンによる事故については次を参照されたい。the Mineral Policy Institute in Australia, www.mpi.org.au/ campaigns/ cyanide/ cyanide_spills/

44 過去の失敗に学んで作られたオーストラリアの閉山計画がある。次を参照されたい。David Laurence, "Optimising Mine Closure Outcomes for the Community— Lessons Learnt," Minerals and Energy 17 (2002): 27–35.

45 Gui- Bin Jiang, Jian- Bo Shi, and Xin- Bin Feng, "Mercury Pollution in China," Environmental Science and Technology 40 (2006): 3672–3678.

46 United States Geological Survey, China Minerals Outlook (Washington, D.C.: USGS Publications).

47 Indrajit Basu, "China Boosts Domestic Mining," UPI Asia Online May 29, 2008, - http:// upiasiaonline.com/ Economics/ 2008/ 05/ 29/ china_boosts_domestic_mining/ 6152/.

48 "China Bans Mining on Sacred Buddhist Mountain," Reuters News Ser vice, August 24, 2007.

49 A. J. Gunson, Mercury and Artisanal and Small- Scale Gold Miners in China (Master's thesis, University of British Columbia, Department of Mining Engineering,2005).

50 中国語で書かれた次のサイトがある。www. casmchina. org.

51 Partha Dasgupta, Human Well- Being and the Natural Environment (New York: Oxford University Press, 2004), 109.

52 ナウル及び周辺の島について書かれた次の本はこのような問題を避けるヒントにもなろう。一読を薦めたい。Carl N. McDaniel and John M. Gowdy, Paradise for Sale: A Parable of Nature (Berkeley: University of California Press, 2000).

53 Mark Sagoff, The Economy of the Earth: Philosophy, Law, and the Environment (New York: Cambridge University Press, 2007).

54 "Payments for Ecosystem Ser vices" conference, or ga nized by the Gund Institute for Ecological Economics and the Moore Foundation, held in San Jose, Costa Rica, March 8–16, 2007. Remarks recorded by author in attendance at the conference.

55 二〇〇一年七月二一日、コロラド州アスペンで開催された国際会議 (State of the World Conference) におけるスピーチを次から引用。Lester R. Brown, Plan B: Mobilizing to Save Civilization (New York: W. W. Norton, 2007).

第7章

1 塩の消費データはソルト研究所から入手。www.saltinstitute.org.

2 コルタンが紛争の原因になった経緯については次が参考になる。この本では産業界がどう対応したかも記述されている。K. Hayes and R. Burge, Coltan Mining in the Democratic Republic of Congo: How Tantalum-Using Industries Can Commit to the Reconstruction of the DRC (London: Fauna and Flora International, 2003). ジャングルの採掘現場にいる労働者たちは、ゴリラなどの絶滅危惧種を食用としてたびたび捕殺しており、新たな環境問題となっている。

3 R. Abad, "Squatting and Scavenging in Smokey Mountain," Philippine Studies 39 (1991): 267–285.

4　H. Spooner, Wealth from Waste: Elimination of Waste a World Problem (London: George Routledge and Sons, 1918).
5　Martin Medina, The World's Scavengers: Salvaging for Sustainable Consumption and Production (New York: Altamira, 2007).
6　一九七〇年から一九八〇年にかけて問題となった都市郊外の環境汚染や有害廃棄物とマフィアのつながりについては次を参照されたい。Alan A. Block and Frank R. Scarpitti, Poisoning for Profit: The Mafia and Toxic Waste in America (New York: William Morrow, 1985).
7　Robin Pomeroy, "Naples Garbage Is Mafia Gold," Reuters News Ser vice article, January 9, 2008.
8　John Seabrook, "American Scrap: An Old- School Industry Globalizes," New Yorker, January 14, 2008.
9　鋼鉄のリサイクルや持続性については鋼鉄リサイクル研究所が開設した環境情報サイトから入手。www.sustainable-steel.org.
10　一九七九年に制作されたこの映画および、この映画が与えた大きな影響（二〇〇〇年以前で最高の利益率を示した。その後、「ブレア・ウイッチ・プロジェクト」がさらに大きな利益率をはじき出した）については、次のような学術的分析がある。Mick Broderick, "Heroic Apocalypse: Mad Max,Mythology, and the Millennium," in Crisis Cinema: The Apocalyptic Idea in Postmodern Narrative Film, ed. Christopher Sharrett (New York: Maisonneuve, 1993).
11　二〇〇二年一月二四日に中国政府のウェブサイトが出したニュース。www1.10thnpc.org.cn/ english/ 2002/ Jan/ 25776.htm.
12　「価値の創造と破壊」についての哲学的な記述はMichael Thompson, Rubbish Theory (Oxford: Oxford University Press, 1979)に見られる。この本は面白いなぞなぞから始まる。「金持ちはポケットにしまうのに、貧乏人は捨てる物、なあに？」。この答えは鼻水なのだ！　現代社会には富裕層が排泄物を隠す風潮がある。次に挙げる本はゴミを哲学的に扱っている。Greg Kennedy, An Ontology of Trash: The Disposals and Its Problematic Nature (Albany: SUNY Press, 2007).
13　William Rathje and Cullen Murphy, Rubbish! The Archaeology of Garbage (New York: HarperCollins, 1993; 2nd ed., Tucson: University of Arizona Press, 2001).
14　この言葉は一九五五年にビジネスウィーク誌が消費財に関する記事の中で初めて使用した。次から引用。Susan Strasser, Waste and Want: A Social History of Trash (New York: Holt Paperbacks, 2000), 274.
15　United States Environmental Protection Agency, Municipal Solid Waste Generation, Recycling, and Disposal in the United States (Washington, D.C.: EPA, 2006).
16　Frank B. Golley, A History of the Ecosystem Concept in Ecology: More than the Sum of the Parts (New Haven: Yale University Press, 1996), 8.
17　Nobert Wiener, Cybernetics: Or the Control and Communication in the Animal and the Machine (Cambrdge: MIT Press, 1948). フィールドにおける生態学の応用については次の書籍に議論がある。A. M. Andrews, "Ecofeedback and Significance Feedback in Neural Nets and in Society," Journal of Cybernetics 4 (1974): 61-72.
18　Thomas E. Graedel and Braden R. Allenby, Industrial Ecology (Englewood Cliffs, N. J.: Prentice Hall, 2002). この出

版以降、グレーデルとアレンビーは大学へ移り、研究者となった。同じジャンルだが、社会科学および製品アーキテクチャの目で書かれた重要な本として、次を挙げておく。William McDonough and Michael Braungart, Cradle to Cradle: Remaking the Way We Make Things (New York: North Point, 2002).

19 R. U. Ayres and U. E. Simonis, eds., Industrial Metabolism (Tokyo: United Nations University Press, 1994).

20 C. Piluso, Y. Huang, and H. H. Lou, "Ecological Input-Output Analysis- Based Sustainability Analysis of Industrial Systems," Industrial and Engineering Chemistry Research 47 (2008): 1955–1966.

21 Ibrahim Dincer and Marc A. Rosen, Exergy: Energy, Environment, and Sustainable Development (Amsterdam: Elsevier Science, 2007).

22 プログラムの詳細は www.nisp.org.uk にある。この件に関するアメリカとヨーロッパの比較については次を参照されたい。R. R. Heeres and W. J. V. Vermeulen, "Eco-Industrial Park Initiatives in the USA and the Netherlands: First Lessons," Journal of Cleaner Production 12 (2004): 985-995. 米国環境保護庁もエコインダストリアルパークを推進しようとしているが、今のところ、焦点が定まっていない。その詳細は www2.ucsc.edu/gei/eco-industrial_parks.html. を参照されたい。

23 J. Weiss, "Sweden Solving the Four E's: Economics, Employment, Environment, Energy," Eu rope 349 (1995): 6–9.

24 Dara O'Rourke, "Industrial Ecol ogy: A Critical Review," International Journal of Environment and Pollution 6 (1996): 89–112.

25 このような技術の一例が次の著書で導入されたMediated Modellingである。Marjan van den Belt, Mediated Modelling: A System Dynamics Approach to Environmental Consensus Building (Washington, D. C.: Island, 2004).

26 Robert M. Solow, "The Economics of Resources or the Resources of Economics," American Economic Review 64, no. 2 (1974): 1–14.

27 V. Brodyansky et al., The Efficiency of Industrial Pro cesses: Exergy Analysis and Optimization (Amsterdam: Elsevier, 1994).

28 この勲章は、三種の神器に基づいて作られており、文字通り至宝である。三種の神器とは八咫鏡、八尺瓊勾玉（神聖な翡翠）、天叢雲剣をいう。瑞宝章には八等級があり数字が小さいほど格が高い。デミングは勲二等である。

29 環境毒性学及び環境化学に関する国際学会（ＳＥＴＡＯ）はＬＣＡに関する明確なガイドラインを定めている。www.setac.org/node/32.

30 Chris Hendrickson, Lester Lave, and H. Scott Matthews, Environmental Life Cycle Assessment of Goods and Ser vices: An Input- Output Approach (Washington, D.C.: Resources for the Future, 2006).

31 Paul Shrivastava, "Ecocentric Management in Industrial Ecosystems: Management Paradigms for a Risk Society," Academy of Management Review 20 (1995): 118–127.

32 一九八〇年から二〇〇六年にかけての脱物質化に関するデータ、および、物質管理に関する政策指標については、次の書籍が詳しくレビューしている。Jesse H. Ausubel and Paul E. Waggoner, "Dematerialization: Variety, Caution, and Per sis tence," Proceedings of the National Academy of Sciences 105

(35): 12774–12779, September 2008.

第8章

1　このプロジェクトについてはいくつかの研究がなされている。例えばSteve Bogener, Ditches Across the Desert: Irrigation in the Lower Pecos Valley (Lubbock: Texas Tech University Press, 2003); Donald J. Pisani, Water and American Government: The Reclamation Bureau, National Water Policy, and the West, 1902–1935 (Berkeley: University of California Press, 2002); Mark Hufstetler and Lon Johnson, Watering the Land: The Turbulent History of the Carlsbad Irrigation District (Denver: National Park Ser vice, Rocky Mountain Region, Division of National Preservation Programs, 1993).

2　スーパーファンドは一九八〇年にアメリカの国会を通過した包括的環境対策保障責任法の一般的呼称である。スーパーファンドサイトを除染するための資金は配分されるが、その規模は必要額には程遠い。この法律は「責任を負うべきと考えられる者」を見つけ、経費を負担させる事を目的としている。準備された六〇億ドルは二〇〇三年にほぼ底をつき、責任を負って除染すべき者は見つからないので、国会は審議の上で通常予算から経費を回しかない状態だ。

3　ジャニス・ヴァレラの話は次から引用した。Trout Unlimited, "The Grassroots Guide to Abandoned Mine Cleanup," (Arlington, Va., 2005).

4　この環境修復の技術面については次を参照されたい。Paul Robinson, "Innovative Administrative, Technical, and Public Involvement Approaches to Environmental Restoration at an Inactive Lead- Zinc Mining and Milling Complex near Pecos, New Mexico," in Proceedings of Waste Management '95, University of Arizona/ DOE/WEC (Tucson, March 1995).

5　Richard Manning, One Round River: The Curse of Gold and the Fight for the Big Blackfoot (New York: Henry Holt, 1998), 146.

6　Karl Gustavson et al., "Superfund and Mining Megasites," Environmental Science and Technology 41 (2007): 2667–2672.

7　Jim Kuipers, Center for Science in Public Participation, "Putting a Price on Pollution," Mineral Policy Center Issue Paper no. 4 (2003).

8　ジャイアント鉱山の環境修復については、毒性物質固定化について周知するためカナダ政府が開設した特別サイトに、詳しい情報がある。http://nwt-tno.inac-ainc.gc.ca/giant/.

9　スコットランドの土地所有および地主と小作人の関係については次を参照されたい。J. McEwen, Who Owns Scotland: A Study in Land Own ership (Edinburgh: Edinburgh University Student Publication Board); A. Wightman and P. Higgins, "Sporting Estates and the Recreational Economy in the Highlands and Islands of Scotland," Scottish Affairs 31 (2000): 18–36.

10　このような考えは、グラスゴー大学で地質学を研究していたコリン・グリッブルや実業家イアン・ウィルソンも持っていた。後者は鉱物資源を扱うスコットランド人でロンドンの三番目の空港に砂利を供給している。

11　金銀は一四二四年の帝国鉱山法で規制、石油や天然ガスは一九三四年の産油法で規制される。石炭は一九四七年に国有化され石炭公社が管理している。

12　筆者が実際にグレンサンダを訪問しインタビューした結果で

ある。

13 二〇〇四年六月二日に、アラステア・マッキントッシュが、エジンバラから出した手紙。二〇〇三年四月九日には、グレンサンダのアイデアを出したマックスウェル・マクレオ卿に宛て、「採掘する必要があると思います。グレンサンダなら大して問題なくできます」と書いている。次の文書も参考にされたい。Alastair McIntosh, Soil and Soul: People Versus Corporate Power (London: Autumn, 2004).

14 風力発電には、その環境上の利点があるが、景観の面からは議論の余地がある。複数のグループが風力発電反対の運動を展開している。www.fairwind.org.uk.

15 E. O. Wilson, The Diversity of Life (Cambridge: Harvard University Press, 1992), 269.

16 コンサーベーション・インターナショナルは、ニューカレドニアを「生物多様性のホットスポット」の一つとしている。Michel Pascal et al., "Mining and Other Threats to the New Caledonia Hotspot," Conservation Biology 22 (2007): 498–499.

17 ニューカレドニアにおける二つの鉱山会社の投資については以下が詳しく調べている。Saleem H. Ali and Andrew Singh Grewal, "The Ecol ogy and Economy of Indigenous Resistance," Contemporary Pacific 18 (2006): 361–392.

18 コーンウォールにおける環境修復の詳細は次の雑誌記事で紹介されている。Mining Environmental Management Magazine (January 2004).

19 二〇〇八年にフラーを記念して創設された賞金一〇万ドルのエコロジカルチャレンジ賞の最初の受賞者は生物学者のジョン・トッドだった。彼の炭鉱地域浄化の提案は、審査員から「調和のとれた自立するコミュニティ作りをめざすアパラチアの未来についての青写真を描くために必要な一連のプロセス——土地の再生から炭素の地中貯留、地域社会の関与、長期的な経済活力への対応——を組み立てている」と称賛された。詳細は次のサイトを参照されたい。www.bfi.org. For an account of the life and times of Buckminster Fuller, see Lloyd Steven Sieden, Buckminster Fuller's Universe: His Life and Work (New York: Basic, 2000).

20 このような植物に関しての記事は次の雑誌で紹介されている。"Mining, Metallophytes, and Land Reclamation," Mining Environmental Management Magazine 10 (March 2002): 11–16.

21 詳細は以下のサイトを参照されたい。www.eica-ratho.com/content/about-us/1120/.

22 D. N. Pandey et al., "Mine Spoil Restoration: A Strategy for Combining Rainwater Harvesting and Adaptation to Random Recurrence of Droughts in Rajasthan," International Forestry Review 7 (2005): 241–249.

23 十九世紀のアメリカにおける刑務所の歴史と役割は、次の本を参照されたい。Richard Phelps, A History of Newgate of Connecticut (Albany: J. Musell, 1860); 手記は次のサイトからも入手できる。http://books.google.com.

24 次から引用。James B. McGraw, "Evidence for Decline in Stature of American Ginseng Plants from Herbarium Specimens," Biological Conservation 98 (2001): 25–32.

25 アパラチアの水路で起きた問題は詳細に研究されている。生物学的アセスメント指標を使用した最近の研究の例は次を参照されたい。Jason Freund and J. Todd Petty, "Response of Fish and Macroivertebrate Bioassessment Indices to Water Chemistry in a Mined Appalachian Watershed," Environmental

Management 39 (2007): 707–720.
26 詳細は著者が二〇〇七年七月にオーストラリアのメルボルン博物館を訪問の際に記録した。
27 アーガイルダイヤモンド鉱山のベストプラクティスプロファイル（Rio Tinto Corporation、二〇〇六年一二月一五日）。著者がアーガイル鉱山を訪問した二〇〇七年七月に取得した。
28 Human Rights and Equal Opportunity Commission of Australia, Native Title Report (Canberra: Government Printing Office, 2006).
29 James Otto et al., Mining Royalties: A Global Study of Their Impact on Investors, Government, and Civil Society (Washington, D.C.: World Bank, 2007), 147.
30 Details of the cost of cleanup and the security bond obtained from Mining Watch Canada, March 2008.
31 「底辺への競争」という用語は、米国最高裁判所の Louis Brandeis 判事が作った。Ligget County v. Lee（1933）288 U.S. 517、558-559. この概念と企業の行動の詳細については次を参照されたい。Alan Tonelson, The Race to the Bottom: Why a Worldwide Worker Surplus and Uncontrolled Free Trade Are Sinking American Living Standards (New York: Basic, 2002).
32 ビスビーの経済回復についての詳細は次から引用。Cochise College Center for Economic Research, Bisbee Outlook (Bisbee, Ariz.: City of Bisbee, 2006).
33 著者が行ったプロジェクトの研究成果を参照。ドキュメンタリービデオは次のサイトで視聴可能。www .fijigold .org .
34 Cecily Neil et al., eds., Coping with Closure: An International Comparison of Mine Town Experiences (London: Routledge, 1992), 22.
35 現場における論争のレビューとしては次が秀れている。Andre F. Clewell and James Aronson, Ecological Restoration: Principles, Values, and Structure of an Emerging Profession (Washington, D.C.: Island, 2008).
36 Jack E. Williams, Michael P. Dombeck, and Christopher A. Wood, From Conquest to Conservation: Our Public Lands Legacy (Washington, D.C.: Island, 2003).

第九章

1 「スコッチ」という用語は最初、3Mの創業者がスコットランド出身であった事からくる同社のマーケティング部門の冗談だった。当初、彼らはテープの全面に接着剤をつけることに抵抗したため、地元のビジネスマンは彼らを「ケチなスコットランド人」と呼んだ。この歴史はミネソタ州ツイン・ハーバーズにある3M博物館で学ぶ事ができる。
2 同社は、その取組が評価され、米国環境保護庁（EPA）から多くの賞を受賞している。また、「クールな会社」として、www .cool -companies.org のリストに掲載されている。
3 この製品開発事例については次を参照されたい。Daniel C. Esty and Andrew S. Winston, Green to Gold: How Smart Companies Use Environmental Strategy to Innovate (New Haven: Yale University Press, 2006).
4 CNBC- India が「Khas Mulakaat in Hindi」として二〇〇八年三月二八日に放送したアガルワルのインタビューから引用。
5 ゲオルギウス・アグリコラ『デ・レ・メタリカ』は一九一三年にハーバート・クラーク・フーバーと妻のルー・ヘンリー・フーバーが翻訳、その後ドーバー社が一九五〇年に出版した。オリジナルはドイツで一五五六年に出版されている。

6 Andrew Carnegie, "Mr. Carnegie's Address," in Presentation of the Carnegie Library to the People of Pittsburgh, with a Description of the Dedicatory Exercises, November 5, 1895 (Pittsburgh: City of Pittsburgh, [1895]), 13–14; from the Web site of the Carnegie Library of Pittsburgh, www .clpgh.org/ exhibit/ carnegie.html（二〇〇八年四月四日に閲覧）

7 一九世紀の大物が米国経済を作った力については次を参照されたい。Charles R. Morris, The Tycoons: How Andrew Carnegie, John D. Rocke feller, Jay Gould, and J. P. Morgan Invented the American Supereconomy (New York: Holt Paperbacks, 2006).

8 次から引用。Kenneth W. Rose and Darwin H. Stapleton, "Toward a 'Universal Heritage': Education and the Development of Rocke fel ler Philanthropy, 1884–1913," Teachers College Record 93, no. 3 (1992): 536–555.

9 次のサイトから情報を集めた。Family of Philanthropy Web site, www .familiesofphilanthropy.com/ rockefellertl .html（二〇〇八年四月三日に閲覧）

10 植民地で起業し成功したアフリカの富裕層の歴史については、次の著述が秀れている。Geoffrey Wheatcroft, The Randlords (London: Weidenfeld and Nicolson History, 1993).

11 Susan U. Raymond, The Future of Philanthropy: Economics, Ethics, and Management (Hoboken, N.J.: Wiley, 2004).

12 Allison N. McCoy and Michael L. Platt, "Risk Sensitive Neurons in Macaque Posterior Cingulate Cortex," Nature Neuroscience 8 (2005): 1220–1227. 賭博の歴史については次を参照されたい。David G. Schwartz, Roll the Bones: The History of Gambling (New York: Gotham, 2007).

13 スター・トレックの哲学的側面については次の本が魅力的だ。Judith Barad and Ed Robertson, The Ethics of Star Trek (New York: Harper Perennial, 2001). スター・トレックについての科学的検証については次を参照されたい。Lawrence Krauss, The Physics of Star Trek, rev. ed. (New York: Basic, 2007).

14 水に関する紛争は次を参照されたい。the database prepared by Aaron Wolf and colleagues at Oregon State University, at www .transboundarywaters .orst.edu/.

15 "Taliban in Texas for Talks on Gas Pipeline," BBC News, December 4, 1997, http:// news.bbc.co.uk/ 2/ hi/ world/ west_ asia/ 37021.stm. 石油と平和構築の可能性についての議論については次を参照されたい。Jill Shankleman, Oil, Profits, and Peace: Does Business Have a Role in Peacemaking? (Washington, D.C.: United States Institute of Peace Press, 2007).

16 「コルヌコピア」という言葉は、ギリシア・ローマの神話に由来し、「豊穣の角」を意味する。カサンドラはトロイの預言者だったが、その預言は正しいものであっても、耳を傾ける者はいなかった。

17 Ira Sohn, "Long- Term Projections of Non- Fuel Minerals: We Were Wrong but Why?" Resources Policy 30 (2006): 259–284.

18 Thomas E. Graedel and Robert J. Klee, "Getting Serious About Sustainability," Environmental Science and Technology 36 (2002): 523–529.

19 Joshua Davis, "Race to the Bottom," Wired, March 2007.

20 次から引用。the Johannesburg Sunday Business Times,

June 6, 2004, www.sundaytimes.co.za/ 2004/ 06/ 06/ business/ news/ news18.asp.

21　これらのシナリオは次から引用。 MMSD North America, Learning from the Future (Winnipeg: International Institute for Sustainable Development, 2002).

22　この法律については多くの論争があり、修正案が議会でえんえんと審議されている。二〇〇八年には、下院が「Hard Rock Mining and Reclamation Act」を可決したが、最終的な施行には至っていない。鉱業の改革に関する最新情報については以下を参照されたい。 Earthworks, www.earthworksaction .org/ us program .cfm. 米国における硬岩採鉱に関する法律の歴史については以下に詳しい。John F. Seymour, "Hardrock Mining and the Environment: Issues of Federal Enforcement and Liability," Ecology Law Quarterly 31 (2004): 795–956, and Bart Lounsbery, "Digging Out of the Holes We Have Made: Hardrock Mining, Good Samaritans, and the Need for Comprehensive Action," Harvard Environmental Law Review 32 (2008): 149–216. また次も参照されたい。 Tyler Weidlich, "The Mining Law Continuum: Is There a Contemporary Prospect for Reform?" Brandeis Law Journal 44 (2006): 951–977.

23　このシナリオは次の本で提案された内容を想起させる。 James Howard Kunstler, The Long Emergency: Surviving the End of Oil, Climate Change, and Other Converging Catastrophes of the Twenty- First Century (New York: Atlantic Monthly, 2005).

24　このワークショップの議論と意思決定を助けるために実施されたコミュニティの構造分析については次の記録がある。 International Institute for Sustainable Development, Out of Respect: The Tahltan, Mining, and the Seven Questions to Sustainability (Winnipeg: IISD, 2003).

25　「事前の十分な情報に基く自由意志による同意」という概念について国際開発の視点から分析した例がある。 United Nations Department of Economic and Social Affairs, "Free Prior and Informed Consent and Beyond" (New York: United Nations Document PFII/2005/WS.2/10).

26　トピックスに関する古典的な論文として次を挙げておく。 Charles E. Lindblom, "The Science of 'Muddling Through,' " Public Administration Review 19, no. 2 (Spring 1959): 79–88. Also Charles E. Lindblom, "Still Muddling, Not Yet Through," Public Administration Review 39, no. 6 (December 1979): 517–526.

27　Herman E. Daly, Beyond Growth: The Economics of Sustainable Development(Boston: Beacon, 1997).

28　Benjamin M. Friedman, The Moral Consequences of Economic Growth (New York: Vintage, 2006).

29　William Easterly, The Elusive Quest for Growth: Economists' Adventures and Misadventures in the Tropics (Cambridge: MIT Press, 2002); William Easterly, The White Man's Burden: Why the West's Efforts to Aid the Rest Have Done So Much Ill and So Little Good (New York: Penguin, 2007).

30　Bill McKibben, Deep Economy: The Wealth of Communities and the Durable Future (New York: Holt Paperbacks, 2008).

31　ノーベル経済学賞を受賞したサイモン・クズネッツにちなんで名付けられた。彼の人生と業績については以下を参照されたい。 Robert W. Fogel, "Simon S. Kuznets: April 30, 1901–July

9, 1985," NBER Working Paper No. W7787 (2000).

32 David I. Stern, "The Rise and Fall of the Environmental Kuznets Curve," World Development 32 (2004): 1419–1439. クズネッツ曲線が大気汚染や騒音のような公害をどのように説明するかについては、以下を参照されたい。 Matthew E. Kahn, Green Cities: Urban Growth and the Environment (Washington, D.C.: Brookings Institution Press, 2006).

33 次の記事が引用した研究である。 Brice Pedroletti, "En Chine, le déficit de politique écologique menace les per formances économiques," Le Monde, July 2, 2005. 著者は次の本でこの議論をさらに発展させた。 "In China Globalization Can Be Green," International Herald Tribune, May 30, 2006.

34 ボウルズの研究は、何年にもわたるマッカーサー財団プロジェクトの一部だが、ラッセル・セージ財団の協力を得て刊行物として結実した。Samuel Bowles、Steven N. Durlauf、Karla Hoff、Poverty Traps（Princeton：Princeton University Press、2006）Jean-Marie Baland、Pranab Bardhan、Samuel Bowles、Princeton University Press、2006）。 および Jean- Marie Baland, Pranab Bardhan, and Samuel Bowles, Inequality, Cooperation, and Environmental Sustainability (Princeton: Princeton University Press, 2006). 後者に収録されたジェイムス・ボイスの研究は、不平等と環境破壊の関係を指摘した。これで自然資本の評価についてある程度議論が落ち着いたように思える。タフツ大学グローバル開発環境研究所は、世界の貿易に関する環境面の改革案にこれらの問題を取り込む事で、対話の道を開こうとしている。

35 私は大学院時代、経済学者ロバート・メンデルソンと、Small Is Beautiful（1973）を書いたE・F・シューマッハーについて扱っており、環境への配慮はほとんど見せない。これはシューマッハーの見解とはまったく相反する。しかし、メンデルソンは彼を「新マルクス主義者」として否定した。唯一の共通点は、おそらく、富の分配の不平等さについての懸念である。これは主流の経済学者さえも問題として認識している。経済学史の著作としては以下が知的で洗練されている。Eric D. Beinhocker, Origin of Wealth: Evolution, Complexity, and the Radical Remaking of Economics (Boston: Harvard Business School Press, 2007).

36 Joseph E. Stiglitz, Globalization and Its Discontents (New York: W. W. Norton, 2003). 国際通貨基金（IMF）に関するスティグリッツの批難には、次のような厳しい反応があった。Kenneth Rogoff, "The IMF Strikes Back: An Open Letter to Joe Stiglitz," Foreign Policy 134 (January–February 2003). スティグリッツは次の本では言葉を控えめにしている。 Joseph E. Stiglitz, Making Globalization Work (New York: W. W. Norton, 2007).

37 Sebastian Mallaby, The World's Banker: A Story of Failed States, Financial Crises, and the Wealth and Poverty of Nations (New York: Penguin, 2006).

38 Roy Carr- Hill and John Lintott, Consumption, Jobs, and the Environment: A Fourth Way? (New York: Palgrave Macmillan, 2003).

39 Richard H. Thaler and Cass R. Sunstein, Nudge: Improving Decisions About Health, Wealth, and Happiness (New Haven: Yale University Press, 2008).

40 David Vogel, The Market for Virtue: The Potential and Limits of Corporate Social Responsibility (Washington, D.C.:

Brookings Institution Press, 2006), 3.

41 Newt Gingrich and Terry Maple, A Contract with the Earth (Baltimore: Johns Hopkins University Press, 2008).

42 漢民族以外には複数の子供が認められる。漢民族の間では一人っ子政策に対する違反がよくある。強制的な中絶は法律で禁止されている。それにもかかわらずそのような記録が関係機関に残されている。

43 ギャレット・ハーディンは、サイエンス誌の「The Committed of the Commons」で最も引用された論文の著者であった。その後、彼は（五人の子供がいるにもかかわらず）厳しい人口管理の忠実な提唱者となった。後の業績に関しては以下を参照されたい。Garret Hardin, “Life- Boat Ethics: The Case Against Helping the Poor,” Psychology Today, September 1974.

44 Amartya Sen, “The Impossibility of a Paretian Liberal,” Journal of Po liti cal Economy 78, no. 1 (January–February 1970): 152–157. この記事への反論が次に掲載されている。Y. K. Ng, “The Possibility of a Paretian Liberal: Impossibility Theorems and Cardinal Utility,” Journal of Po litical Economy 79, no. 6 (November–December 1971): 1397–1402; Claude Hillinger and Victoria Lapham, “The Impossibility of a Paretian Liberal: Comment by Two Who Are Unreconstructed,” Journal of Po liti cal Economy 79, no. 6 (December 1971): 1403–1405. センはこれらの批判に以下の本で反論している。Amartya Sen, “The Impossibility of a Paretian Liberal: Reply,” Journal of Po litical Economy 79, no. 6 (December 1971): 1406–1407.

45 Kenneth J. Arrow, Social Choice and Individual Values, 2nd ed. (New Haven: Yale University Press, 1970).

46 このたとえが最初に使われたのはJulian Simon著The Ultimate Resource 2 (Princeton: Princeton University Press, 1998)である。利用可能な地球の資源は有限だという文脈では使えないが、自然法則の制約がある中で人間が創意工夫するさまを表現するには非常に適切である。社会の中で循環的思考がどのように普及しているかを人類学的に分析した仕事については次を参照されたい。Mary Douglas, Thinking in Circles: An Essay on Ring Composition (New Haven: Yale University Press, 2007).

47 Aubrey de Grey and Michael Rae, Ending Aging: The Rejuvenation Breakthroughs that Could Reverse Human Aging in Our Lifetime (New York: St. Martin’s, 2007). ド・グレイは彼のアプローチを老化を防ぐ技術戦略（SENS）と呼んでいる。彼のアイデアについては多くの論争があり、MITが出しているTechnology Review誌は、彼の主張の正統性を検証する論文を募集した。MITが指名した専門家の集団が三つの提案を選んだが、いずれも期待されたレベルに達していなかった。このためグレーのアイデアには科学的根拠がないと論破することはできなかった。

48 Ray Kurzweil, The Singularity Is Near: When Humans Transcend Biology (New York: Penguin, 2006).

49 Jerold Schnoor, “Seven Ideas Lost on America,” Environmental Science and Technology 42 (March 1, 2008): 1389.

50 K. C. Armitage, “The Continuity of Nature and Experience: John Dewey’s Pragmatic Environmentalism,” Capitalism Nature Socialism 14 (September 1, 2003): 49–72. See also Andrew Light, Environmental Pragmatism (Routledge, 1996).

51 For a scientific description of the term, see Stephen Jay

Gould and Elizabeth S.Vrba, "Exaptation— A Missing Term in the Science of Form," Paleobiology 8 (1982): 4–15.

52 Kenneth S. Deffeyes, Beyond Oil: The View from Hubbert's Peak (New York: Hill and Wang, 2006), 169.

エピローグ

1 Todd McCarthy, "Wall- E," Variety, June 26, 2008.

2 Patrick Ford, "Wall- E's Conservative Critics," The American Conservative, June 30, 2008.

3 Robert M. Hazen, The Diamond Makers (New York: Cambridge University Press, 1999), 147.

訳者あとがき

本書は *Treasures of the Earth: Need, Greed and a Sustainable Future.* *New Haven and London*（Yale University Press, 2009）の翻訳である（本文中［　］でくくった部分は、訳者による補足である）。

著者のサリーム・アリ氏はもともとヴァーモント大学のルーベンシュタイン環境・天然資源学部の教授だったが、現在は、デラウェア大学環境学教授として研究生活を送っている。二〇一一年に世界経済フォーラムの「若きグローバルリーダー」に選ばれ、その後も精力的に活動しているが、今や資源をめぐる紛争や環境外交の第一人者であり、二〇一〇年と二〇一五年には、国連大学の招きで来日している。

アリ教授は膨大な数の論文を発表しており、著作も本書のほかに *Mining the Environment and Indigenous Development Conflicts.* (University of Arizona Press.2003) などがある。

本書は、鉱物利用の歴史をひも解くとともに、環境汚染から資源の不足まで、さまざまな危機が訪れる度に、人類が創意工夫で乗り越えて来た事を、さまざまなエピソードとともに例示する。また、資源をむさぼる物欲は、裏を返せばイノベーション創出の意欲につながる心理であり、無理に抑制する必要はないとも主張する。

著者は、得意とする資源化学を中心としながらも、さまざまな学問領域を統合して、総合的な世界観を示そうとする。このため、議論は鉱物資源にとどまらず、環境保護、廃棄物、産業エコロジー、数値解析、循環社会、未来のシナリオ、はたまた人間の心理や社会奉仕へと、どんどん発展してゆく。

鉱物資源が引きがねとなった問題に関しても、著者は告発調あるいは悲観的な議論に陥ることなく、あくまでも楽観的な筆致を崩さない。また、一見主題とは無縁に思える文化の遺伝子ミームを紹介するなど、他の環境問題を扱った本とは一線を画した、話題が豊富で魅力的な読み物になっている（なお、原著には一部事実と異なる記述があったため、その部分は著者の了解を得て削除した）。

物質が溢れかえる現代社会に生きる我々は、どのようにして消費と環境保護の折り合いをつけたらよいのだろうか。極論に走らず、結論を強制しない本書は、読者がじっくりと考える機会を与えてくれるであろう。

最後に、この日本語版を、次の方々の御霊前に捧げたい。学生時代に指導をいただいた添田晶先生とベニテズ・ホアキン先生、中高生の時分英語の手ほどきをして下さった片柳寛先生、隣人として常に励まして下さった田中はる様。

また、今もお元気で活躍されている恩師、渡辺洵先生、内田陽一郎・アンジェラ先生に、この場を借りて、謝意を表したい。深夜に及ぶ翻訳作業を応援してくれた家族、芳恵、あかり、悠、さくら、祥にも、感謝の言葉を贈りたい。出版の提案と編集作業のお世話を頂いた青土社の篠原一平氏にも御礼申し上げる。

二〇一八年二月　訳者

鉱物の人類史

2018年2月28日　第一刷印刷
2018年3月10日　第一刷発行

著　者　サリーム・H・アリ
訳　者　村尾智

発行者　清水一人
発行所　青土社

〒101-0051　東京都千代田区神田神保町1-29　市瀬ビル
［電話］03-3291-9831（編集）　03-3294-7829（営業）
［振替］00190-7-192955

印刷・製本　ディグ
装丁　大倉真一郎

ISBN978-4-7917-7053-3　Printed in Japan

索　引

か行

さ行

た行

な行

は行

ま行

や行

ら行

わ行